U0617244

高职高专汽车类专业"十三五"课改规划教材

汽车电子控制基础

主　　编　　陈小娟　　　赵红利

副主编　　刘　旭　　　姚晶晶　　　陈　强

参　　编　　陈志军　　雷轶鸣

西安电子科技大学出版社

内 容 简 介

　　本书是重庆电子工程职业学院校级精品资源共享课程"汽车电子控制基础"的配套教材。全书采用项目式编写模式，一共包括五个项目，即汽车电子控制系统认知、汽车常用传感器、汽车微型计算机控制单元、汽车执行器单元及技能实训。除项目五外，每个项目又由若干个任务划分为不同的学习单元，每个学习单元均包含任务背景、相关知识及实践活动；同时，每个项目末尾均包含知识拓展、能力鉴定与信息反馈。

　　本书可作为高等职业院校汽车类相关专业的教材，也可作为汽车维修技术人员的短期培训教材，还可供相关工程技术人员阅读参考。

图书在版编目(CIP)数据

汽车电子控制基础/陈小娟，赵红利主编. —西安：西安电子科技大学出版社，2016.3
高职高专汽车类专业"十三五"课改规划教材

ISBN 978-7-5606-3874-4

Ⅰ. ① 汽…　Ⅱ. ① 陈…　② 赵…　Ⅲ. ① 汽车—电子控制—高等职业教育—教材
Ⅳ. ① U463.6

中国版本图书馆 CIP 数据核字(2015)第 225560 号

策　　划	邵汉平　王　飞
责任编辑	邵汉平　师　彬

出版发行　西安电子科技大学出版社(西安市太白南路 2 号)

电　　话	(029)88242885　88201467	邮　　编	710071
网　　址	www.xduph.com	电子邮箱	xdupfxb001@163.com

经　　销　新华书店

印刷单位　陕西天意印务有限责任公司

版　　次　2016 年 3 月第 1 版　　2016 年 3 月第 1 次印刷

开　　本　787 毫米×1092 毫米　1/16　印 张　17

字　　数　400 千字

印　　数　1～3000 册

定　　价　35.00 元

ISBN 978 - 7 - 5606 - 3874 - 4/U

XDUP 4166001-1

前　言

随着电子技术、计算机技术和信息技术在汽车上的广泛应用，今天的汽车已经进入电子控制的时代。因此要求汽车类相关专业的高职学生必须具备电子、计算机和控制技术的基础知识及测试、维护、诊断方面的综合运用能力，并能将其与汽车电子控制技术联系起来。为了适应新形势的要求，使相关专业学生能够将各类传感器、执行器及微控制器联系起来，并能够系统地掌握汽车电子控制基础的知识与技能，实现与后续专业课程内容的紧密衔接，特编写本书。

本书是基于编者长期从事"汽车电子控制基础"及汽车电子技术专业后续各专业课程教学的经验，从专业基础课的角度出发，综合比较现有同类教材的优缺点，并学习国外先进的职业教育理念，引入任务驱动方式后开发的校级精品资源共享课程"汽车电子控制基础"的配套教材。其框架共包括 5 个学习项目，即汽车电子控制系统认知、汽车常用传感器、汽车微型计算机控制单元、汽车执行器单元及技能实训。

本书内容选取与配置合理，能够很好地培养学生自主学习、独立思考的能力。除此之外，本书还配备了编者精心制作及修改的课件和视频，借此完成本课程的学习将不会有任何困难。

本书由重庆电子工程职业学院陈小娟和赵红利担任主编，并负责统稿，重庆电子工程职业学院刘旭、姚晶晶及山东理工职业学院陈强担任副主编，重庆电子工程职业学院陈志军及重庆大学雷轶鸣也参与了本书的编写。陈小娟编写了项目二和项目三，赵红利编写了前言、内容简介及项目一，刘旭编写了项目五；姚晶晶编写了项目四；陈强编写了附录 A 和附录 B；陈志军和雷轶鸣共同编写了附录 C。

本书可作为高职院校、技师学院、高级技校、中职中专、成人高校等学校的汽车类相关专业的教材，也可供从事汽车维修技术类工作的工程技术人员参考。

在本书的编写过程中，编者参考了有关资料和文献，在此向相关人员表示衷心的感谢。由于时间仓促且编者水平有限，书中难免有不妥之处，恳请同行和读者批评指正。

编　者

2015 年 12 月

目　　录

项目一　汽车电子控制系统认知

项目描述

　　本项目主要介绍汽车电子控制系统的基本概念、汽车电子控制系统的结构、汽车电子控制技术的发展及应用。通过本项目的学习，读者可以了解汽车电子控制系统的基础知识，掌握汽车电子控制系统的各部分组成及作用。

任务一　认识汽车电子控制系统

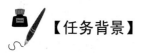 【任务背景】

　　汽车电子化被认为是汽车技术发展进程中的一次革命，汽车电子化的程度被看做是衡量现代汽车水平的重要标志，也是用来开发新车型，改进汽车性能最重要的技术措施。本任务在此背景下，带领读者去认识汽车电子控制系统的基本概念，主要包括汽车电子控制技术的简介和自动控制系统的分类。

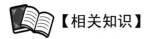 【相关知识】

一、汽车电子控制技术简介

　　汽车电子是车体汽车电子控制装置和车载汽车电子控制装置的总称。车体汽车电子控制装置包括发动机控制系统、底盘控制系统和车身电子控制系统(车身电子 ECU)；而车载汽车电子控制装置包括汽车信息系统、汽车导航系统和汽车娱乐系统。汽车电子最显著的特征是向控制系统化推进。由传感器、微处理器(MPU)、执行器、数十甚至上百个电子元器件及其零部件组成的电控系统正获得极其广泛的市场。

　　汽车电子化被认为是汽车技术发展进程中的一次革命，汽车电子化的程度被看做是衡量现代汽车水平的重要标志，也是用来开发新车型，改进汽车性能最重要的技术措施。据统计，从 1989 年至 2000 年，平均每辆车上的电子装置在整个汽车制造成本中所占的比例由 16% 增至 23% 以上。一些豪华轿车上使用单片微型计算机的数量已经达到 48 个，电子产品占到整车成本的50%以上。目前电子技术的应用几乎已经深入汽车所有的系统。

目前，电子技术发展的方向正向集中综合控制发展：将发动机管理系统和自动变速器控制系统集成为动力传动系统的综合控制(PCM)；将制动防抱死控制系统(ABS)、牵引力控制系统(TCS)和驱动防滑控制系统(ASR)综合在一起进行制动控制；通过中央底盘控制器，将制动、悬架、转向、动力传动等控制系统通过总线进行连接。控制器通过复杂的控制运算，对各子系统进行协调，将车辆行驶性能控制到最佳水平，形成一体化底盘控制系统(UCC)。

由于汽车上的电子电气装置的数量急剧增多，为了减少连接导线的数量和重量，网络、总线技术被广泛应用于汽车电子控制系统中。通信线路将各种汽车电子装置连接成为一个网络，通过数据总线发送和接收信息。电子装置除了独立完成各自的控制功能外，还可为其他控制装置提供数据服务。网络化的设计简化了布线，减少了电气节点的数量和导线的用量，使装配工作更为简化，同时也增加了信息传送的可靠性。通过数据总线可以访问任何一个电子控制装置，读取故障码并对其进行故障诊断，使整车维修工作变得更为简单。

汽车电子技术的应用将使汽车更加智能化。智能汽车装备有多种传感器，能够充分感知驾车者和乘客的状况，获取交通设施和周边环境的信息，判断车上人员是否处于最佳状态，车辆和人是否会发生危险，并及时采取对应措施。

今天，社会进入了信息网络时代，人们希望汽车不仅仅是一种代步工具，更希望是生活及工作范围的一种延伸，如在汽车上可以上互联网、处理工作等。随着数字技术的进步，汽车也将步入多媒体时代，这种车载计算机多媒体系统具有信息处理、通信、导航、防盗、语言识别、图像显示和娱乐等功能。

二、自动控制系统分类

自动控制是指在无人直接参与的情况下，利用控制装置使被控对象和过程自动地按预定规律变化的控制过程。自动控制系统是由控制装置和被控对象组成的，它们以某种相互依赖的方式组合成为一个有机整体，对被控对象进行自动控制。

工程中自动控制系统的分类方式很多，下面仅列出四种。

1. 按控制系统有无反馈环节分类

(1) 开环控制系统。若系统的输出量对系统的控制作用不产生影响(即无检测反馈单元)，则称为开环控制系统。开环控制系统的控制精度完全取决于各单元的精度，因此，它主要使用在精度要求不高并且不存在内外干扰的场合。开环控制系统结构简单，且一般不存在稳定性的问题。

(2) 闭环控制系统。系统的输出可通过检测反馈单元返回并作用于控制部分，形成闭合回路，这种控制系统就称为闭环控制系统，又称为反馈控制系统。其优点是能够自动纠正外部干扰和系统内参数变化引起的偏差，这样就可以采用精度不太高而成本较低的元件，组成一个较为精确的控制系统。但闭环控制系统也有它的缺点，即由于闭环控制系统是以偏差消除偏差的，即系统要工作就必须有偏差存在，因此这类系统不会有很高的精度。同时，由于组成系统的元件有惯性、传动链的间隙等因素存在，如配合不当，将会引起反馈控制系统的振荡，从而使系统不能稳定工作。精度和稳定性之间的矛盾始终是闭环控制系统存在的主要矛盾。

2. 按系统传输信号对时间的关系分类

(1) 连续控制系统。起控制作用的信号是连续量或模拟量的系统称为连续控制系统。如随动系统就是连续控制系统，因为作用于系统的信号是模拟量。

(2) 离散控制系统。作用于系统的控制信号是离散量、数字量或采样数据量的系统称为离散控制系统，又称采样控制系统。通常采样数值计算机控制的系统都是离散系统。

3. 按系统输出量和输入量的关系分类

(1) 线性系统。线性系统的输出量和输入量的关系是线性的，它的各个环节或系统都可以用线性微分方程来描述，也可以应用叠加原理和拉氏变换解决线性系统中的问题。

(2) 非线性系统。非线性系统中的一些环节具有非线性性质(例如出现饱和死区、滞环等)，它们往往要采用非线性的微分方程来描述。此外，叠加原理对非线性系统是不适用的。

另外，按系统主要组成元件的物理性质，可将控制系统分为电气控制系统、液压控制系统和电液控制系统。

4. 按简化的汽车电子控制系统模型分类

从控制原理来看，汽车电子控制系统可以简化为传感器、电子控制单元(ECU)和执行器三大组成部分。传感器是感知信息的部件，功用是向 ECU 提供汽车运行状况和发动机工况等。ECU 接收来自传感器的信息，经信息处理后发出相应的控制指令给执行器。执行器即执行元件，其功用是执行 ECU 的专项指令，从而完成控制目的。传感器、ECU 和执行器三部分相互间的工作关系如图 1-1 所示。

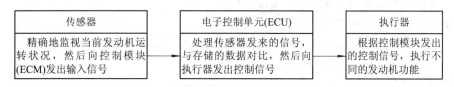

传感器	电子控制单元(ECU)	执行器
精确地监视当前发动机运转状况，然后向控制模块(ECM)发出输入信号	处理传感器发来的信号，与存储的数据对比，然后向执行器发出控制信号	根据控制模块发出的控制信号，执行不同的发动机功能

图 1-1　传感器、ECU 和执行器之间的工作关系

【实践活动】

1. 请查阅资料并简要阐述汽车电子控制的新型技术。
2. 简述汽车电子技术与汽车电子控制技术的含义。

任务二　分析汽车电子控制系统的结构

【任务背景】

汽车电子控制系统由信号输入装置、电子控制单元(ECU)和执行器三大部分组成。本任务按照这三大组成部分进行分析，使读者理解输入部分(传感器)、电子控制单元(ECU)及输出部分(执行器)的作用及原理。

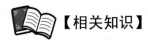【相关知识】

一、概 述

一般而言，汽车电子控制系统由信号输入装置、电子控制单元(ECU)和执行器三大部分组成。汽车电子控制系统又称为汽车计算机系统，其控制作用按照输入、信息处理、输出三个步骤进行。

(1) 输入。汽车的输入信号有三种：开关量、模拟量和脉冲量。汽车信号输入装置将汽车运行工况转换成电信号传输给 ECU，即将被测物理量变换为电信号，并根据预先设定的程序处理该信号。计算机只接受"0"或"1"的数字信息，如果进入 ECU 的是模拟信号，则需要先进行模/数(A/D)转换，再传输给中央处理器。因此，汽车电子控制系统要有相应的输入设备和输入接口装置，其主要包括一些传感器、放大电路以及开关器件等。

(2) 信息处理。根据输入的信息和选定的程序，中央处理器经过运算作出判断，看需要采取何种操作，以控制汽车运行。因此，汽车电子控制系统有相应的中央处理器(CPU)和存储数据与程序的存储器等。

(3) 输出。必要时，计算机需将处理结果进行 D/A 转换，将模拟信号传输给执行器，有时计算机也会直接输出数字信号控制执行器。执行器将接收到的信号转变成适当的动作，以控制汽车行驶。因此，汽车电子控制系统要有相应的输出接口和输出设备，主要包括输出驱动电路、各类继电器、电动机、电磁阀等。

汽车电子控制系统的基本组成如图 1-2 所示。

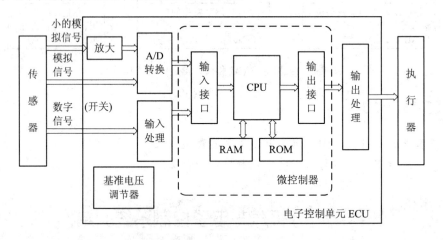

图 1-2　汽车电子控制系统的基本组成

二、传 感 器

国家标准 GB 7665—87 对传感器(transducer/sensor)的定义是：能感受规定的被测量件的信息并按照一定的规律(数学函数法则)将信息转换成可用信号的器件或装置，通常由敏感元件和转换元件组成。人们为了从外界获取信息，必须借助于感觉器官，而单靠人们自身的感觉器官来研究自然现象和规律以及生产活动中的规律还远远不够，为适应这种情况，就需要传感器。因此可以说，传感器是人类五官的延拓，又可称之为电五官。

汽车传感器现已应用在发动机、底盘和车身等各个方面。例如，发动机传感器是整个汽车传感器的核心，它包含的种类很多，如温度传感器、压力传感器、位置和转速传感器、流量传感器、氧传感器和爆震传感器等。这些传感器向发动机的电子控制单元(ECU)提供发动机工作状况的信息，供 ECU 对发动机工作状况进行精确的计算控制，以提高发动机的动力性，降低油耗，减少废气排放，进行故障检测。

通常汽车电子控制系统的传感器可分为以下三类：

(1) 检测控制对象状态的传感器。这类传感器是汽车电子控制系统进行决策的主要依据。

(2) 检测周围环境状态参数的传感器。在控制策略中，这类传感器一般用于控制的补偿和修正。

(3) 将驾驶员的操作指示、判断转换为开关等电信号的传感器。这类传感器一般用于辅助汽车电子控制系统进行决策。

三、电子控制单元(ECU)

随着汽车电子的迅速发展，ECU 的定义从 Engine Control Unit(发动机控制单元)变成了 Electronic Control Unit(电子控制单元)，泛指汽车上所有电子控制系统，如转向 ECU、调速 ECU、空调 ECU 等。随着汽车的电子自动化程度越来越高，汽车零部件中有越来越多的 ECU 参与其中，线路之间的复杂程度也急剧增加。为了使电路简单化、精细化、小型化，汽车电子中引进了 CAN 总线(详见项目三的任务五)来解决这个问题。

ECU 由输入接口电路、微控制器(Microcontroller)、输出接口电路组成。

输入接口电路进行信号整形、电平转换、A/D 转换等。

ECU 的核心是微控制器，也称为 MCU(Microcontrol Unit)，负责接收输入信号，并根据内部预编的控制程序进行相应的决策和处理，且通过其输出接口对相应的执行器发出操作命令。

输出接口电路的作用主要是驱动、隔离、D/A 转换等。ECU 的基本结构如图 1-3 所示。

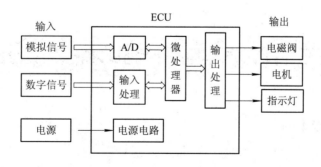

图 1-3　ECU 的基本结构

详细来讲，ECU 一般由 CPU、扩展内存、扩展 I/O 口、CAN/LIN 总线收发控制器、A/D 及 D/A 转换口、PWM 脉宽调制、PID 控制、电压控制、看门狗、散热片和其他一些电子元器件组成。整块电路板设计安装于一个铝质盒内，并通过卡扣或者螺钉安装于车身钣金上。ECU 一般采用通用且功能集成、开发容易的 CPU；软件一般用 C 语言来编写，并且提供丰富的驱动程序库和函数库，如编程器、仿真器、仿真软件等。

四、执行器

执行器用于将 ECU 发出的命令转变为相应的动作，以实现某种预定的功能，是 ECU 动作命令的执行者。控制系统中常用的执行器如表 1-1 所示。汽车的现代化程度越高，汽车的执行器就越多。

表1-1 常用执行器

名　　称		驱动能源	应用范畴(系统)
电动机	直流电动机	电能	刮水器
	伺服电动机	电能	节气门开度
	步进电动机	电能	节气门开度、电子悬架阻尼与刚度控制
控制阀	2/2 开关阀	液压/气动	ABS、ASR、EAT
	3/3 开关阀	液压/气动	ABS、ASR、EAT
	比例压力阀	液压/气动	离合器控制、CVT 金属带夹紧力控制
	比例流量阀	液压/气动	CVT 连续速比控制
继电器		电能	电磁阀驱动、电动机驱动
电磁铁	比例	电能	电磁离合器、比例液压阀
	开关	电能	开关电磁阀

【实践活动】

1. 举例说明汽车电子控制系统的输入部分有哪些传感器。
2. 查阅资料并说明电子控制系统的 ECU 单元的微控制器有哪些种类。
3. 思考执行器与汽车电子控制系统的关系。

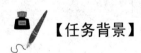

任务三　探讨汽车电子控制技术的发展及应用

【任务背景】

随着电子技术、计算机技术和信息技术的应用，汽车电子控制技术得到了迅猛的发展，尤其在控制精度、控制范围、智能化和网络化等多方面有了较大突破。本任务是让读者了解汽车电子控制技术的发展过程及其应用领域。

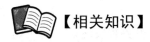【相关知识】

一、汽车电子控制技术的发展

近年来，随着电子技术、计算机技术和信息技术的应用，汽车电子控制技术得到了迅猛的发展，尤其在控制精度、控制范围、智能化和网络化等多方面有了较大突破。汽车电子控制技术已成为衡量现代汽车发展水平的重要标志。

汽车电子控制技术的发展历程大致如图 1-4 所示。

汽车电子技术的第一次出现是上个世纪 30 年代早期，安装在轿车内的真空电子管收音机上。

1948 年晶体管的发明及 1958 年第一块集成电路(IC)的出现才真正开创了汽车电子技术的新纪元。

1955 年晶体管收音机问世后，采用晶体管收音机的汽车迅速增加，并作为标准部件安装在德国大众汽车上。

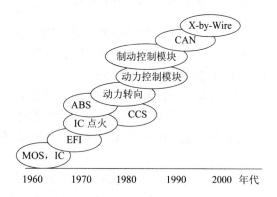

图 1-4　汽车电子控制技术的发展历程

从上个世纪 60 年代起，轿车中开始使用半导体元器件。功率晶体管元件的应用极大地改善了汽车的性能和可靠性。标志着汽车电子控制技术真正发展的是在 1967 年首次将集成电路元件应用到汽车中，这是电子技术与汽车发动机电气系统的结合，开发出如车用发电机集成电路调压器、集成电路点火器等汽车电子产品。

大约在上个世纪 70 年代，电子技术的长足发展，带来了一系列利用模拟电路的汽车电子产品的研制与开发，如发动机喷油系统控制、车辆行驶控制、防锁死刹车系统(ABS)和变速控制系统，这些均已成功地应用于实际中。

汽车尾气排放法规是上个世纪 70 年代末和 80 年代初各工业发达国家相继制定的。在发动机控制系统中引入微电脑系统后，已证明对解决看起来似乎矛盾的汽车尾气净化与降低发动机油耗的要求特别有效。目前在汽车电子控制系统中，采用微电脑进行控制的系统应用与日俱增。

上个世纪 80 年代是高科技迅速发展的年代，世界上各大汽车制造厂商竞相研制新一代由微电脑控制的各种车用电子产品，并迅速地将已开发出的电子产品运用于汽车中，使汽车的档次得以提高，以满足各用户对汽车的要求。

由于上个世纪 80 年代以后汽车电子产品的研制与开发的竞争十分激烈。采用电子技术有利于汽车性能的提高和各种功能的完备，并避免汽车重量的增加。所以，新的汽车电子产品不断推出如辅助驾驶装置、信号装置、安全装置等各种装置。

到了上个世纪 90 年代初，人们终于感受到现代电子技术广泛应用于汽车发动机控制及其他部分的控制所带来的显著经济效益和社会效益。

当前的汽车电子控制技术可分为四大类，即动力牵引系统控制、车辆行驶姿态控制、车身(车辆内部)控制和信息传送。

电子技术和计算机技术的迅猛发展带来了汽车电子控制技术在世界较发达国家的飞速发展。20 世纪物理学的革命，促使半导体技术迅速发展，尤其是集成电路(IC)和大规模集成电路(LSI)及超大规模集成电路(VLSI)的发展，使电子元件过渡到功能块和微型计算机，不仅功能极强，而且价格便宜，可靠性好，结构紧凑，响应敏捷，迅速推动了汽车电控技术的发展。

二、汽车电子控制技术的应用

汽车电子控制系统可以分为以下四个部分：

(1) 发动机和动力传动集中控制系统：包括发动机集中控制系统、自动化变速控制系统、制动防抱死和牵引力控制系统等。

(2) 底盘综合控制和安全系统：包括车辆稳定控制系统、主动式车身姿态控制系统、巡航控制系统、防撞预警系统、驾驶员智能支持系统等。

(3) 智能车身电子系统：包括自动调节座椅系统、智能前灯系统、汽车夜视系统、电子门锁与防盗系统等。

(4) 通信与信息/娱乐系统：包括智能汽车导航系统、语音识别系统、"ON STAR"系统(具有自动呼救与查询等功能)、汽车维修数据传输系统、汽车音响系统、实时交通信息咨询系统、动态车辆跟踪与管理系统、信息化服务系统(含网络等)等。

下面简单介绍一下目前较多见且较成熟的汽车电子控制技术的应用，如图 1-5 所示。

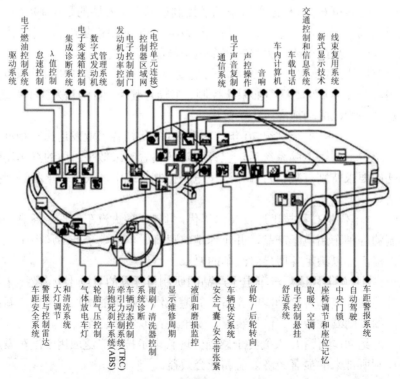

图 1-5　汽车电子控制技术在汽车上的应用概况

1．电子控制技术在汽车发动机控制部分的应用

(1) 电控点火装置(ESA)。该系统可使发动机在不同转速、进气量等因素下，在最佳点火提前角工况下工作，使发动机输出最大的功率和转矩，而将油耗和排放降到最低限度。该系统分为开环和闭环两种控制。

(2) 电控汽油喷射(EFI)。该系统根据各传感器输送来的信号，能有效控制混合气空燃比，使发动机在各种工况下空燃比达到最佳值，从而实现提高功率、降低油耗、减少排气污染等功效。该系统可分为开环和闭环两种控制。闭环控制是在开环控制的基础上，在一定条件下，由计算机根据氧传感器输出的含氧浓度信号修正燃油供给量，使混合气空燃比保持在理想状态下。

(3) 废气再循环控制(EGR)。该系统将一部分排气中的废气引入进气侧的新鲜混合气中再次燃烧，以抑制发动机有害气体氮氧化合物的生成。该系统能根据发动机的工况适时地调节参与废气再循环的废气循环率，以减少排气中的有害气体氮氧化合物。

(4) 怠速控制(ISC)。该系统能根据发动机冷却液温度及其他有关参数，如空调开关信号、动力转向开关信号等，使发动机的怠速处于最佳状态。

除以上控制装置外，发动机部分的控制内容还有发动机输出、冷却风扇、发动机排量、气门正时、二次空气喷射、发动机增压、油气蒸发控制及系统自诊断等。

2．电子控制技术在汽车底盘控制部分的应用

(1) 电控自动变速器(ECT)。该装置有多种形式。它能根据发动机节气门开度和车速等行驶条件，按照换挡特性精确地控制变速比，使汽车处于最佳挡位。该装置具有提高传动效率、降低油耗、改善换挡舒适性、提高汽车行驶平稳性以及延长变速器使用寿命等优点。

(2) 防滑控制系统。防滑控制包括制动防抱死(ABS)、牵引控制(TCS)、驱动防滑(ASR)和车辆横向稳定性控制系统(VSC)。该系统可以提高制动效能，防止汽车在制动、起步、驱动和转弯时产生侧滑，是保证行车安全和防止事故发生的重要措施。

(3) 电子控制动力转向。电子控制动力转向的形式较多，目前汽车动力转向的发展趋势为四轮转向系统。它们分别显示出不同的优越性，有的可获得最优化的转向作用力特性、最优化的转向回正特性，改善行驶的稳定性以及发挥节能和降低成本的作用；有的可提高转向能力和转向响应性；有的可改善高速行驶时的稳定性。目前电控前轮动力转向较普及，通过控制转向力，保证汽车原地或低速行驶时转向轻便，而高速行驶时又确保安全。

(4) 电控悬挂(TEMS)。该系统能根据不同的路面状况，控制车辆高度，调整悬挂的阻尼特性及弹性刚度，改善车辆行驶的稳定性、操纵性和乘坐舒适性。

(5) 巡航控制系统(CCS)。该系统又称恒速行驶系统。汽车在高速公路上长时间行驶时，打开该系统的自动操纵开关后，恒速行驶装置将根据行驶阻力自动增减节气门开度，使汽车行驶速度保持一定。该系统还可以减轻驾驶员长途驾驶之疲劳。

3．电子控制技术在汽车行驶安全系统部分的应用

(1) 安全气囊(SRS)。该系统是国外汽车上一种常见的被动安全装置。在车辆相撞时，由电控元件使用电流引爆安置在方向盘中央(有的安装在仪表盘板杂务箱后边)等处气囊中的渗氮物，迅速燃烧产生氮气，瞬间充满气囊。气囊的作用是在驾驶员与方向盘之间、前

座乘员与仪表板间形成一个缓冲软垫，避免硬性撞击而受伤。此装置一定要与安全带配合使用，否则效果大为降低。

(2) 雷达防撞系统。该系统有多种形式。有的在汽车行驶中，当两车的距离小到安全距离时，立即自动报警，若继续行驶，则会在即将相撞的瞬间，自动控制汽车制动器将汽车停住；有的是在汽车倒车时，显示车后障碍物的距离，有效地防止倒车事故的发生。

(3) 驱动防滑控制系统(ASR)。该系统装置利用驱动轮上的转速传感器，当感受到驱动轮打滑时，控制元件便通过制动或通过油门降低转速，使之不再打滑。它实质上是一种速度调节器，可以在起步和弯道中速度发生急剧变化时，改善车轮与地面间的附着力，从而提高其安全性。该系统装置在雪地或湿滑路面上，能发挥其特性。

(4) 安全带控制系统。该系统在汽车发生任何撞击的情况下，可瞬间束紧安全带。有的汽车上只有当计算机确认驾驶员和乘客安全带使用正确无误时，发动机才能被启动。

(5) 前照灯控制系统。该系统可在前照灯照明范围内，随着方向盘的转动而转动，并能在会车时自动启闭和防眩。

除上述装置外，汽车行驶安全系统还开发出各种各样的安全装置，如自动门窗装置、车门自动闭锁装置、防盗装置、车钥匙忘拔报警装置和语言开门(无钥匙)装置等。

4. 电子控制技术在汽车信息系统部分的应用

随着电子化的发展，汽车信息系统越来越庞大，远远超出如车速、里程、冷却液温度、油压等相关范围，逐渐向全面反映车辆工况和行驶动态等功能发展。

(1) 信息显示与报警系统。该系统可将发动机的工况和其他信息参数通过微处理机处理后，输出对驾驶员更有用的信息，并用数字显示、线条显示或声光报警等方式呈现给驾驶员。

显示的信息除冷却液温度、油压、车速、发动机转速等常见的内容外，还有瞬时耗油量、平均耗油量、平均车速、行驶里程、车外温度等。根据驾驶员的需要，可随时调出显示这些信息。

监视和报警的信息主要有燃油温度、冷却液温度、油压、充电、尾灯、前照灯、排气温度、制动液量、手制动、车门未关严等。当出现不正常现象或自诊断系统测出有故障时，将立即由声光报警。

(2) 语言信息系统。语言信息包括语音报警和语音控制两类。语音报警是在汽车出现不正常的情况，如冷却液温度、水位、油位不正常，制动液不足和蓄电池充电值偏低等情况时，计算机经过逻辑判断，输出信息至扬声器，发出模拟人的声音向驾驶员报警，多数还同时用灯光报警。语音控制是用驾驶员的声音来指挥和控制汽车的某个部件、设备进行动作。

(3) 车用导航系统与定位系统。该系统是近几年研究的新课题。它可在城市或公路网范围内，定向选择最佳行驶路线，并能在屏幕上显示地图，表示汽车行驶中的位置，以及到达目的地的方向和距离。这实质是汽车行驶向智能化发展的方向，再进一步就可成为无人驾驶汽车。

(4) 通信系统。这方面真正使用且采用最多的是汽车电话，目前的水平在不断地提高，除车与路之间、车与车之间、车与飞机等交通工具之间的通话外，还可通过卫星与国际电话网相联，实现行驶过程中的国际间电话通信，实现网络信息交换、图像传输等。

5．附属装置

(1) 全自动空调(EA/C)。该装置突破单一的空气温度调节功能，根据设计在车内的各种温度传感器(车内温度、大气温度、日照强度、蒸发器温度、发动机冷却液温度等)输入的信号，由计算机进行平衡温度演算，对进气转换风门、混合风门、水阀、加热断电器、压缩机、鼓风机等进行控制；根据乘客要求，保持车内的温度处于最佳值(人体感觉最舒适的状态)。

(2) 自动座椅。该装置是人体工程技术与电子控制技术相结合的产物，它能使座椅适应乘客的不同体型，满足乘客的舒适性要求。

(3) 音响/音像。车内装有立体音响、CD 等。放音系统可实现立体声补偿、立体声音响自动选台，显示器实现数码选台。

【实践活动】

1．分析汽车的历史已有 100 多年而汽车电子控制技术最近几十年才出现的原因。
2．分析汽车电子控制技术迅猛发展的原因。
3．简单说明为什么很多汽车都采用了 CAN 总线技术。

知识拓展

开环控制与闭环控制

汽车电子控制系统是自动控制系统，下面介绍一些有关自动控制的基本概念。

开环控制是指控制装置与被控对象之间只有按顺序工作，没有反向联系的控制过程，按这种方式组成的系统称为开环控制系统，其特点是系统的输出量不会对系统的控制作用发生影响，没有自动修正或补偿的能力，如图 1-6 所示。开环控制没有反馈环节，系统的稳定性不高，适用于对系统稳定性、精确度要求不高的、简单的系统。

图 1-6　开环控制系统

直流电动机转速系统即采用典型的开环控制方式，如图 1-7 所示。

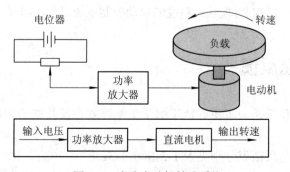

图 1-7　直流电动机转速系统

　　闭环控制有反馈环节，通过反馈系统使系统的精确度提高，响应时间缩短，适合于对系统的响应时间、稳定性要求高的系统，如图1-8所示。闭环控制的特点是输出影响输入，所以能削弱或抑制干扰，从而使低精度元件可组成高精度系统；又由于可能发生超调、振荡，所以稳定性很重要。

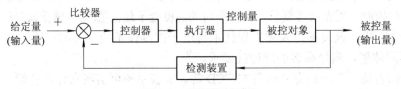

图 1-8　闭环控制系统

　　带速度反馈的直流电动机转速系统采用的就是闭环控制方式，如图1-9所示。

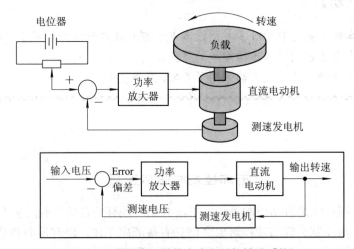

图 1-9　带速度反馈的直流电动机转速系统

　　闭环控制的特点是系统的输出(被控量)经反馈通道形成反馈信号，回送到输入端和给定信号生成偏差信号，影响控制作用。因此，控制精度受环节的转换精度影响较小。由于存在反馈通道，系统总是力图维持系统输出(被控量)等于给定值，因此对干扰具有极强的补偿和修正作用。又由于干扰对系统输出的影响需经一定时间才能逐渐反映出来，因此控制作用对干扰作用有时间滞后。控制过程可能会产生振荡。闭环控制的缺点为结构复杂、维护不易、可能存在稳定性问题。

　　在此基础上，一些其他的控制方式也已经在工业控制过程中得到了相应的应用。如最优控制、自适应控制和智能控制等现代高精度的自动控制系统已在国防和工业生产中得以实现。

能力鉴定与信息反馈

　　能力鉴定与信息反馈是为了更好地了解学生掌握知识及技能的情况。因此学习完本章后，请完成下面表格。

　　能力鉴定表和信息反馈表分别见表1-2和表1-3。

表 1-2 能 力 鉴 定 表

学习项目	项目 1 汽车电子控制系统认知				
姓名		学号		日 期	
组号		组长		其他成员	
序号	能力目标	鉴定内容	时间(总时间 80 分钟)	鉴定结果	鉴定方式
1	专业技能	汽车电子控制系统认识能力	60 分钟	□具备 □不具备	教师评估 小组评估
2		汽车电子控制系统组成及各部分功能识别能力		□具备 □不具备	
3		汽车电子控制技术的发展及应用认识能力	10 分钟	□具备 □不具备	
4		查阅资料的能力	10 分钟	□具备 □不具备	
5	学习方法	是否主动进行任务实施	全过程记录	□具备 □不具备	小组评估 自我评估 教师评估
6		能否使用各种媒介完成任务		□具备 □不具备	
7		是否具备相应的信息收集能力		□具备 □不具备	
8	能力拓展	团队是否配合	全过程记录	□具备 □不具备	
9		调试方法是否具有创新		□具备 □不具备	
10		是否具有责任意识		□具备 □不具备	
11		是否具有沟通能力		□具备 □不具备	
12		总结与建议		□具备 □不具备	
鉴定结果	合格 □	教师意见		教师签字	
	不合格 □			学生签名	

备注: ① 请根据结果在相关的□内画√;

② 请指导教师重点对相关鉴定结果不合格的同学给予指导意见。

表 1-3　信息反馈表

实训项目：__汽车电子控制系统认知__　　　　组号：_____

姓　　名：_____　　　　日期：_____

请你在相应栏内打钩	非常同意	同意	没有意见	不同意	非常不同意
1．这一项目为我很好地提供了汽车电子控制系统识别的方式方法					
2．这一项目帮助我掌握了汽车电子控制系统的结构组成及各部分功能					
3．这一项目帮助我熟悉了汽车电子控制技术的发展趋势					
4．这一项目帮助我熟悉了汽车电子控制技术的应用趋势					
5．该项目的内容适合我的需求					
6．该项目在实施中举办了各种活动					
7．该项目中不同部分融合得很好					
8．实训中教师待人友善愿意帮忙					
9．项目学习让我做好了参加鉴定的准备					
10．该项目中所有的教学方法对我学习起到了帮助的作用					
11．该项目提供的信息量适当					
12．该实训项目鉴定是公平、适当的					

你对改善本科目后面单元教学的建议：

项目二　汽车常用传感器

项目描述

　　本项目主要分析汽车传感器的发展现状及趋势、温度传感器的类型及应用、压力传感器的类型及应用、空气流量传感器、氧传感器、爆震传感器的类型及应用、主要的位置与角度传感器以及其他传感器。通过本项目的学习，可使读者了解汽车传感器的发展现状及趋势，掌握汽车上多种传感器的分析与检测方法。

任务一　分析汽车传感器的发展现状及趋势

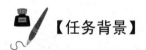

【任务背景】

　　随着电子技术的发展和汽车电子控制系统的广泛应用，汽车传感器的市场需求将保持高速增长。本任务是让读者了解汽车传感器的作用、分类、性能要求、发展现状及趋势。

【相关知识】

一、概述

　　随着电子技术的发展和汽车电子控制系统的广泛应用，汽车传感器的市场需求将保持高速增长。资料显示，一辆普通家用轿车上大约安装几十只传感器，豪华轿车上的传感器数量可多达200余只。"没有传感器技术就没有现代汽车"已成为业内共识，这意味着汽车电子化越发达，自动化程度越高，对传感器依赖性就越大。

二、传感器的作用

　　传感器(Transducer)是一种检测装置，感受被测量的信息，并将检测感受到的信息按一定规律变换成电信号或其他所需形式的信息输出，以满足信息的传输、处理、存储、显示、记录和控制等要求。它是实现自动检测和自动控制的首要环节。

传感器相当于人类的感觉器官及其模拟器件：

(1) 眼睛——人类第一重要的感觉器官。通过它人们认识了所面临事物的65%～75%，接收可见光范围内的信息。对应的模拟器件主要有光电管、光敏二极管、电荷耦合器件(CCD)、摄像机、数码摄像机(DV)等。

(2) 耳朵——接收20～20 000 Hz的振动信息即声波。对应的模拟器件有压力传感器、振动传感器等。

(3) 鼻子——感受外部世界的气味。对应的模拟器件有气敏传感器、酒敏传感器、煤气传感器等。

(4) 舌头——味觉。对应的模拟器件有化学传感器等。

(5) 皮肤——判断物体温度的高低、物体的轻重等。对应的模拟器件有温度传感器、湿度传感器、称重传感器等。

汽车传感器是汽车电子控制系统的输入装置，它把汽车运行中各种工况信息，如车速、各种介质的温度、发动机运转工况等，转化成电信号输送给计算机，以使发动机处于最佳工作状态。

传感器在汽车各系统中的应用如图2-1所示。

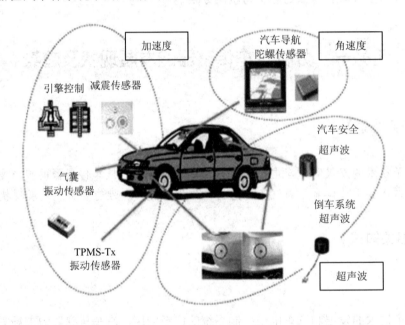

图2-1　汽车各系统中所用典型传感器及作用

三、汽车传感器的分类

由于传感器应用范围广泛，种类多样，因此传感器的分类方法很多。常用的分类方法如下：

(1) 按被测物理量分类，传感器可分为压力传感器、温度传感器、速度传感器等；

(2) 按传感器工作原理分类，传感器可分为物理型、化学型和生物型等。物理传感器应用的是物理效应，诸如压电效应，磁致伸缩现象，离化、极化、热电、光电、磁电等效应，被测信号量的微小变化都将转换成电信号。化学传感器包括那些以化学吸附、电化学反应等现象为因果关系的传感器，被测信号量的微小变化也将转换成电信号。大多数传感器是以物理原理为基础运作的。

(3) 按用途分类，传感器可分为力敏传感器、位置传感器、液面传感器、能耗传感器、速度传感器、热敏传感器、加速度传感器、射线辐射传感器、振动传感器、湿敏传感器、磁敏传感器、气敏传感器、真空度传感器、生物传感器等。

(4) 按输出信号为标准分类，传感器可分为：

• 模拟传感器——将被测量的非电学量转换成模拟电信号。

• 数字传感器——将被测量的非电学量转换成数字输出信号。

• 膺数字传感器——将被测量的信号量转换成频率信号或短周期信号的输出。

• 开关传感器——当一个被测量的信号达到某个特定的阈值时，传感器相应地输出一个设定的低电平或高电平信号。

(5) 按照制造工艺分类，传感器可分为集成传感器、薄膜传感器、厚膜传感器和陶瓷传感器。

汽车上所用传感器的种类主要有以下几种：

(1) 进气压力传感器：反映进气歧管内的绝对压力大小的变化，是向 ECU(发动机电控单元)提供计算喷油持续时间的基准信号。目前广泛采用的是半导体压敏电阻式进气压力传感器。

(2) 空气流量传感器：测量发动机吸入的空气量，提供给 ECU 作为喷油时间的基准信号。空气流量传感器是将吸入的空气转换成电信号送至电控单元，作为决定喷油的基本信号之一。目前主要采用热线式空气流量传感器和热膜式空气流量传感器两种。

(3) 节气门位置传感器：测量节气门打开的角度，提供给 ECU 作为断油、控制燃油/空气比、点火提前角修正的基准信号。节气门位置传感器安装在节气门上，用来检测节气门的开度。它有三种形式：开关触点式节气门位置传感器、线性可变电阻式节气门位置传感器、综合型节气门位置传感器。

(4) 曲轴位置传感器：检测曲轴及发动机转速，提供给 ECU 作为确定点火正时及工作顺序的基准信号，也称曲轴转角传感器，是计算机控制的点火系统中最重要的传感器，其作用是检测上止点信号、曲轴转角信号和发动机转速信号，并将其输入计算机，从而使计算机能按气缸的点火顺序发出最佳点火时刻指令。曲轴位置传感器有三种形式：电磁脉冲式曲轴位置传感器、霍尔效应式曲轴位置传感器、光电效应式曲轴位置传感器。曲轴位置传感器一般安装于曲轴皮带轮或链轮侧面。

(5) 氧传感器：检测排气中的氧浓度，提供给 ECU 作为控制燃油/空气比在最佳值(理论值)附近的基准信号。

(6) 进气温度传感器：检测进气温度，提供给 ECU 作为计算空气密度的。

(7) 冷却液温度传感器：检测冷却液的温度，向 ECU 提供发动机温度信息。冷却液温度传感器安装在发动机机体或汽缸盖上，与冷却液接触，用来检测发动机循环冷却液的温度，并将检测结果传输给电控单元，以便修正喷油量和点火正时。

(8) 爆震传感器：安装在缸体上专门检测发动机的爆燃状况，提供给 ECU 根据信号调整点火提前角，随时监测发动机的爆震情况。目前采用的有共振型和非共振型两大类。

四、汽车传感器的性能要求

汽车传感器的性能指标包括精度指标、响应性、可靠性、耐久性、结构紧凑性、适应性、输出电平和制造成本等。现代汽车电子控制系统对传感器的性能要求有以下几点：

(1) 有较好的环境适应性。汽车工作环境温度是在 −40～80℃，各种道路条件下运行，特别是发动机承受着巨大的热负荷、热冲击、振动等，因此要求传感器能适应温度、湿度、冲击、振动、腐蚀及油液污染等恶劣的工作环境。

(2) 汽车传感器工作稳定性好、可靠性高。

(3) 再现性好。由于计算机在汽车上的应用，要求传感器再现性一定要好，因为即使传感器线性特性不良，通过电脑可以修正。

(4) 具有批量生产和通用性。由于汽车工业的发展，要求传感器应具有批量生产的可能性。一种传感器可用于多种控制，如把速度信号微分，可求得加速度信号等，所以传感器应具有通用性。

(5) 小型化，便于安装使用，检测识别方便。

(6) 应符合有关标准要求。

(7) 传感器数量不受限制。

在现代汽车电子控制系统中，传感器可把被测参数转变成电信号，无论参数数量怎样多，只要把传感器信号输入电脑，就可以进行处理，实现高精度控制。在表 2-1 中给出了汽车传感器的检测项目和精度要求。

表 2-1　汽车传感器的检测项目和精度要求

检测项目	检测范围	精度要求	分辨能力	响应时间
进气歧管压力	10～100 kPa	±2%	0.1%	2.5 ms
空气流量	6～600 kg/h	±2%	0.1%	2.5 ms
冷却液温度	−50～150℃	±2.5%	1℃	10 s
曲轴转角	10～360°	±0.5°	1°	20 μs
节气门开度	0～90°	±1%	0.2°	10 ms
排气中氧浓度	0.4～1.4	±1%	1%	10 ms

五、汽车传感器未来发展趋势探讨

传感器的最大特点是不断引入新技术发展新功能，未来汽车传感器技术总发展趋势是微型化、智能化、多功能化和集成化。

车用传感器大致分为三类：动力系统、安全管理系统和车身舒适系统传感器。在动力系统中，有源传感器引领发展趋势。凸轮和曲轴传感器因为与汽车发动机密切相关，成为动力系统的关键。而有源的凸轮传感器和曲轴传感器能够为动力系统提供更多的保护，因此将引领未来发展趋势。在安全管理系统中，压力传感器实现侧气囊控制。汽车安全管理系统也是广泛使用传感器的领域。在车身舒适系统中，车门、变速箱、被动安全让汽车更智能。加速度、振动、速度传感器是汽车运动测量中的三种主要传感器，一直保持稳定而强劲的增长势头。

微型化传感器利用微机械加工技术将微米级的敏感元件、信号调理器、数据处理装置集成封装在一块芯片上。由于其体积小、价格便宜、便于集成等特点，可以提高系统测试精度。例如，把微型压力传感器和微型温度传感器集成在一起，同时测出压力和温度，便可通过芯片内运算消除压力测量中的温度影响。目前已有不少微型传感器面世，如压力传感器、加速度计、用于防撞的硅加速度计等。

智能传感器是一种带微型计算机兼有检测、判断、信息处理等功能的传感器。与传统传感器相比，它具有很多特点。例如，它可以确定传感器工作状态，对测量资料进行修正，以便减少环境因素如温度引起的误差，完成资料计算与处理工作，等等。智能传感器配有专用计算机，它的迅速发展将汽车的安全性能提高到一个前所未有的高度。

多功能化是指一个传感器能检测两个或两个以上的特性参数或化学参数。

集成化是利用 IC 制造技术和精细加工技术制造 IC 式传感器。

目前，汽车技术升级换代，国内外企业都将车用传感器技术列为重点发展的高新技术。微型化、智能化、非接触测量和 MEAS 传感技术，将逐步取代传统的机械式、应变片式、滑动电位器等传感技术，汽车传感器在安全、节能、环保以及智能化方面将取得重大突破。传感器产业将进一步向着生产规模化、专业化和自动化方向发展。

【实践活动】

1. 查阅资料并总结新型传感器的种类及作用。
2. 简要说明汽车传感器的作用。
3. 举例说明汽车传感器的应用有哪些。

任务二　分析温度传感器的类型及应用

【任务背景】

温度传感器主要在汽车上用于检测发动机温度、吸入气体温度、冷却水温度、燃油温度以及催化温度等。本任务是分析热电阻式温度传感器和热电偶式温度传感器的测量电路、伏安特性、应用场合等，并让读者了解温度传感器在汽车上的主要应用。

【相关知识】

一、概　述

温度传感器主要在汽车上用于检测发动机温度、吸入气体温度、冷却水温度、燃油温度以及催化温度等。温度传感器的种类及比较见表 2-2。从表 2-2 可以看出，用一种传感器难以覆盖很宽的温度范围，所以就需要按使用目的来选定传感器。

表 2-2 温度传感器的种类及比较

温度测量传感器比较		
类　型	优　点	缺　点
热电偶	易于使用 极低成本 极宽温度范围(−200℃～2000℃) 坚固耐用 有多种类型 中等精度(1%～3%)	低灵敏度(40～80 μV/℃) 低响应速度(几秒) 高温时老化和漂移 非线性 低稳定性 需要外部参考端
热敏电阻	易于连接 快速响应 低成本 高灵敏度 高输出幅度 易于互换中等稳定性 小尺寸	窄温度范围(高达 150℃) 大温度系数(4%/℃) 非线性 固有的自身发热 需要外部电流源
RTD	极高精度 极高稳定性 中等线性 许多种配置	有限的温度范围(高达 400℃) 大温度系数 昂贵 需要外部电流源
IC 温度传感器(模拟和数字输出)	极高的线性 低成本 高精度(约 1%) 高输出幅度 易于系统集成 小尺寸 高分辨率	低响应速度 有限的温度范围(−55℃～+150℃) 固有的自身发热 需要外部参考源

热电偶式温度传感器的精度高，测量温度范围宽，但需要配合放大器和冷端处理一起使用。热敏电阻式温度传感器灵敏度高，响应特性较好，但线性差，适应温度较低；线绕电阻式温度传感器精度高，但响应特性差。已实用化的产品有热敏电阻式温度传感器、铁氧体式温度传感器、金属或半导体膜空气温度传感器等。

二、热电阻式温度传感器

热电阻温度传感器是利用导体或半导体的电阻率随温度的变化而变化的原理，实现将温度转化为元件的电阻，它主要可以分为金属热电阻式温度传感器和半导体热敏电阻式温度传感器。下面分别对这两种温度传感器进行介绍：

1. 金属热电阻式温度传感器

热电阻大都由纯金属材料制成，应用最多的有铂、铜等，现已开始采用铟、锰、碳、铑等材料。

1) 铂热电阻

铂易于提纯，在氧化性介质中，甚至高温下，其物理化学性质都很稳定。目前国内统一设计的一般工业用标准铂电阻的值有 $100\,\Omega$ 和 $10\,\Omega$ 两种，并将电阻值 R_t 与温度 t 的相应关系统一列成表格，称为铂电阻的分度表。

2) 铜热电阻

在测量精度要求不高，测量范围较小($-50\sim150℃$)的情况下，采用铜测温电阻。铜电阻在此范围内有好的稳定性、强大的温度系数、线性特性，而且易提纯，价低廉，缺点是电阻率约为铂的 1/5.8，因此铜电阻用的铜丝细而长，机械强度低。一般工业用电阻温度计的结构主要包括测温电阻元件、内部导线、输出引线端及保护管。

铂测温电阻传感器主要用途有：钢铁、石油化工的各种工艺过程；纤维等工业的热处理工艺；食品工业的各种自动装置；空调、冷冻冷藏工业；宇航和航空，物化设备及恒温槽等。

3) 金属热电阻式传感器的测量电路

由于汽车使用环境较为恶劣，因此热电阻的引出线对测量结果有较大影响，为了减小或消除引出线电阻的影响，目前热电阻 R_t 的引出线的连接方式采用三线制和四线制，如图2-2 所示。

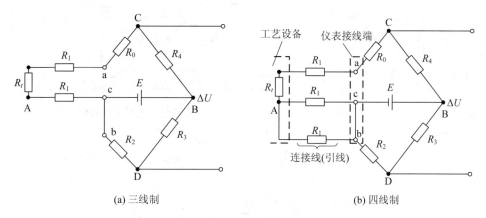

(a) 三线制　　　　　　　　　　　　(b) 四线制

图 2-2　热电阻式传感器的测量电路

2. 半导体热敏电阻温度传感器

热敏电阻是一种半导体新型感温元件，其电阻值的温度系数很大，灵敏度很高。按照温度系数不同分为正温度系数热敏电阻器(PTC)和负温度系数热敏电阻器(NTC)。正温度系数热敏电阻器(PTC)在温度越高时电阻值越大，负温度系数热敏电阻器(NTC)在温度越高时电阻值越低，它们同属于半导体器件。近年来 NTC 热敏电阻温度传感器正在实现高精度、高可靠性和小型化。

热敏电阻传感器有块型和膜型两类。块型将两根平行铂导线和陶瓷烧结在一起构成珠形，也有在圆片或小方片烧结体的两面安装电极过程的片型或盘型。膜型是用蒸发或溅射工艺制作的薄膜元件和热敏电阻糊在氯化铝衬底上印刷烧结而形成的厚膜元件。热敏电阻温度传感器除了测量表面温度，还可以用于温度控制，如空调机、冰箱、锅炉、汽车、工业农业、医疗等各方面的各种温度控制及检测。今后的发展方向是节能、高精度、低价格化，其需要量将进一步增加，应用面也将进一步扩大。

热敏电阻的特性主要是温度特性和伏安特性。

1) 温度特性

汽车上的冷却液、进气管、蒸发器出口、车内外等处的温度检测普遍采用 NTC 热敏电阻，本节所介绍的热敏电阻温度传感器均为 NTC 热敏电阻，图 2-3 为玻璃封装系列 NTC 热敏电阻。

NTC 负温度系数热敏电阻温度范围一般为 $-10℃\sim+300℃$，也可达到 $-200℃\sim+10℃$，甚至可用于 $+300℃\sim+1200℃$ 环境中作测温用。负温度系数热敏电阻器温度计的精度可以达到 $0.1℃$，感温时间可少至 $10\,s$ 以下。NTC 热敏电阻温度特性如图 2-4 所示。

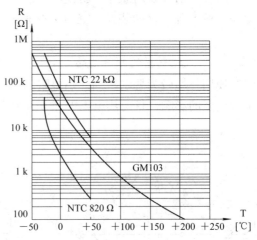

图 2-3　玻璃封装系列 NTC 热敏电阻　　　图 2-4　NTC 热敏电阻温度特性

2) 伏安特性

在静态下，热敏电阻两端的电压与流过热敏电阻的电流之间的关系称为伏安特性，如图 2-5 所示。

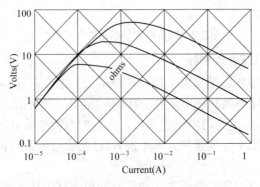

图 2-5　热敏电阻伏安特性

伏安特性是热敏电阻的重要特性。由图 2-5 可见，热敏电阻的端电压与电流值在小电流范围内成正比，温度没有显著升高，其电压与电流关系符合欧姆定律；当电流继续增加到一定数值时，元件因温度升高阻值下降，端电压也随之降低。因此，在测温中电流不能选得太高，要根据热敏电阻的允许功耗来确定电流。

三、热电偶式温度传感器

1. 热电偶的工作原理

1) 工作原理

将两种不同的金属导体焊接在一起，构成闭合回路，如在焊接端(即测量端)加热产生温差，则在回路中就会产生热电动势，此种现象称为塞贝克效应(Seebeck-effect)。如将另一端(即参考端)温度保持一定(一般为 0℃)，那么回路的热电动势则变成测量端温度的单值函数，如图 2-6 所示。

图 2-6　热电偶工作原理

这种以测量热电动势的方法来测量温度的元件即称为热电偶。热电偶产生的热电动势，其大小仅与热电极材料及两端温差有关，与热电极长度、直径无关。

2) 热电偶的特点

热电偶同其他种温度计相比具有如下特点：

(1) 优点：热电偶可将温度量转换成电量进行检测，这对于温度的测量、控制，以及对温度信号的放大、变换等都很方便；其结构简单，制造容易，价格便宜，惰性小，准确度高，测温范围广，能适应各种测量对象的要求(特定部位或狭小场所)，如点温和面温的测量，适于远距离测量和控制。

(2) 缺点：测量准确度难以超过 0.2℃，必须有参考端，并且温度要保持恒定。在高温或长期使用时，因受被测介质影响或气氛腐蚀作用(如氧化、还原)等而发生劣化。

2. 热电偶温度传感器的结构

热电偶温度传感器的结构因用途不同而异。普通热电偶式温度传感器的结构如图 2-7 所示。它主要由热电极、绝缘套管、保护管和接线盒等组成。

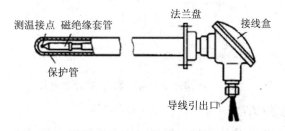

图 2-7　普通热电偶式温度传感器的结构

四、温度传感器的应用

1. 发动机冷却液温度传感器(ECT)

发动机冷却液温度传感器又称水温传感器，发动机冷却液温度传感器的结构与特性如图 2-8 所示。

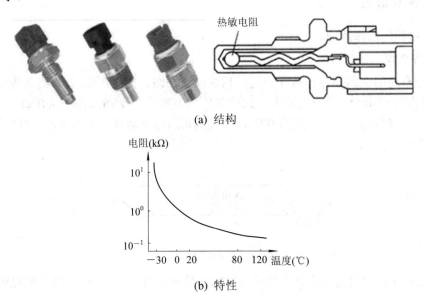

(a) 结构

(b) 特性

图 2-8　发动机冷却液温度传感器的结构与特性

水温传感器是用来检测发动机冷却液的温度，并将温度信号转变成电信号输送给发动机控制模块，作为汽油喷射、点火正时、怠速和尾气排放控制的主要修正信号。

冷却液温度传感器安装在发动机缸体、缸盖的水套或节温器内并伸入水套中。冷却液温度传感器与 ECU 的连接如图 2-9 所示，当冷却液温度低，则热敏电阻值大，信号 THW 的分压值高；反之，信号 THW 的分压值低。当信号 THW 的分压值高，则 ECU 可判断冷却液温度低，发动机处于冷启动或暖机工况，此时燃油蒸发性差，ECU 应使混合气的浓度增大，以改善发动机的冷机运转。当信号 THW 的分压值低，则 ECU 发动机已结束冷启动或暖机过程，ECU 按其他工况控制混合气的浓度。

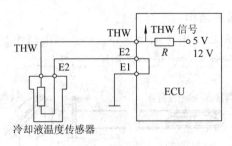

图 2-9　冷却液温度传感器与 ECU 的连接

2. 进气温度传感器(IAT)

进气温度传感器(IAT)用来检测进气温度，并将进气温度信号转变成电信号输送给发动机控制模块，作为汽油喷射、点火正时的修正信号。

　　进气温度传感器的结构如图 2-10 所示，检测元件也采用的是热敏电阻。进气温度传感器的作用是检测发动机吸入空气的温度。在 L 型电子控制燃油喷射装置上，此传感器安装在空气流量传感器内。在 D 型电子控制燃油喷射装置上，它安装在空气滤清器的外壳上或稳压罐内。传感器内的热敏电阻的特性与水温传感器之一的热敏电阻特性相同。为正确地检测进气温度，用塑料制外壳将进气温度传感器保护起来，以防止安装部位的温度影响传感器。

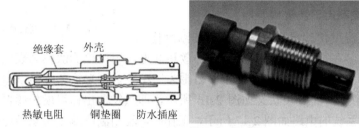

图 2-10　进气温度传感器的结构

　　进气温度传感器与 ECU 的连接如图 2-11 所示，当信号 THA 的电压高时，即热敏电阻值大，ECU 可判断进气温度低，空气密度大，单位体积的空气质量大，同样的进气体积流量，则进气质量流量大，应适量增加喷油量；反之，适量减少喷油量。当混合气过浓或过稀，使发动机工作不稳，这时应检查进气温度传感器的故障。

　　进气温度传感器的特性如图 2-12 所示。

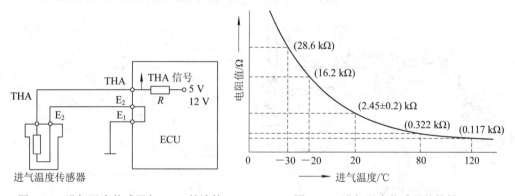

图 2-11　进气温度传感器与 ECU 的连接　　　　图 2-12　进气温度传感器的特性

3．排气温度传感器

　　排气温度传感器用来检测再循环废气的温度，判断废气再循环系统工作是否正常。排气温度传感器的外形及结构如图 2-13 所示。

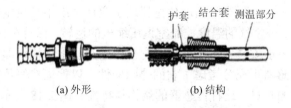

(a) 外形　　　　　　(b) 结构

图 2-13　排气温度传感器的外形及结构

排气温度传感器安装在汽车排气装置三元催化转换器上，如图 2-14 所示。三元催化转换器由一个金属外壳、一个网底架和一个催化层(含有铂、铑等贵重金属)组成。当废气经过净化器时，铂催化剂就会促使 HC 与 CO 氧化生成水蒸气和二氧化碳；铑催化剂会促使 NOx 还原为氮气和氧气。这些氧化反应和还原反应只有在温度达到 250℃时才开始进行。

图 2-14　排气温度传感器的安装位置

4. 空调蒸发器出口温度传感器

蒸发器出口温度传感器是用热敏电阻作温度检测元件的，它安装在空调出风口处蒸发器的散热筋上，用以检测散热筋表面的温度变化以便控制压缩机的工作状态，其温度的工作范围为 −20℃～60℃。蒸发器出口温度传感器的结构如图 2-15 所示，其安装状态如图 2-16 所示，即蒸发器出口温度传感器安装在空调蒸发器片上。空调系统的电路如图 2-17 所示，工作时，利用温度测量用热敏电阻与温度设定用调节电位器的信号，并将热敏电阻与调节电位器的输入信号加以比较、放大，以接通或断开电磁离合器。此外，利用此传感器的信号，可防止蒸发器出现冰堵现象。

图 2-15　蒸发器出口温度传感器的结构

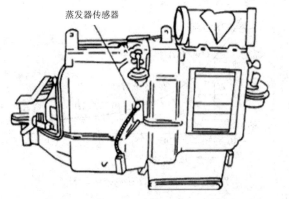

图 2-16　蒸发器出口温度传感器的安装状态

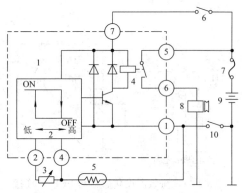

图 2-17　空调系统的电路

5. 车内、外温度传感器

车内、外空气温度传感器用于检测车内、车外的空气温度，为汽车空调控制系统控制车内温度提供信息。车内、外空气温度传感器均于空调系统中与设定电位计串联，空调控制系统根据检测车内、外空气的温度控制空调压缩机的运转，保持车内温度在设定范围内。

车外温度传感器一般安装在汽车前部。它采用的是防水结构，即便在淋水的环境中也可以使用。对这种传感器也充分考虑了它的热响应性，以保证在等待交通信号时不会检测到前方车辆排放气体的热量。这种传感器的结构与特性如图 2-18 所示，检测元件采用的是热敏电阻。车外气温变化时，传感器的阻值发生变化，温度升高时，电阻值下降；温度下降时，电阻值升高。

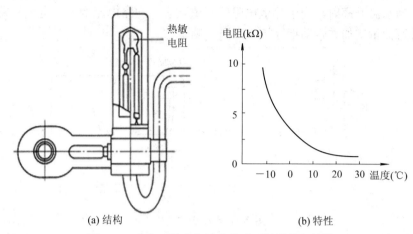

(a) 结构　　　　　　　　　　　　(b) 特性

图 2-18　车内、外空气温度传感器的结构与特性

车内温度传感器有两个，分别安装在仪表板下面和后挡风玻璃下面。车内、外空气温度传感器的安装位置如图 2-19 所示。

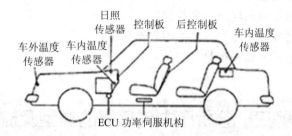

图 2-19　车内、外空气温度传感器的安装位置

6. 自动变速器油温度传感器

自动变速器油温度传感器的作用是检测自动变速器油的温度，输入到 ECU 进行换挡控制、油压控制和锁止离合器控制。它一般安装在自动变速器油底壳内的阀板上。进气温度传感器与 ECU 的连接如图 2-20 所示。

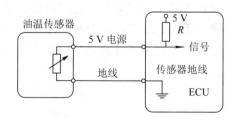

图 2-20　进气温度传感器与 ECU 的连接

7. 冷却液温度表传感器

冷却液温度表传感器又称为水温表传感器，它的作用是检测发动机冷却水温度，以仪表的形式显示，从而起到警示驾驶员的作用。热敏电阻式水温表结构如图 2-21 所示，其中，热敏电阻作为信号的发送部件，与接收部件的电热丝串联。当水温较低时，由于热敏电阻

的阻值较高，电路中的电流小，电热丝发热量小，使双金属片弯曲并带动指针指向低温一侧；相反，当水温升高时，由于热敏电阻的阻值减小，回路电流增大，电热丝发热量大，使双金属片弯曲量增加并带动指针指向高温一侧。

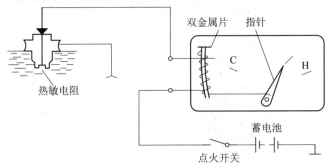

图 2-21 水温表的结构

【实践活动】

1. 举例说明温度传感器在汽车上的应用主要有哪些。
2. 温度传感器按结构原理分为哪几种？
3. 查阅资料并简要说明温度传感器的最新发展。
4. 检测温度传感器的相关参数。

任务三　分析压力传感器的类型及应用

【任务背景】

　　压力传感器是工业实践中最为常用的一种传感器，其广泛应用于各种工业自控环境中，涉及水利水电、铁路交通、智能建筑、生产自控、航空航天、军工、石化、油井、电力、船舶、机床、管道等众多行业。因此，本任务是分析压电式压力传感器、霍尔式压力传感器和压阻式压力传感器的工作原理、测量与转换电路、特点及应用，并让读者了解压力传感器在汽车上的应用。

【相关知识】

一、概述

　　压力传感器是将压力转换为电信号输出的传感器。通常把压力测量仪表中的电测式仪表称为压力传感器。压力传感器一般由弹性敏感元件和位移敏感元件(或应变计)组成。弹性敏感元件的作用是使被测压力作用于某个面积上并转换为位移或应变，然后由位移敏感元件或应变计转换为与压力成一定关系的电信号。有时把这两种元件的功能集于一体，如压阻式传感器中的固态压力传感器。

压力传感器是工业实践中最为常用的一种传感器，其广泛应用于各种工业自控环境，涉及水利水电、铁路交通、智能建筑、生产自控、电力、船舶等众多行业。

上个世纪80年代，压力传感器已成为保证汽车可靠运行和安全驾驶的关键部件。压力传感器在汽车上主要用于涡轮增压器、机油、燃料箱、悬挂、空调、燃料箱、燃料喷射、电子制动等压力测量和监控。汽车压力传感器的量程和精度如表2-3所示。

表2-3 汽车压力传感器的量程和精度

应用领域	量程/Pa	精度/%	使用温度/℃
汽油蒸发	5 k	2	−30～120
悬挂	2 M	2	−30～120
空调	3.5 M	2	−30～135
电子液压刹车	25 M	1	−30～120
汽油缸内直喷	14 M	0.5	−30～130
柴油高压共轨	180 M	0.5	−30～130

其中，量程在 3.5 MPa 以下的汽车压力传感器主要采用硅压阻原理，10 MPa 以上的传感器在汽车上通常被称为高压传感器，主要采用金属薄膜应变式原理。国际单位制中定义压力的单位是：1 N 的力垂直均匀作用在 1 m² 面积上，所形成的压力为 1 个帕斯卡，简称为帕，符号为 Pa。帕斯卡是一个很小的压力单位。

压力传感器可分为压电式压力传感器、霍尔式压力传感器、压阻式压力传感器、光纤式压力传感器、谐振式压力传感器等。

二、压电式压力传感器

压电式传感器是一种自发电式传感器，它以某些电介质的压电效应为基础，在外力作用下，在电介质表面产生电荷，从而实现非电量电测的目的。压电传感元件是力敏感元件，它可以测量最终能变换为力的那些非电物理量，如动态力、动态压力、振动加速度等，但不能用于静态参数的测量。

1. 压电效应

压电式压力传感器的主要原理是压电效应，它是利用电气元件和其他机械把待测的压力转换为电量，再进行相关测量工作的测量精密仪器，比如压力变送器和压力传感器。压电传感器不可以应用在静态的测量当中，因为受到外力作用后的电荷要在回路有无限大的输入抗阻时才可以保存下来，因此压电传感器只可以应用在动态的测量当中。它主要的压电材料是磷酸二氢胺、酒石酸钾钠和石英。

天然结构的石英晶体呈六角形晶柱，用金刚石刀具切割出一片正方形薄片。当晶体薄片受到压力时，晶格产生变形，表面产生正电荷，电荷 Q 与所施加的力 F 成正比，这种现象称为压电效应。若在电介质的极化方向上施加交变电压，它即产生机械变形。当去掉外加电场时，电介质的变形随之消失，这种现象称为逆压电效应(电致伸缩效应)。石英晶体的压电效应演示如图 2-22 所示。

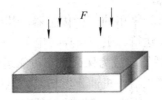

图 2-22　石英晶体的压电效应演示

当力的方向改变时，电荷的极性随之改变，输出电压的频率与动态力的频率相同；当动态力变为静态力时，由于表面漏电电荷将很快泄漏、消失。

当压力发生变化的时候，电场的变化很小，其他的一些压电晶体就会替代石英。如磷酸二氢胺是一种人造晶体，它可以在很高的湿度和很高的温度环境中使用，所以，它的应用是非常广泛的。随着技术的发展，压电效应也已经在多晶体上得到了应用，如压电陶瓷、铌镁酸压电陶瓷和钛酸钡压电陶瓷等。

2. 压电式传感器的等效电路及测量转换电路

1) 等效电路

当压电传感器中的压电晶体承受被测机械压力的作用时，在它的两个极面上出现极性相反但电量相等的电荷。可把压电传感器看成一个静电发生器，也可把它视为两极板上聚集异性电荷，中间为绝缘体的电容器。在实际使用时，压电传感器总要与测量仪器或测量电路相连接，因此还须考虑连接电缆的等效电容 C_c，放大器的输入电阻 R_i，输入电容 C_i 以及压电传感器的泄漏电阻 R_a，这样压电传感器在测量系统中的实际等效电路如图 2-23 所示。电路中：C_a 为传感器的固有电容；C_i 为前置放大器输入电容；C_c 为连线电容；R_a 为传感器的漏电阻；R_i 为前置放大器输入电阻。

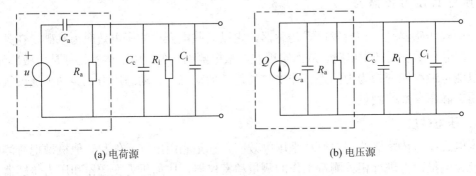

(a) 电荷源　　　　　　　　　　　　　　　　　(b) 电压源

图 2-23　压电传感器在测量系统中的实际等效电路

2) 压电元件的常用结构形式

在压电传感器中，为了提高压电元件的灵敏度，通常不采用单片结构，而是采用两片或多片组合结构。由于压电元件是有极性的，因此连接的方法有以下两种：

(1) 在图 2-24 的(a)图中，两压电晶片的负极都集中在中间电极上，正电极在两边的电极上，这种接法称为并联。其输出的电容 C 和极板上的电荷量 Q 为单片的两倍，但输出电压 U 等于单片电压。

(2) 在图 2-24 的(b)图中，正电荷集中在上极板，负电荷集中在下极板，而中间极板的上片产生的负电荷与下片产生的正电荷相互抵消，这种接法称为串联。显然串联接法时，其输出电压 U 等于单片电压的两倍，输出的电荷量 Q 等于单片电荷量，总电容为单片的 1/2。

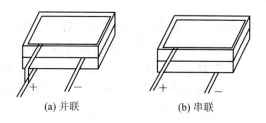

(a) 并联　　　　　　　　　　　(b) 串联

图 2-24　压电元件的常用结构形式

在这两种接法中，并联接法输出的电荷大，本身的电容也大，故时间常数大，宜用于测慢变信号，并且适用于以电荷为输出量的场合；而串联接法，输出电压大，本身电容小，故时间常数小，适用于以电压作为输出信号、测量电路的输入阻抗很高的场合。

3) 测量转换电路

压电传感器本身的内阻抗很高，而输出能量较小，因此它的测量电路通常需要接入一个高输入阻抗的前置放大器，其作用一是把它的高输出阻抗变换为低输出阻抗；二是放大传感器输出的微弱信号。

压电传感器的输出可以是电压信号，也可以是电荷信号，因此前置放大器也有两种形式：电压放大器和电荷放大器。

以电荷放大器为例，电荷放大器实际上是一个具有深度负反馈的高增益运算放大器，如图 2-25 所示。

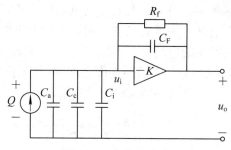

图 2-25　电荷放大器

图中 C_F 为电荷放大器的反馈电容，R_f 为反馈电阻。在理想情况下，传感器泄漏电阻 R_a、放大器的输入电阻 R_i 和反馈电阻 R_f 都趋于无穷大，因此可以略去 R_a、R_i 和 R_f。图中未画 R_a 和 R_i。常用电荷放大器将压电传感器输出的电荷转换为电压(Q/U 转换器)，电荷放大器的输出电压仅与输入电荷和反馈电容有关，电缆长度等因素的影响很小。电压公式为

$$u_o \approx -\frac{Q}{C_F} \tag{2-1}$$

3. 特点及应用

压电式压力传感器的特点如下：

(1) 优点：重量较轻，工作可靠，结构很简单，信噪比很高，灵敏度很高以及信频宽，等等。

(2) 缺点：有部分电压材料忌潮湿，因此需要采取一系列的防潮措施，而输出电流的响应又比较差，那就要使用电荷放大器或者高输入阻抗电路来弥补这个缺点，让仪器更好地工作。

压电传感器主要应用在加速度、压力等的测量中。压电式压力传感器的应用领域很广泛，如电声学、生物医学和工程力学，等等。压电式加速度传感器是一种常用的加速度计。它具有结构简单、体积小、重量轻、使用寿命长等优点。压电式加速度传感器在飞机、汽车、船舶、桥梁和建筑的振动与冲击测量中已经得到了广泛的应用。压电式传感器也可以用来测量发动机内部燃烧压力的测量与真空度的测量。

三、霍尔式压力传感器

霍尔式传感器是基于霍尔效应原理而将被测量的电流、磁场、位移、压力、压差、转速等转换成电动势输出的一种传感器。虽然它的转换率较低、温度影响大、要求转换精度较高时必须进行温度补偿，但霍尔式传感器结构简单，体积小，坚固，频率响应宽(从直流到微波)，动态范围(输出电动势的变化)大，无触点，使用寿命长，可靠性高，易于微型化和集成电路化，因此在测量技术、自动化技术和信息处理等方面得到广泛的应用。

1. 霍尔效应

金属或半导体薄片置于磁场中，当有电流流过时，在垂直于电流和磁场的方向上将产生电动势，这种物理现象称为霍尔效应。

假设薄片为 N 型半导体，磁感应强度为 B 的磁场方向垂直于薄片，如图 2-26 所示，在薄片左右两端通以电流 I(称为控制电流)，那么半导体中的载流子(电子)将沿着与电流 I 的相反方向运动。由于外磁场 B 的作用，使电子受到磁场力 F_L(洛仑兹力)而发生偏转，结果在半导体的后端面上电子有所积累而带负电，前端面则因缺少电子而带正电，于是在前后端面间形成电场。该电场产生的电场力 F_E 阻止电子继续偏转。当 F_E 与 F_L 相等时，电子积累达到动态平衡。这时，在半导体前后两端面之间(即垂直于电流和磁场的方向)建立电场，称为霍尔电场 E_H，相应的电势就称为霍尔电势 U_H。

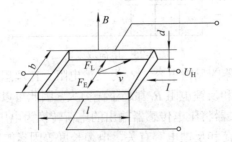

图 2-26　霍尔效应原理图

若电子都以均一的速度 v 按图示方向运动，那么在 B 的作用下所受的力 $F_L = evB$，其中 e 为电子电荷量，$e = 1.602 \times 10^{-19}$ C。同时，电场 E_H 作用于电子的力 $F_H = -eE_H$，式中的负号表示力的方向与电场方向相反。设薄片长、宽、厚分别为 l、b、d，则 $F_H = -eU_H/b$。

当电子积累达到动态平衡时，$F_L + F_H = 0$，即 $vB = U_H/b$。而电流密度 $j = -nev$，n 为 N 型半导体中的电子浓度，即单位体积中的电子数，负号表示电子运动速度的方向与电流方向相反。所以 $I = jbd = -nevbd$，即 $v = -I/(nebd)$。将 v 代入上述力平衡式，则得

$$U_H = -\frac{IB}{ned} = R_H \frac{IB}{d} = k_H IB \tag{2-2}$$

式中：R_H 为霍尔系数，$R_H = -1/ne\,(\mathrm{m^3 \cdot C^{-1}})$，由载流材料物理性质所决定；$k_H$ 为灵敏度系数，$k_H = R_H/d\,(\mathrm{V \cdot A^{-1} \cdot T^{-1}})$，它与载流材料的物理性质和几何尺寸有关，表示在单位磁感应强度和单位控制电流时的霍尔电势的大小。

如果磁场和薄片法线有 α 角，那么：

$$U_H = k_H IB \cos\alpha \tag{2-3}$$

具有上述霍尔效应的元件称为霍尔元件。霍尔式传感器即由霍尔元件所组成，霍尔元件多用 N 型半导体材料。霍尔元件越薄(即 d 越小)，k_H 就越大，所以通常霍尔元件都较薄。薄膜霍尔元件厚度只有 1 μm 左右。

2. 霍尔式位移传感器

保持霍尔元件的控制电流恒定，如使霍尔元件在一个均匀梯度的磁场中沿 x 方向移动，如图 2-27 所示，则输出的霍尔电势为 $U_H = kx$，式中 k 为位移传感器的灵敏度。

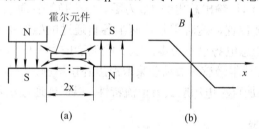

图 2-27　霍尔式位移传感器原理示意图

霍尔电势的极性表示了元件位移的方向。磁场梯度越大，灵敏度越高；磁场梯度越均匀，输出线性度就越好。为了得到均匀的磁场梯度，往往将磁钢的磁极片设计成特殊形状，如图 2-27 所示。这种位移传感器可用来测量 ±0.5 mm 的小位移，特别适用于微位移、机械振动等测量。若霍尔元件在均匀磁场内转动，则产生与转角的正弦函数成比例的霍尔电压，因此可用来测量角位移。

3. 霍尔式压力传感器

任何非电量只要能转换成位移量的变化，均可利用霍尔式位移传感器的原理变换成霍尔电势。霍尔式压力传感器就是其中的一种，如图 2-28 所示。它首先由弹性元件(波登管或膜盒)将被测压力变换成位移，由于霍尔元件固定在弹性元件的自由端上，因此弹性元件产生位移时将带动霍尔元件，使它在线性变化的磁场中移动，从而输出霍尔电势。

对于一定的霍尔片，其霍尔电势 U_H 仅与 B 和 I 有关。图 2-28 中两对磁极所形成的磁感应强度的分布如图 2-29 所示，是线性非均匀磁场，霍尔片处于图示的磁场中，并且通过霍尔片的电流 I 恒定，当弹簧管自由端的霍尔片处在磁场中不同位置时，由于受到的磁感应强度 B 不同，即可得到与弹簧管自由端位移成比例的霍尔电势，这样就实现了位移—电势的线性转换。

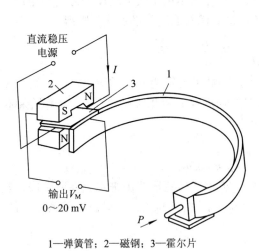

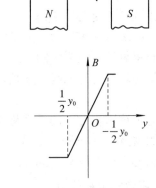

1—弹簧管；2—磁钢；3—霍尔片

图 2-28　霍尔式压力传感器的结构　　　　　图 2-29　磁感应强度的分布

当霍尔片的几何中心处于两对极的中央位置时，由于霍尔片两半所通过的磁通方向相反，量值相同，故此时霍尔片输出总电势 U_H 为零。当给弹簧管通入压力后，弹簧管的自由端带动霍尔片偏离其平衡位置，这时霍尔片两半各自通过的磁通不同，导致各自的霍尔电势不同，故霍尔片输出的总电势也不为零，从而实现了压力—位移—电势的转换。

由于霍尔片对温度变化很敏感，故需要采取温度补偿措施，以削弱温度变化对传感器输出特性的影响。霍尔片外加直流电源应具有恒流特性，以保证通过霍尔片的电流 I 为恒定值。

四、压阻式压力传感器

压阻式压力传感器属于力学传感器，它具有极低的价格和较高的精度以及较好的线性特性。下面我们主要介绍这类传感器。

1. 电阻应变片

在了解压阻式压力传感器时，我们首先认识一下电阻应变片这种元件。电阻应变片是一种将被测元件上的应变变化转换成一种电信号的敏感器件。它是压阻式应变传感器的主要组成部分之一。电阻应变片应用最多的是金属电阻应变片和半导体应变片两种。金属电阻应变片又有丝状应变片和金属箔状应变片两种。通常是将应变片通过特殊的黏合剂紧密的黏合在产生力学应变基体上，当基体受力发生应力变化时，电阻应变片也一起产生形变，使应变片的阻值发生改变，从而使加在电阻上的电压发生变化。这种应变片在受力时产生的阻值变化通常较小，一般这种应变片都组成应变电桥，并通过后续的仪表放大器进行放大，再传输给处理电路或执行机构。

1) 金属电阻应变片的内部结构

电阻应变片由基体材料、金属应变丝或应变箔、绝缘保护片和引出线等部分组成。根据不同的用途，电阻应变片的阻值可以由设计者设计，但电阻的取值范围应注意：阻值太小，所需的驱动电流太大，同时应变片的发热致使本身的温度过高，不同的环境中使用，使应变片的阻值变化太大，输出零点漂移明显，调零电路过于复杂。而电阻太大，阻抗太高，抗外界的电磁干扰能力就较差。电阻应变片的阻值一般均为几十欧至几十千欧左右。

2) 电阻应变片的工作原理

金属电阻应变片的工作原理是：吸附在基体材料上的应变电阻随机械形变而产生阻值变化的现象，俗称为电阻应变效应。金属导体的电阻值可用下式表示：

$$R = \rho \frac{l}{S} \tag{2-4}$$

式中：ρ 为金属导体的电阻率($\Omega \cdot cm^2/m$)；S 为导体的截面积(cm^2)；l 为导体的长度(m)。

我们以金属丝应变电阻为例，当金属丝受外力作用时，其长度和截面积都会发生变化，从上式中也容易看出，其电阻值即会发生改变。假如金属丝受外力作用而伸长时，其长度增加而截面积减少，电阻值便会增大；当金属丝受外力作用而压缩时，长度减小而截面增加，电阻值则会减小。只要测出加在电阻的变化即可获得应变金属丝的应变情况。

2. 压阻式压力传感器

压阻式压力传感器的压力敏感元件是压阻元件，它是基于压阻效应工作的。所谓压阻元件实际上就是指在半导体材料的基片上用集成电路工艺制成的扩散电阻，当它受外力作用时，其阻值由于电阻率的变化而改变。扩散电阻正常工作时需依附于弹性元件，常用的是单晶硅膜片。图 2-30 是压阻式压力传感器的结构示意图。

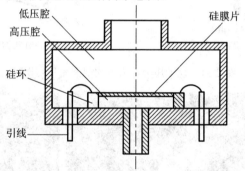

图 2-30　压阻式压力传感器的结构示意图

压阻芯片采用周边固定的硅杯结构，封装在外壳内。在一块圆形的单晶硅膜片上，布置四个扩散电阻，两片位于受压应力区，另外两片位于受拉应力区，它们组成一个全桥测量电路。硅膜片用一个圆形硅杯固定，两边有两个压力腔，一个和被测压力相连接的高压腔，另一个是低压腔，接参考压力，通常和大气相通。当存在压差时，膜片产生变形，使两对电阻的阻值发生变化，电桥失去平衡，其输出电压反映膜片两边承受的压差大小。

五、压力传感器在汽车上的应用

汽车压力传感器有很多种，用途亦不一样：

机油压力传感器——用于测量润滑油的压力；

燃油压力传感器——用于测量燃油泵后的燃料管内燃油压力；

共轨压力传感器——测量柴油发动机共轨喷射系统中轨内燃油压力；

车用空调高低压传感器——测量车内空调系统中冷凝剂的压力；

空气压力传感器——用于测量进气、增压涡轮后端以及进气歧管内空气压力；

胎压传感器——测量轮胎内气压；

缸压传感器——测量汽缸内压力；

差压传感器——测量尾气颗粒捕捉器两端压力差；

刹车压力传感器——测量刹车液压或气压压力。

下面主要介绍燃油压力调节器和进气压力传感器。

1. 燃油压力调节器

汽车燃油压力调节器是现代汽车的一个部件，属于电控发动机的燃油供给系统。燃油压力调节器的剖面图和实物图如图2-31所示；安装位置在燃油总管上或燃油泵上，如图2-32所示。

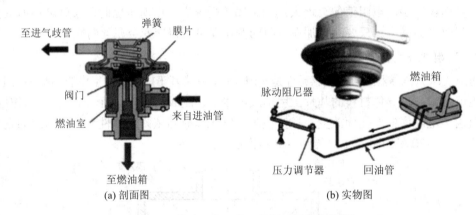

图2-31　燃油压力调节器的剖面图和实物图

图2-32　燃油压力调节器安装位置

由图2-33可看出，燃油压力调节器主要由阀片、膜片、膜片弹簧和外壳等构成。膜片起到控制压力阀打开关闭的作用，油压低于一定值时，压力阀关闭，由油泵加压使油路内压力增加，当增加到超过规定压力后，膜片打开，过压的燃油通过回油管路流回油箱，起到减压的作用；燃油压力调节器具有压力调节和稳定压力的作用，将喷油器的燃油压力控制在324 kPa(3.3 kgf/cm^2)(视发动机型号不同，具体压力值也会有不同)。此外，压力调节器能像燃油泵的单向阀一样，维持燃油管里的残余压力。下面有两种燃油调节方法：

第一种：将燃油压力控制在一个恒定的压力值。当燃油压力超过压力调节器的弹簧的压力时，阀门开启，使燃油回流到燃油箱并调节压力。

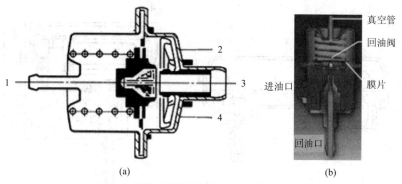

1—接发动机进气管；2、4—进油孔；3—回油孔

图 2-33　燃油压力调节器的结构

第二种：此方法中装备有一个高压油管，它持续调节燃油压力，使燃油压力高于歧管压力产生的一个固定压力。其基本工作原理与第一种燃油调节方法相同，但由于歧管真空被作用于膜片的上腔，燃油压力就通过阀门开启时，根据歧管压力改变燃油压力进行控制，燃油通过回油管流回燃油箱。

燃油压力调节器工作特性如图 2-34 所示，由图可见，油压大小由弹簧和气室真空度二者协调，当油压高过标准值时，高压燃油会顶动膜片上移，球阀打开，多余的燃油会经回油管反流油箱；当压力低过标准值时，弹簧会下压膜片将球阀关闭，停止回油。压力调节器的作用就是保持油路内的压力保持恒定，油压过低，则喷油器喷油太弱或不喷油；油压太高，则使油路损毁或喷油器损坏。

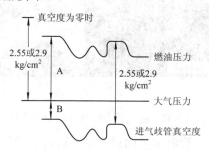

图 2-34　燃油压力调节器工作特性

2．进气压力传感器

1）结构及安装位置

进气压力传感器外形如图 2-35 所示。半导体压敏电阻式进气压力传感器的构造如图 2-36 所示，主要由塑料外壳、滤波器、混合集成电路、压力转换元件和滤清器组成。

图 2-35　进气压力传感器外形

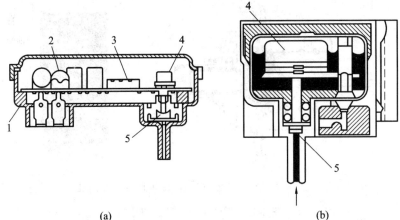

1—塑料外壳；2—滤波器；3—混合集成电路；4—压力转换元件；5—滤清器

图 2-36　半导体压敏电阻式进气压力传感器的构造

　　进气压力传感器的安装位置如图 2-37 所示，一般装于发动机机舱内，用一根真空管与进气歧管相接或直接装在节气门后方的进气歧管上。

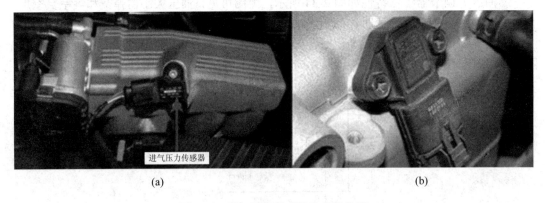

图 2-37　进气压力传感器的安装位置

　　进气压力传感器的作用是检测节气门后方进气管内的进气压力，计算进气量，决定基本喷油量和基本点火提前角，进气压力越大，进气量就越多，喷油也就越多，于是点火提前角越小；监测废气循环量和油箱蒸汽回收量；与进气流量传感器共用，提高检测精度。

　　2) 工作原理

　　进气压力传感器根据发动机转速和负荷的大小检测出歧管内绝对压力的变化，然后转换成信号电压送至电子控制器(ECU)，ECU 依据此信号电压的大小，控制基本喷油量的大小。进气压力传感器种类较多，有压敏电阻式、电容式等。由于压敏电阻式具有响应时间快、检测精度高、尺寸小且安装灵活等优点，因而被广泛用于 D 型喷射系统中。以压敏电阻式进气压力传感器为例介绍其工作原理。

　　如图 2-38 所示，应变电阻 R_1、R_2、R_3、R_4 构成惠斯顿电桥并与硅膜片粘接在一起，硅膜片在歧管内的绝对压力作用下可以变形，从而引起应变电阻 R 阻值的变化，歧管内的绝对压力越高，硅膜片的变形就越大，从而电阻 R 的阻值变化也越大，即把硅膜片机械式的变化转变成电信号，再由集成电路放大后输出至 ECU。

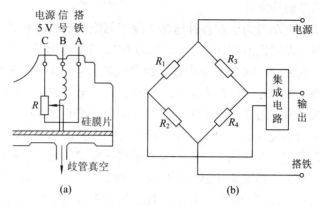

图 2-38　压敏电阻式进气压力传感器工作原理图

【实践活动】

1. 汽车上应用的压力传感器有哪几种类型？
2. 查找资料并列举汽车上需要用到哪些压力传感器。
3. 分析说明什么叫压电效应。
4. 简要说明什么叫霍尔效应。
5. 查阅资料并列举几种压力传感器说出它们在汽车上的安装位置。
6. 检测压力传感器的相关参数。

任务四　分析空气流量传感器

【任务背景】

空气流量传感器(MAF)，也称空气流量计，是电喷发动机的重要传感器之一。它将吸入的空气流量转换成电信号送至电控单元(ECU)，作为决定喷油的基本信号之一，是测定吸入发动机的空气流量的传感器。本任务是分析空气流量传感器的结构原理、测试方法，并让读者了解空气流量传感器在汽车上的应用。

【相关知识】

一、概述

空气流量传感器(MAF)，也称空气流量计，是电喷发动机的重要传感器之一。它将吸入的空气流量转换成电信号送至电控单元(ECU)，作为决定喷油的基本信号之一，是测定吸入发动机的空气流量的传感器。

电子控制汽油喷射发动机为了在各种运转工况下都能获得最佳浓度的混合气，必须正确地测定每一瞬间吸入发动机的空气量，以此作为 ECU 计算喷油量的主要依据。如果空气流量传感器或线路出现故障，ECU 得不到正确的进气量信号，就不能正常地进行喷油量的控制，将造成混合气过浓或过稀，使发动机运转不正常。电子控制汽油喷射系统的空气流量传感器有多种形式，常见的空气流量传感器按其结构形式可分为叶片(翼板)式、量芯式、热线式、热膜式、卡门涡旋式等。热线式空气流量计由于无运动部件，不但工作可靠，而且响应快，缺点是在流速分布不均时误差较大。虽然热膜式空气流量计的工作原理和热线式空气流量计类似，但由于热膜式传感器不使用白金线作为热线，而是将热线电阻、补偿电阻等用厚膜工艺制作，在同一陶瓷基片上，使发热体不直接承受空气流动所产生的作用力，从而增加了发热体的强度，不但使空气流量计的可靠性进一步提高，也使误差减小，性能更好。

二、空气流量计的结构原理

空气流量传感器是决定系统控制精度的重要部件之一。汽油发动机所吸进空气流量的最大值与最小值之比 max/min 在自然进气系统中为 40～50，在带增压的系统中为 60～70，在此范围内的，空气流量传感器应能保持 ±2%～3% 的测量精度。电子控制燃油喷射装置上所用的空气流量传感器在很宽的测定范围上不仅应能保持测量精度，而且测量响应性也要优秀，可测量脉动的空气流，输出信号的处理应简单。

根据空气流量传感器特征的不同，将燃油控制系统按进气量的计量方式分为直接测量进气量的 L 型控制与间接计量进气量的 D 型控制(根据进气歧管负压与发动机的转速间接计量进气量)。D 型控制方式中的微机 ROM 内，预先储存着以发动机转速和进气管内的压力为参数的各种状态下的进气量，微机根据所测的各运转状态下的进气压力与转速，参照ROM 所记忆的进气量，可以算出燃油量；L 型控制所用的空气流量计与一般工业流量传感器基本相同，但它能适应汽车的苛刻环境，如能满足踏油门时出现的流量急剧变化的响应要求等。

最初的电子燃油喷射控制系统采用的不是微机而是模拟电路，即活门式的空气流量传感器。随着微机用于控制燃油喷射，出现了其他几种空气流量传感器。

1. 活门式空气流量传感器

活门式空气流量传感器装在汽油发动机上，安装于空气滤清器与节气门之间，其功能是检测发动机的进气量，并把检测结果转换成电信号，再输入微机中。该传感器是由空气流量计与电位计两部分组成的。空气流量传感器的工作过程是，由空气滤清器吸入的空气冲向活门，然后活门转到进气量与回位弹簧平衡的位置处停止，即活门的开度与进气量成正比。在活门的转动轴还装有电位计，电位计的滑动臂与活门同步转动，利用滑动电阻的电压降把测量片的开度转换成电信号，然后输入到控制电路中。

2．卡曼涡旋式空气流量传感器

为了克服活门式空气流量传感器的缺点，即在保证测量精度的前提下，扩展测量范围，并且取消滑动触点，因此开发出小型轻巧的空气流量传感器，即卡曼涡旋式空气流量传感器。卡曼涡旋是一种物理现象，涡旋的检测方法、电子控制电路与检测精度根本无关，空气的通路面积与涡旋发生柱的尺寸变化决定检测精度。又因为这种传感器输出的是电子信号，所以向系统的控制电路输入信号时，可以省去 A/D 转换器。因此，从本质来看，卡曼涡旋式空气流量传感器适用于微机处理的信号。这种传感器有测试精度高，可以输出线形信号，并且信号处理简单，长期使用性能不会发生变化，不需要对温度及大气压力进行修正等优点。

3．温压补偿空气流量传感器

温压补偿空气流量传感器主要用于工业管道介质流体的流量测量，如气体、液体、蒸气等多种介质。其特点是压力损失小，量程范围大，精度高，在测量工况体积流量时几乎不受流体密度、压力、温度、黏度等参数的影响，无可动机械零件，维护量小，仪表参数能长期稳定。本仪表采用压电应力式传感器，可靠性高，可在 $-10℃\sim+300℃$ 的工作温度范围内工作。温压补偿空气流量计是一种比较先进、理想的流量传感器。

三、空气流量传感器在汽车上的应用及测试方法

1．叶片式空气流量传感器

1) 结构及工作原理

传统的 L 型汽油喷射系统及一些中档车型采用这种叶片式空气流量传感器，如丰田CAMRY(佳美)小轿车、丰田 PREVIA(大霸王)小客车、马自达 MPV 多用途汽车等。其结构如图 2-39 所示。

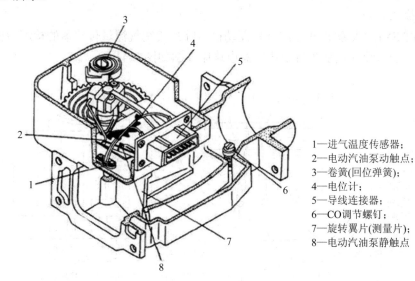

1—进气温度传感器；
2—电动汽油泵动触点；
3—卷簧(回位弹簧)；
4—电位计；
5—导线连接器；
6—CO调节螺钉；
7—旋转翼片(测量片)；
8—电动汽油泵静触点

图 2-39　叶片式空气流量传感器的结构

叶片式空气流量传感器由空气流量计和电位计两部分组成。空气流量计在进气通道内

有一个可绕轴摆动的旋转翼片(测量片)，作用在轴上的卷簧可使测量片关闭进气通路。发动机工作时，进气气流经过空气流量计推动测量片偏转，使其开启。测量片开启角度的大小取决于进气气流对测量片的推力与测量片轴上卷簧弹力的平衡状况。进气量的大小由驾驶员操纵节气门来改变。进气量愈大，气流对测量片的推力愈大，测量片的开启角度也就愈大。在测量片轴上连着一个电位计，电位计的滑动臂与测量片同轴同步转动，把测量片开启角度的变化(即进气量的变化)转换为电阻值的变化。电位计通过导线、连接器与 ECU 连接。ECU 根据电位计电阻的变化量或作用在其上的电压的变化量，测得发动机的进气量。在叶片式空气流量传感器内，通常还有一个电动汽油泵开关，如图 2-40 所示。

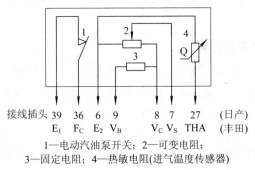

接线插头　39　36　6　9　　8　7　27　(日产)

E₁ 的位置对应 E_1　F_C　E_2　V_B　V_C　V_S　THA　(丰田)

1—电动汽油泵开关；2—可变电阻；
3—固定电阻；4—热敏电阻(进气温度传感器)

图 2-40　叶片式空气流量传感器电路原理图

当发动机起动运转时，测量片偏转，该开关触点闭合，电动汽油泵通电运转；发动机熄火后，测量片在回转至关闭位置的同时，使电动汽油泵开关断开。此时，即使点火开关处于开启位置，电动汽油泵也不工作。流量传感器内还有一个进气温度传感器，用于测量进气温度，为进气量作温度补偿。叶片式空气流量传感器导线连接器一般有 7 个端子，如图 2-40 中的 39、36、6、9、8、7、27。但也有将电位计内部的电动汽油泵控制触点开关取消后，变为 5 个端子的。

2) 故障检测

以丰田 PREVIA(大霸王)车 2TZ-FE 发动机用叶片式空气流量传感器的检测为例。丰田 PREVIA(大霸王)车叶片式空气流量传感器电路原理图如图 2-41 所示。

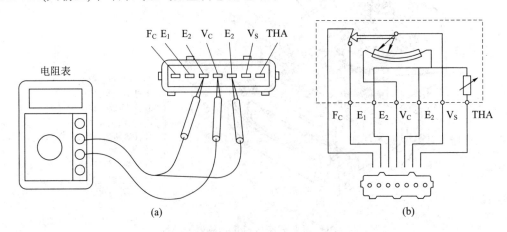

(a)　　　　　　　　　　　　(b)

图 2-41　丰田大霸王车叶片式空气流量传感器的原理图

其检测方法有就车检测和动态检测两种:

(1) 就车检测。点火开关置"OFF",拔下该流量传感器导线连接器,用万用表 Ω 挡测量连接器内各端子间的电阻。其电阻值应符合表 2-4 所示;如不符,则应更换空气流量传感器。

表2-4　丰田 PREVIA 车空气流量传感器各端子间的电阻

端　子	标准电阻/kΩ	温度/℃
V_S-E_2	0.2~0.60	任何温度
V_C-E_2	0.20~0.60	任何温度
	10.00~20.00	−20
	4.00~7.00	0
THA-E_2	2.00~3.00	20
	0.90~1.30	20
	0.40~0.70	60
F_C-E_1	不定	—

(2) 动态检测。点火开关置"OFF",拔下空气流量传感器的导线连接器,拆下与空气流量传感器进气口连接的空气滤清器,拆开空气流量传感器出口处空气软管卡箍,拆除固定螺栓,取下空气流量传感器。首先检查电动汽油泵开关,用万用表 Ω 挡测量 E_1-F_C 端子:在测量片全关闭时,E_1-F_C 间不应导通,电阻为∞;在测量片开启后的任一开度上,E_1-F_C 端子间均应导通,电阻为 0。然后用起子推动测量片,同时用万用表 Ω 挡测量电位计滑动触点 Vs 与 E_2 端子间的电阻。在测量片由全闭至全开的过程中,电阻值应逐渐变小,且符合表 2-5 所示;如不符,则应更换空气流量传感器。

表2-5　丰田 PREVIA 车空气流量传感器端子间的电阻

端子	标准电阻/Ω	测量片位置
F_C-E_1	∞	测量片全关闭
	0	测量片开启
V_S-E_2	20~600	全关闭
	20~1200	从全关到全开

2. 卡门涡旋式空气流量传感器

1) 结构和工作原理

卡门涡旋式空气流量传感器的结构和工作原理如图 2-42 所示。

在进气管道正中间设有一流线形或三角形的涡流发生器,当空气流经该涡流发生器时,在其后部的气流中会不断产生一列不对称却十分规则的被称为卡门涡流的空气涡流。根据卡门涡流理论,这个旋涡行列是紊乱地依次沿气流流动方向移动,其移动的速度与空气流速成正比,即在单位时间内通过涡流发生器后某点的旋涡数量与空气流速成正比。因此,通过测量单位时间内涡流的数量就可计算出空气流速和流量。测量单位时间内旋涡数量的方法有反光镜检出式和超声波检出式两种。

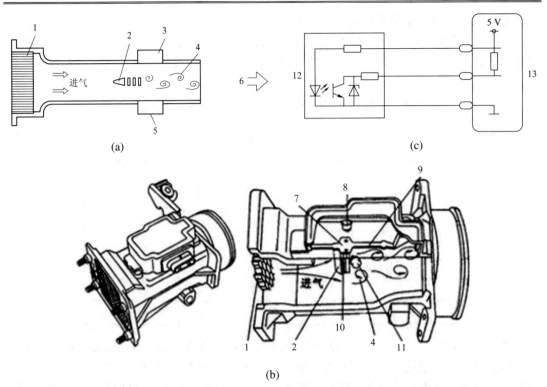

1—整流栅；2—涡流发生器；3—超声波发生器；4—卡门涡旋；5—至进气管；6—超声波接收器；7—反光镜；
8—发光二极管；9—簧片；10—压力传递孔；11—光敏三极管；12—流量计内部电路；13—ECU

图 2-42　卡门涡旋式空气流量传感器

　　反光镜检出式卡门涡旋流量传感器的结构如图 2-43 所示，其内有一只发光二极管和一只光敏三极管。

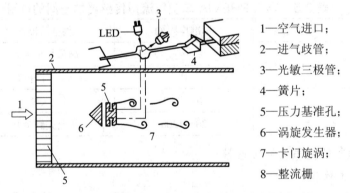

1—空气进口；

2—进气歧管；

3—光敏三极管；

4—簧片；

5—压力基准孔；

6—涡旋发生器；

7—卡门旋涡；

8—整流栅

图 2-43　反光镜检出式卡门涡旋流量传感器的结构

　　发光二极管发出的光束被一片反光镜反射到光敏三极管上，使光敏三极管导通。反光镜安装在一个很薄的金属簧片上。金属簧片在进气气流旋涡的压力作用下产生振动，其振动频率与单位时间内产生的旋涡数量相同。由于反光镜随簧片一同振动，因此被反射的光束也以相同的频率变化，致使光敏三极管也随光束以同样的频率导通、截止。ECU 根据光敏三极管导通、截止的频率即可计算出进气量。凌志 LS400 小轿车即用了这种型式的卡门涡旋式空气流量传感器。

如图 2-44 所示为超声波检出式卡门涡旋式空气流量传感器的结构。在其后半部的两侧有一个超声波发射器和一个超声波接收器。在发动机运转时，超声波发射器不断地向超声波接收器发出一定频率的超声波。当超声波通过进气气流到达接收器时，由于受气流中旋涡的影响，使超声波的相位发生变化。ECU 根据接收器测出的相应变化的频率，计算出单位时间内产生的旋涡的数量，从而求得空气流速和流量，然后根据该信号确定基准空气量和基准点火提前角。

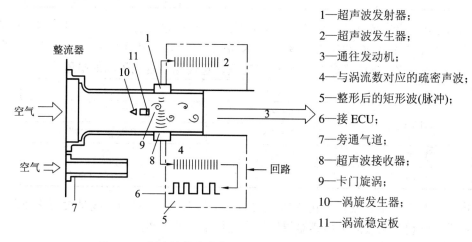

1—超声波发射器；

2—超声波发生器；

3—通往发动机；

4—与涡流数对应的疏密声波；

5—整形后的矩形波(脉冲)；

6—接 ECU；

7—旁通气道；

8—超声波接收器；

9—卡门旋涡；

10—涡旋发生器；

11—涡流稳定板

图 2-44 超声波检出式卡门涡旋式空气流量传感器的结构

2) 故障检测

以丰田凌志 LS400 轿车 1UZ-FE 发动机用反光镜检出式空气流量传感器的检测为例。该传感器与 ECU 的连接电路如图 2-45 示。

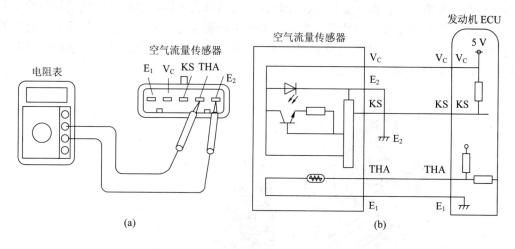

图 2-45 凌志 LS400 车空气流量传感器的电路图

(1) 检测电阻。点火开关置 "OFF"，拔下空气流量传感器的导线连接器，用万用表电阻挡测量传感器上 "THA" 与 "E_1" 端子之间的电阻，其标准值如表 2-6 所示。如果电阻值不符合标准值，则更换空气流量传感器。

表 2-6　丰田凌志 LS400 轿车空气流量传感器 THA-E₁ 端子间的电阻

端　　子	标准电阻/kΩ	温度/℃
THA-E₁	10.0	−20
	4.0～7.0	0
	2.0～3.0	20
	0.9～1.3	40
	0.4～0.7	60

(2) 检测空气流量传感器的电压。插好此空气流量传感器的导线连接器，用万用表电压挡检测发动机 ECU 端子 THA-E₂、Vc-E₁、Kₛ-E₁ 间的电压，其标准电压值见表 2-7 所示。

表 2-7　丰田凌志 LS400 轿车空气流量传感器各端子间的电压

端　　子	电压/V	条　　件
THA-E₂	0.5～3.4	怠速、进气温度 20℃
	4.5～5.5	点火开关置"ON"
Kₛ-E₁	2.0～4.0(脉冲发生)	怠速
Vc-E₁	4.5～5.5	点火开关置"ON"

若电压不符合要求，则检查传感器与发动机电脑(ECU)之间的导线是否短路或断路。若导线正常，则说明空气流量传感器损坏，应更换空气流量传感器。

3．热线式空气流量传感器

1) 基本结构

热线式空气流量传感器由感知空气流量的白金热线(铂金属线)、根据进气温度进行修正的温度补偿电阻(冷线)、控制热线电流并产生输出信号的控制线路板以及空气流量传感器的壳体等元件组成。根据白金热线在壳体内的安装部位不同，热线式空气流量传感器分为主流测量、旁通测量方式两种结构形式。采用主流测量方式的热线式空气流量传感器的结构图如图 2-46 所示。它两端有金属防护网，取样管置于主空气通道中央，取样管由两个塑料护套和一个热线支承环构成。

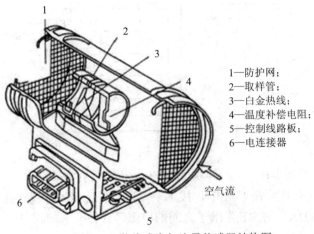

1—防护网；
2—取样管；
3—白金热线；
4—温度补偿电阻；
5—控制线路板；
6—电连接器

空气流

图 2-46　热线式空气流量传感器结构图

热线线径为 70 μm 的白金丝(R_H)，布置在支承环内，其阻值随温度变化，是惠斯顿电桥电路的一个臂，如图 2-47 所示。热线支承环前端的塑料护套内安装一个白金薄膜电阻器，其阻值随进气温度变化，称为温度补偿电阻(R_K)，是惠斯顿电桥电路的另一个臂。热线支承环后端的塑料护套上黏结着一只精密电阻(R_A)。此电阻能用激光修整，也是惠斯顿电桥的一个臂。该电阻上的电压降即为热线式空气流量传感器的输出信号电压。惠斯顿电桥还有一个臂的电阻 R_B 安装在控制线路板上。

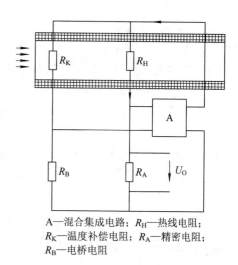

A—混合集成电路；R_H—热线电阻；
R_K—温度补偿电阻；R_A—精密电阻；
R_B—电桥电阻

图 2-47　热线式空气流量传感器电路图

热线式空气流量传感器的工作原理是：热线温度由混合集成电路 A 保持其温度与吸入空气温度相差一定值，当空气质量流量增大时，混合集成电路 A 使热线通过的电流加大；反之，则减小。这样，就使通过热线电阻 R_H 的电流成为空气质量流量的单一函数，即热线电流 I_H 随空气质量流量增大而增大，或随其减小而减小，一般在 50～120 mA 之间变化。波许 LH 型汽油喷射系统及一些高档小轿车采用这种空气流量传感器，如别克、日产 MAXIMA(千里马)、沃尔沃等。

2) 故障检测

(1) 检查空气流量传感器输出信号。拔下此空气流量传感器的导线连接器，拆下空气流量传感器；如图 2-48 所示，将蓄电池的电压施加于空气流量传感器的端子 D 和 E 之间(电源极性应正确)，然后用万用表电压挡测量端子 B 和 D 之间的电压。其标准电压值为 1.6 ± 0.5 V。如其电压值不符，则须更换空气流量传感器。在进行上述检查之后，给空气流量传感器的进气口吹风，同时测量端子 B 和 D 之间的电压。在吹风时，电压应上升至 2～4 V。如电压值不符，则须更换空气流量传感器。

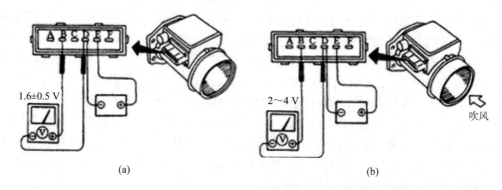

(a)　　　　　　　　　　　　　　　　　　(b)

图 2-48　热线式空气流量传感器输出信号检查

(2) 检查自清洁功能。装好热线式空气流量传感器及其导线连接器，拆下此空气流量传感器的防尘网，启动发动机并加速到 2500 r/min 以上。当发动机停转 5 s 后，从空气流量传感器进气口处，可以看到热线自动加热烧红(约 1000℃)约 1 s。如无此现象发生，则须检查自清洁信号或更换空气流量传感器。

【实践活动】

1. 简述汽车上采用的空气流量传感器的类型及各自的特点。

2. 查阅资料并简要说明叶片式空气流量传感器的工作原理、检测方法以及应用的车型。

3. 查阅资料并简要说明卡门涡旋式空气流量传感器的工作原理、检测方法以及应用的车型。

4. 查阅资料并简要说明热线式空气流量传感器的工作原理、检测方法以及应用的车型。

5. 检测空气流量传感器的相关参数。

任务五　分析氧传感器

【任务背景】

汽车氧传感器是电子控制燃油喷射发动机控制系统中关键的传感部件，是控制汽车尾气排放、降低汽车对环境污染、提高汽车发动机燃油燃烧质量的关键零件。本任务是让读者理解氧传感器的结构及工作原理、了解氧传感器的分类及各种氧传感器的工作原理并掌握氧传感器的常见故障及检测方法。

【相关知识】

一、概　述

汽车氧传感器是电子控制燃油喷射发动机控制系统中关键的传感部件，是控制汽车尾气排放、降低汽车对环境污染、提高汽车发动机燃油燃烧质量的关键零件。在使用三元催化转换器以减少排气污染的发动机上，氧传感器是必不可少的元件。由于混合气的空燃比一旦偏离理论空燃比，三元催化剂对 CO、HC 和 NO_X 的净化能力将急剧下降，故在排气管中安装氧传感器，用以测定发动机燃烧后的排气中氧是否过剩，即测定氧气含量，并把氧气含量转换成电压信号传递到发动机计算机，使发动机能够实现以过量空气因数为目标的闭环控制；确保三元催化转化器对排气中的碳氢化合物(HC)、一氧化碳(CO)和氮氧化合物(NO_X)三种污染物都有最大的转化效率，最大程度地进行排放污染物的转化和净化，从而将混合气的空燃比控制在理论值(14.7∶1)附近。

二、氧传感器的结构及工作原理

1. 氧传感器的结构

氧传感器利用了 Nernst 原理，其核心元件是多孔的 ZrO_2 陶瓷管，它是一种固态电解质，两侧面分别烧结上多孔铂(Pt)电极。在一定温度下，由于两侧氧浓度不同，高浓度侧(陶瓷管内侧 4)的氧分子被吸附在铂电极上与电子(4e)结合形成氧离子 O_{2-}，使该电极带正电，O_{2-} 离子通过电解质中的氧离子空位迁移到低氧浓度侧(废气侧)，使该电极带负电，即产生电势差。

当空燃比较低时(浓混合气)，废气中的氧较少，因此陶瓷管外侧氧离子较少，形成 1.0 V 左右的电动势；当空燃比等于 14.7 时，此时陶瓷管内外两侧产生的电动势为 0.4～0.5 V，该电动势为基准电动势；

当空燃比较高时(稀混合气)，废气中氧含量较高，陶瓷管内外的氧离子浓度差较小，所以产生电动势很低，接近为零。

加热型氧传感器有管式氧传感器和片式氧传感器，管式氧传感器核心元件如图 2-49 所示。

片式氧传感器芯片如图 2-50 所示。

图 2-49　管式氧传感器核心元件

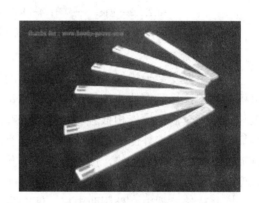

图 2-50　片式氧传感器芯片

2. 工作原理

汽车上的氧传感器的工作原理与电池相似，传感器中的氧化锆元素起类似电解液的作用。其基本工作原理是：在一定条件下(高温和铂催化)，利用氧化锆内外两侧的氧浓度差产生电位差，且浓度差越大，电位差就越大。大气中氧的含量为 21%，浓混合气燃烧后的废气实际上不含氧，稀混合气燃烧后生成的废气或因缺火产生的废气中含有较多的氧，但仍比大气中的氧少得多。

在高温及铂的催化下，带负电的氧离子吸附在氧化锆的内外表面上。当套管废气一侧的氧浓度低时，在电极之间产生一个高电压(0.6～1 V)，这个电压信号被送到 ECU 放大处理，ECU 把高电压信号看做浓混合气，而把低电压信号看做稀混合气。根据氧传感器的电压信号，电脑按照尽可能接近 14.7∶1 的理论最佳空燃比来稀释或加浓混合气。因此氧传感器是电子控制燃油计量的关键传感器。氧传感器只有在高温时(端部达到 300℃以上)特征才能充分体现，才能输出电压。它约在 800℃时，对混合气的变化反应最快，而在低温时这种特性会发生很大变化。

三、氧传感器的种类及其原理

常见的氧传感器有二氧化锆型和二氧化钛型氧传感器两种。

1. 二氧化锆型氧传感器

1) 结构

二氧化锆型氧传感器由二氧化锆管、起电极作用的衬套，以及防止二氧化锆管损坏和导入汽车的带孔护罩等构成，如图 2-51 所示。

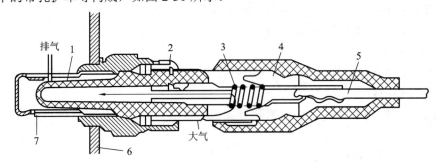

1—锆管；2—电极；3—弹簧；4—电极座；5—导线；6—排气管；7—气孔

图 2-51　二氧化锆氧传感器的结构

2) 工作原理

氧传感器安装于排气管上，二氧化锆的管内、外表面均涂有薄薄的一层铂，铂既起到电极的作用，又具有催化的作用。二氧化锆管内侧通大气，并且保持氧浓度不变，外侧直接与氧浓度较低的排气相抵触。工作时，在排气高温作用下，氧气发生分离，由于锆管内侧氧离子浓度高，外侧氧在两个表面电极有氧浓度差，氧离子就从浓度高的一侧向低的一侧流动，从而产生电动势，所以二氧化锆传感器实际为一种容量较小的化学电池，也称氧浓度差电池。当混合气稀(空燃比大)时，排气中的氧含量高，传感器元件内、外侧氧浓度差小，氧化锆元件内、外侧两电极之间产生的电压很低(接近于 0 V)；当混合气浓(空燃比小)时，排气中几乎没有氧，传感器内、外侧氧浓度差很大，内、外侧电极之间产生的电压高(约 1 V)。在理论空燃比附近，氧传感器输出电压信号值有一突变，如图 2-52 所示。

二氧化锆管内外涂有铂起催化作用，能使排气中氧气与一氧化碳、碳化氢等发生反应，减少排气中氧含量，使外侧铂表面的氧几乎不存在，从而提高传感器的灵敏度。

氧传感器的输出特性与排气温度有关，二氧化锆式氧传感器的工作温度在 300℃ 以上。当排气温度低于一定值(约 300℃)时，氧传感器的输出特性不稳定，因此氧传感器一般都安装在排气温度较高的位置，如图 2-53 所示。

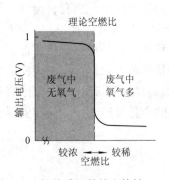

图 2-52　氧传感器的输出特性

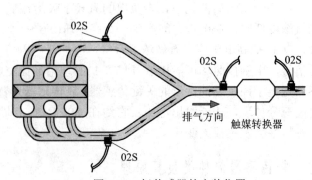

图 2-53　氧传感器的安装位置

因此，有些车上装有排气温度传感器，当排气温度传感器的信号达到一定值后，控制单元才根据氧传感器的信号进行空燃比反馈修正。

2．二氧化钛氧传感器

二氧化钛氧传感器是利用半导体材料二氧化钛的电阻值，随排气中氧含量的变化而变化的特性制成的，属于电阻型氧传感器。在常态下此传感器具有高电阻值；二氧化钛在表面缺氧时，电阻值降低。其结构如图 2-54 所示。

当混合气较稀时，排气中氧含量就多，氧浓度高，二氧化钛呈高阻状态；当混合气较浓时，排气中氧含量就低，二氧化钛的电阻大大降低。其电阻值的变化在理论空燃比附近发生突变，如图 2-55 所示。

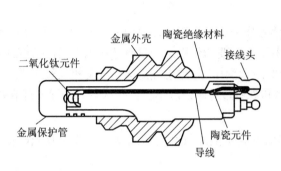

图 2-54　氧化钛型氧传感器的结构

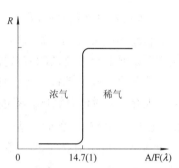

图 2-55　二氧化钛传感器的输出特性

二氧化钛的电阻受温度影响较大，所以在电路中一般接有热敏电阻 R_t，起到温度补偿作用。这种类型的氧传感器的特点是抗铅，较少依赖于排气温度，启动后迅速进入闭环控制。

四、氧传感器的常见故障及检测

氧传感器一旦出现故障，将使电子燃油喷射系统的电脑不能得到排气管中氧浓度的信息，因而不能对空燃比进行反馈控制，从而会使发动机油耗和排气污染增加，发动机出现怠速不稳、缺火、喘振等故障现象。因此，必须及时地排除故障或更换。

1．氧传感器的常见故障

1）氧传感器中毒

氧传感器中毒是经常出现的且较难防治的一种故障，尤其是经常使用含铅汽油的汽车，即使是新的氧传感器，也只能工作几千公里。如果只是轻微的铅中毒，接着使用一箱不含铅的汽油，就能消除氧传感器表面的铅，使其恢复正常工作。但往往由于过高的排气温度，而使铅侵入其内部，阻碍了氧离子的扩散，使氧传感器失效，这时就只能更换新的。

另外，氧传感器发生硅中毒也是常有的事。一般来说，汽油和润滑油中含有的硅化合物燃烧后生成二氧化硅，而硅橡胶密封垫圈使用不当散发出的有机硅气体都会使氧传感器失效，因而要使用质量好的燃油和润滑油。修理时要正确选用和安装橡胶垫圈，不要在传感器上涂敷制造厂规定使用以外的溶剂和防粘剂等。

2）积碳

由于发动机燃烧不好，容易在氧传感器表面形成积碳，或氧传感器内部进入了油污或尘埃等沉积物，会阻碍或阻塞外部空气进入氧传感器内部，使氧传感器输出的信号失准，ECU 不能及时地修正空燃比。产生积碳，主要表现为油耗上升，排放浓度明显增加。此时，若将沉积物清除，就会恢复正常工作。

3) 氧传感器陶瓷碎裂

氧传感器的陶瓷硬而脆，用硬物敲击或用强烈气流吹洗，都可能使其碎裂而失效。因此，处理时要特别小心，发现问题及时更换。

4) 加热器电阻丝烧断

对于加热型氧传感器，如果加热器电阻丝烧蚀，就很难使传感器达到正常的工作温度而失去作用。

5) 氧传感器内部线路断脱

从氧传感器的外观颜色看故障。氧传感器作为电子控制燃油喷射发动机的重要部件，对发动机正常运转和尾气排放的有效控制起着至关重要的作用。一旦氧传感器及其连接线路出现故障，不但会使排放超标，还会使发动机工况恶化，导致怠速熄火、发动机运转失准等各种故障。因此，适时地对氧传感器进行监测和观察，对保证汽车在良好状态下运行大有益处。

6) 氧传感器外观颜色的检查

从排气管上拆下氧传感器，检查传感器外壳上的通气孔有无堵塞，陶瓷芯有无破损。如有破损，则应更换氧传感器。

7) 通过观察氧传感器顶尖部位的颜色判断故障

(1) 淡灰色顶尖：这是氧传感器的正常颜色。

(2) 白色顶尖：由硅污染造成的，此时必须更换氧传感器。

(3) 棕色顶尖：由铅污染造成的，如果严重，也必须更换氧传感器。

(4) 黑色顶尖：由积碳造成的，在排除发动机积碳故障后，一般可以自动清除氧传感器上的积碳。

主氧传感器包括一根加热氧化锆元件的热棒。加热棒受(ECU)电脑控制，当空气进量小(排气温度低)时，电流流向加热棒加热传感器，便能精确检测氧气浓度。

在试管状态化锆元素(Z_RO_2)的内外两侧，设置有白金电极，为了保护白金电极，用陶瓷包覆电机外侧，内侧输入氧浓度高于大气中的，外侧输入的氧浓度低于汽车排出气体浓度。

应当指出，采用三元催化器后，必须使用无铅汽油，否则三元催化器和氧传感器会很快失效。另外，氧传感器在油门稳定、配制标准混合时起到较为重要的作用，而在频繁加浓或变稀混合时，(ECU)电脑将忽略氧传感器的信息，氧传感器就不能起作用。

现今车辆安有两个氧传感器，三元催化器前后各放一个。前方的作用是检测发动机不同工况的空燃比，同时电脑根据该信号调整喷油量和计算点火时间。后方的作用是检测三元催化器的工作好坏，即催化器的转化率。通过与前氧传感器的数据作比较是检测三元催化器是否工作正常的重要依据。

2. 检测方法

1) 加热器电阻检查

拔下氧传感器线束插头，用万用表电阻挡测量氧传感器接线端中加热器接柱与搭铁接柱之间的电阻，其阻值为 4～40 Ω(参考具体车型说明书)。如不符合标准，应更换氧传感器。

2) 反馈电压的测量

测量氧传感器的反馈电压时，应拔下氧传感器的线束插头，对照车型的电路图，从氧传感器的反馈电压输出接线柱上引出一条细导线，然后插好线束插头，在发动机运转中，从引出线上测出反馈电压(有些车型也可以由故障检测插座内测得氧传感器的反馈电压，如丰田汽车公司生产的系列轿车都可以从故障检测插座内的 OX1 或 OX2 端子内直接测得氧传感器的反馈电压)。

对氧传感器的反馈电压进行检测时，最好使用具有低量程(通常为 2 V)和高阻抗(内阻大于 10 MΩ)的指针型万用表。具体的检测方法如下：

(1) 将发动机热车至正常工作温度(或启动后以 2500 r/min 的转速运转 2 min)。

(2) 将万用表电压挡的负表笔接故障检测插座内的 E_1 或蓄电池负极，正表笔接故障检测插座内的 OX1 或 OX2 插孔，或接氧传感器线束插头上的引出线。

(3) 让发动机以 2500 r/min 左右的转速保持运转，同时检查电压表指针能否在 0～1 V 之间来回摆动，记下 10 s 内电压表指针摆动的次数。在正常情况下，随着反馈控制的进行，氧传感器的反馈电压将在 0.45 V 上下不断变化，10 s 内反馈电压的变化次数应不少于 8 次。

如果少于 8 次，则说明氧传感器或反馈控制系统工作不正常，其原因可能是氧传感器表面有积碳，导致灵敏度降低。对此，应让发动机以 2500 r/min 的转速运转约 2 min，以清除氧传感器表面的积碳，然后再检查反馈电压。如果在清除积碳后电压表指针变化依旧缓慢，则说明氧传感器损坏，或电脑反馈控制电路有故障。

(4) 检查氧传感器有无损坏。拔下氧传感器的线束插头，使氧传感器不再与电脑连接，此时反馈控制系统处于开环控制状态。将万用表电压挡的正表笔直接与氧传感器反馈电压输出接线柱连接，负表笔良好搭铁。在发动机运转中测量反馈电压，先脱开接在进气管上的曲轴箱强制通风管或其他真空软管，人为地形成稀混合气，同时观看电压表，其指针读数应下降。

然后接上脱开的管路，再拔下水温传感器接头，用一个 4～8 kΩ 的电阻代替水温传感器，人为地形成浓混合气，同时观看电压表，其指针读数应上升。也可以用突然踩下或松开加速踏板的方法来改变混合气的浓度，在突然踩下加速踏板时，混合气变浓，反馈电压应上升；突然松开加速踏板时，混合气变稀，反馈电压应下降。如果氧传感器的反馈电压无上述变化，表明氧传感器已损坏。

另外，氧化钛式氧传感器在采用上述方法检测时，若是良好的氧传感器，输出端的电压应以 2.5 V 为中心上下波动。否则可拆下传感器并暴露在空气中，冷却后测量其电阻值。若电阻值很大，说明传感器是好的，否则应更换传感器。

(5) 氧传感器外观颜色的检查。从排气管上拆下氧传感器，检查传感器外壳上的通气孔有无堵塞，陶瓷芯有无破损。如有破损，则应更换氧传感器。

(6) 检测氧传感器电阻加热器对地绝缘性。用欧姆表测量氧传感器电阻加热器与外壳之间的电阻，应为∞。

如果通路，更换氧传感器；如果不通路，则进行下一步检修。

(7) 检查氧传感器的信号电压：

① 在关闭点火开关的情况下，断开氧传感器上的四芯连接器。

② 将蓄电池的 12 V 电源引到氧传感器的电阻加热端，这个方法需要做一对带线接头，即测试工装。接好后启动发动机，2 min 后测量信号输出端的电压。

如果认为这个方法的可操作性不强，可以直接启动发动机，2 min 后，拔下四芯接头，迅速测量氧传感器信号端的电压。(时间长了加热电阻脱离了电源后氧传感器的芯子会冷却，测量误差将增大。)

启动发动机后的怠速状态下，根据上述工作原理，这个输出电压应该很低；这时加大油门，在油门变化的瞬间，会有一个电压输出，这个电压跟油门变化率有关(即稳住油门电压即刻消失)，速度越快电压越大，最大值可达 0.9 V。如果是指针表头，由于惯性和阻尼因素，这个电压一般只能读到 0.8 V(考虑到数字表的响应时间，不能用数字表测量，否则误差很大)。如果氧传感器无电压输出、电压值不变、电压上升或下降很小、电压变化很缓慢，则说明氧传感器的传感元件有问题，这时可考虑清洗氧传感器。

【实践活动】

1. 氧传感器的作用是什么？
2. 查阅资料并说明二氧化锆型氧传感器的工作原理及检测方法。
3. 查阅资料并说明二氧化钛型氧传感器的工作原理及检测方法。
4. 检测氧传感器的相关参数。

任务六　分析爆震传感器的类型及应用

【任务背景】

爆震传感器用来检测发动机工作时的爆燃情况，并将其转变成电信号送给 ECU，ECU 据此发出指令，控制点火线圈初级电路的通断，调整点火时刻。本任务是分析爆震传感器的工作原理，让读者了解磁致伸缩式爆震传感器和压电式爆震传感器的结构，掌握爆震传感器的检测方法。

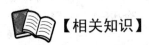
【相关知识】

一、爆震传感器的工作原理

爆震传感器用来检测发动机工作时的爆燃情况，并将其转变成电信号送给 ECU，ECU 据此发出指令，控制点火线圈初级电路的通断，调整点火时刻。爆震传感器是交流信号发生器，但与其他大多数汽车交流信号发生器大不相同，除了探测转轴的速度和位置外，爆震传感器也探测振动或机械压力。

　　　点火过早、排气再循环不良、低标号燃油等原因引起的发动机爆震会造成发动机损坏。爆震传感器向电脑(有的通过控制模块 PCM)提供爆震信号，使电脑能重新调整点火正时以阻止进一步爆震。它们实际上是充当点火正时反馈控制循环的"氧传感器"角色。

　　　爆震传感器安放在发动机体或汽缸的不同位置。当振动或敲缸发生时，它产生一个小电压峰值，敲缸或振动越大，爆震传感器产生峰值就越大。当控制单元接收到这些频率时，电脑重新修正点火正时，以阻止继续爆震，爆震传感器通常十分耐用。所以传感器只会因本身失效而损坏。常见的爆震传感器有两种，一种是磁致伸缩式爆震传感器，另一种是压电式爆震传感器。磁致伸缩式爆震传感器的内部有永久磁铁、靠永久磁铁激磁的强磁性铁芯以及铁芯周围的线圈。压电式爆震传感器利用结晶或陶瓷多晶体的压电效应而工作，也有利用掺杂硅的压电电阻效应的。该传感器的外壳内装有压电元件、配重块及导线等。

二、磁致伸缩式爆震传感器

　　　磁致伸缩式爆震传感器的外形与结构如图 2-56 所示，组成如图 2-57 所示，其内部有永久磁铁、靠永久磁铁激磁的强磁性铁芯以及铁芯周围的线圈。其工作原理是：当发动机的气缸体出现振动时，该传感器在 7 kHz 左右处与发动机产生共振，强磁性材料铁芯的磁导率发生变化，致使永久磁铁穿过铁芯的磁通密度也变化，从而在铁芯周围的绕组中产生感应电动势，并将这一电信号输入 ECU。

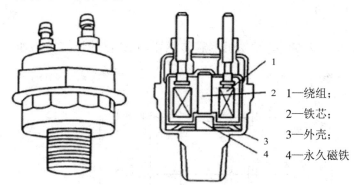

1—绕组；
2—铁芯；
3—外壳；
4—永久磁铁

图 2-56　磁致伸缩式爆震传感器的外形与结构

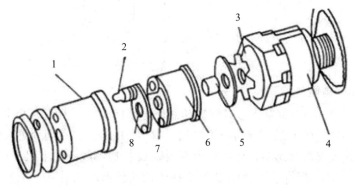

1—软磁套；2—端子；3—弹簧；4—外壳；5—永久磁铁；6—绕组；7—磁致伸缩杆；8—电绝缘体

图 2-57　磁致伸缩式爆震传感器的组成

三、压电式爆震传感器

压电式爆震传感器的结构如图 2-58 所示。这种传感器利用结晶或陶瓷多晶体的压电效应而工作,也有利用掺杂硅的压电电阻效应的。该传感器的外壳内装有压电元件、配重块及导线等。其工作原理是:当发动机的气缸体出现振动且振动传递到传感器外壳上时,外壳与配重块之间产生相对运动,夹在这两者之间的压电元件所受的压力发生变化,从而产生电压。ECU 检测出该电压,并根据其值的大小判断爆震强度。

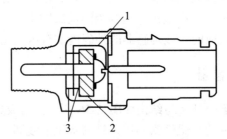

1—引线；2—配重块；3—压电元件

图 2-58　压电式爆震传感器的结构

四、爆震传感器的检测

丰田皇冠 3.0 轿车 2JZ-GE 型发动机爆震传感器与 ECU 的连接电路如图 2-59 所示。

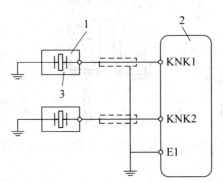

1— 1号爆震传感器；2—发动机ECU；3—2号爆震传感器

图 2-59　爆震传感器的电路

1. 爆震传感器电阻的检测

点火开关置于"OFF"位置,拔开爆震传感器导线接头,用万用表 Ω 挡检测爆震传感器的接线端子与外壳间的电阻,应为∞(不导通);若为 0 Ω(导通),则须更换爆震传感器。

对于磁致伸缩式爆震传感器,还可应用万用表 Ω 挡检测线圈的电阻,其阻值应符合规定值(具体数据见具体车型维修手册),否则更换爆震传感器。

2. 爆震传感器输出信号的检查

拔开爆震传感器的连接插头,在发动机怠速时用万用表电压挡检查爆震传感器的接线端子与搭铁间的电压，应有脉冲电压输出。如没有，应更换爆震传感器。

3. 爆震传感器波形分析

(1) 将爆震传感器的导线连接器断开，连接波形测试设备，打开点火开关，不启动发动机。

(2) 使用木槌敲击传感器附近的发动机气缸体以使传感器产生信号。

(3) 在敲击发动机体之后，紧接着在波形测试设备上应显示有一振动，敲击越重，振动幅度就越大。

如图 2-60 所示，爆震传感器的信号波形从一个脉冲至下一个脉冲的峰值电压会有些变化。

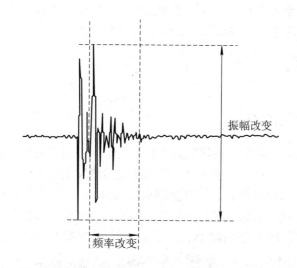

图 2-60 爆震传感器的信号波形

① 如果对爆震传感器进行随车在线检测(连接好波形测试设备，启动发动机，对发动机进行加载，获得信号波形)，则可以看出波形的峰值电压(波峰高度或振幅)和频率(振动的次数)将随发动机负载和每分钟转速的增加而增加。

② 如果发动机因点火过早、燃烧温度不正常、废气再循环不正常流动等产生爆燃或敲击声，其幅度和频率也会增加。

③ 爆震传感器是极耐用的，最普通的爆震传感器失效的方式是该传感器根本不产生信号——这通常是因为被碰伤而造成传感器的物理损坏(在传感器内晶体断裂，这就使它不能使用)。此时波形显示只是一条直线，应更换爆震传感器。

 【实践活动】

1. 汽车上的爆震传感器的工作原理是什么？
2. 磁致伸缩式爆震传感器和压电式爆震传感器的结构有什么区别？
3. 查找资料并说明爆震传感器在汽车上的应用有哪些。
4. 检测爆震传感器的相关参数。

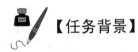

任务七　分析主要的位置与角度传感器

【任务背景】

　　在汽车电子控制系统中，为了满足汽车的使用要求，采用了很多位置与角度传感器，主要有曲轴位置传感器(CKP)、节气门位置传感器(TPS)、液位传感器和车辆高度传感器等。本任务是让读者了解曲轴位置传感器的各种类型，理解磁脉冲式、霍尔效应式和光电式曲轴位置传感器的工作原理，掌握曲轴位置传感器的检测方法。

【相关知识】

一、曲轴位置传感器(CKP)

　　曲轴位置传感器是电喷发动机控制系统特别是集中控制系统中最重要的传感器，也是点火系统和燃油喷射系统共用的传感器。其功能是检测发动机曲轴转角和活塞上止点，并将检测信号及时送至发动机电脑，用以控制点火时刻(点火提前角)和喷油正时。同时，曲轴位置传感器亦是测量发动机转速的信号源。因此，曲轴位置传感器又称发动机转速与曲轴位置传感器，或称曲轴位置/判缸/转速传感器。常见曲轴位置传感器如图 2-61 所示。

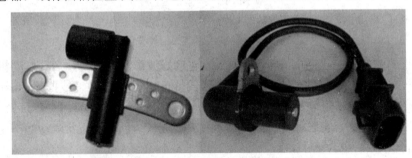

图 2-61　曲轴位置传感器

1. 曲轴位置传感器的分类

　　曲轴位置传感器主要有三种类型：磁脉冲式、霍尔效应式和光电式。

　　(1) 磁脉冲式。磁脉冲式转速传感器和曲轴位置传感器分上、下两层安装在分电器内。传感器由永磁感应检测线圈和转子(正时转子和转速转子)组成，转子随分电器轴一起旋转。正时转子有一、二或四个齿等多种形式，转速转子为 24 个齿。永磁感应检测线圈固定在分电器体上。若已知转速传感器信号和曲轴位置传感器信号，以及各缸的工作顺序，就可知道各缸的曲轴位置。磁电感应式转速传感器和曲轴位置传感器的转子信号盘也可安装在曲轴或凸轮轴上。

　　(2) 霍尔效应式。霍尔效应式转速传感器和曲轴位置传感器是一种利用霍尔效应的信号发生器。霍尔信号发生器安装在分电器内,与分火头同轴,由封装的霍尔芯片和永久磁铁组成整体固定在分电器盘上。触发叶轮上的缺口数和发动机气缸数相同。当触发叶轮上的叶片进入永久磁铁与霍尔元件之间,霍尔触发器的磁场被叶片旁路,这时不产生霍尔电压,传感器无输出信号;当触发叶轮上的缺口部分进入永久磁铁和霍尔元件之间时,磁力线进入霍尔元件,霍尔电压升高,传感器输出电压信号。

(3) 光电式。光电式曲轴位置传感器一般装在分电器内,由信号发生器和带光孔的信号盘组成。其信号盘与分电器轴一起转动,信号盘外圈有 360 条光刻缝隙,产生曲轴转角 1°的信号;稍靠内有间隔 60°均布的 6 个光孔,产生曲轴转角 120°的信号,其中 1 个光孔较宽,用以产生相对于第 1 缸上止点的信号。信号发生器安装在分电器壳体上,由两只发光二极管、两只光敏二极管和电路组成。发光二极管正对着光敏二极管。信号盘位于发光二极管和光敏二极管之间,由于信号盘上有光孔,则产生透光和遮光交替变化现象。当发光二极管的光束照到光敏二极管时,光敏二极管产生电压;当发光二极管光束被挡住时,光敏二极管电压为 0。这些电压信号经电路部分整形放大后,即向电子控制单元输送曲轴转角为 1° 和 120°时的信号,电子控制单元根据这些信号计算发动机转速和曲轴位置。

2. 曲轴位置传感器的结构特点和工作原理

曲轴位置传感器通常安装在分电器内,是控制系统中最重要的传感器之一。其作用有:检测发动机转速,因此又称为转速传感器;检测活塞上止点位置,故也称为上止点传感器,包括检测用于控制点火的各缸上止点信号、用于控制顺序喷油的第 1 缸上止点信号。

1) 磁脉冲式曲轴位置传感器

丰田公司 TCCS 系统采用磁脉冲式曲轴位置传感器并安装在分电器内,其结构如图 2-62 所示。

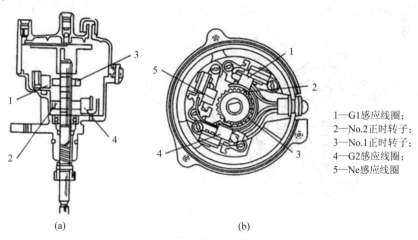

1—G1感应线圈;
2—No.2正时转子;
3—No.1正时转子;
4—G2感应线圈;
5—Ne感应线圈

(a)　　　　　　　　　　　(b)

图 2-62　丰田公司磁脉冲式曲轴位置传感器结构

该传感器分成上、下两部分,上部分产生 G 信号,下部分产生 Ne 信号,都是利用带有轮齿的转子旋转时,使信号发生器感应线圈内的磁通变化,从而在感应线圈里产生交变的感应电动势,再将它放大后,送入 ECU。

Ne 信号是检测曲轴转角及发动机转速的信号。该信号由固定在下半部具有等间隔 24 个轮齿的转子(NO.2 正时转子)及固定于其对面的感应线圈产生(如图 2-63(a)所示)。

当转子旋转时，轮齿与感应线圈凸缘部(磁头)的空气间隙发生变化，导致通过感应线圈的磁场发生变化而产生感应电动势。轮齿靠近及远离磁头时，将产生一次增减磁通的变化，所以每一个轮齿通过磁头时，都将在感应线圈中产生一个完整的交流电压信号。N0.2正时转子上有 24 个齿，故转子旋转 1 圈，即曲轴旋转 720° 时，感应线圈产生将 24 个交流电压信号。Ne 信号如图 2-63(b)所示，其一个周期的脉冲相当于 30° 曲轴转角(720°/24＝30°)。更精确的转角检测是，利用 30° 转角的时间由 ECU 再均分 30 等份，即产生 1° 曲轴转角的信号。同理，发动机的转速由 ECU 依照 Ne 信号的两个脉冲(60° 曲轴转角)所经过的时间为基准进行计测。

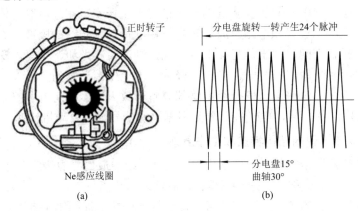

图 2-63　Ne 信号发生器与波形

G 信号用于判别气缸及检测活塞上止点位置。G 信号是由位于 Ne 发生器上方的凸缘转轮(NO.1 正时转子)及其对面对称的两个感应线圈(G₁ 感应线圈和 G₂ 感应线圈)产生的，其结构与波形如图 2-64 所示。其产生信号的原理与 Ne 信号相同。G 信号也用作计算曲轴转角时的基准信号。

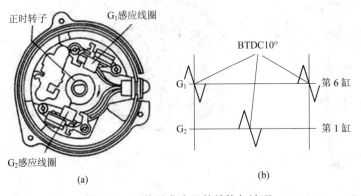

图 2-64　G 信号发生器的结构与波形

G₁、G₂ 信号分别检测第 6 缸及第 1 缸的上止点。由于 G₁、G₂ 信号发生器设置位置的关系，当产生 G₁、G₂ 信号时，实际上活塞并不是正好达到上止点(BTDC)，而是在上止点前 10° 的位置。

2) 光电式曲轴位置传感器

以日产公司光电式曲轴位置传感器为例，日产公司光电式曲轴位置传感器设置在分电器内，它由信号发生器和带缝隙与光孔的信号盘组成，如图 2-65 所示。

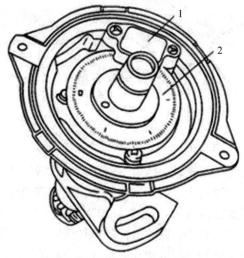

1—曲轴转角传感器；2—信号盘

图 2-65　日产公司光电式曲轴位置传感器

信号盘安装在分电器轴上，其外围有 360 条缝隙，产生 1°(曲轴转角)信号；外围稍靠内侧分布着 6 个光孔(间隔 60°)，产生 120° 信号，其中有一个较宽的光孔是产生对应第 1 缸上止点的 120° 信号的，如图 2-66 所示。

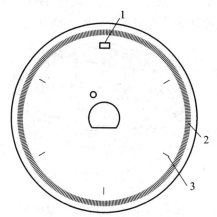

1—120° 信号孔(第1缸)；2—1° 信号缝隙；3—120° 信号孔

图 2-66　信号盘的结构

信号发生器固装在分电器壳体上，主要由两只发光二极管、两只光敏二极管和电子电路组成。两只发光二极管分别正对着光敏二极管，发光二极管以光敏二极管为照射目标。信号盘位于发光二极管和光敏二极管之间，当信号盘随发动机曲轴运转时，因信号盘上有光孔，产生透光和遮光的交替变化，造成信号发生器输出表征曲轴位置和转角的脉冲信号。光电式信号发生器的作用原理如图 2-67 所示。

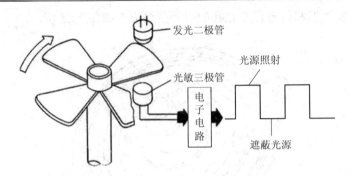

图 2-67 光电式信号发生器的作用原理

当发光二极管的光束照射到光敏二极管上时，光敏二极管感光而导通；当发光二极管的光束被遮挡时，光敏二极管截止。信号发生器输出的脉冲电压信号送至电子电路放大整形后，即向电控单元输送曲轴转角 1° 信号和 120° 信号。因信号发生器安装位置的关系，120° 信号在活塞上止点前 70° 输出。发动机曲轴每转 2 圈，分电器轴转 1 圈，则 1° 信号发生器输出 360 个脉冲，每个脉冲周期高电位对应 1°，低电位亦对应 1°，共表征曲轴转角 720°。与此同时，120° 信号发生器共产生 6 个脉冲信号。

3) 霍尔式曲轴位置传感器

霍尔式曲轴位置传感器是利用霍尔效应的原理，产生与曲轴转角相对应的电压脉冲信号的。它是利用触发叶片或轮齿改变通过霍尔元件的磁场强度，从而使霍尔元件产生脉冲的霍尔电压信号，经放大整形后即为曲轴位置传感器的输出信号。

(1) 采用触发叶片的霍尔式曲轴位置传感器。美国 GM 公司的霍尔式曲轴位置传感器安装在曲轴前端，采用触发叶片的结构型式，如图 2-68 所示。

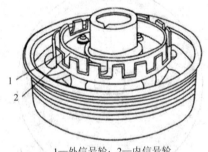

1—外信号轮；2—内信号轮

图 2-68 GM 公司的霍尔式曲轴位置传感器结构

在发动机的曲轴皮带轮前端固装着内外两个带触发叶片的信号轮，与曲轴一起旋转。外信号轮外缘上均匀分布着 18 个触发叶片和 18 个窗口，每个触发叶片和窗口的宽度为 10° 弧长；内信号轮外缘上设有 3 个触发叶片和 3 个窗口，3 个触发叶片的宽度不同，分别为 100°、90° 和 110° 弧长，3 个窗口的宽度亦不相同，分别为 20°、30° 和 10° 弧长。由于内信号轮的安装位置关系，宽度为 100° 弧长的触发叶片前沿位于第 1 缸和第 4 缸上止点 (TDC) 前 75°，90° 弧长的触发叶片前沿在第 6 缸和第 3 缸上止点前 75°，110° 弧长的触发叶片前沿在第 5 缸和第 2 缸上止点前 75°。

霍尔信号发生器由永久磁铁、导磁板和霍尔集成电路等组成。内外信号轮侧面各设置一个霍尔信号发生器。信号轮转动时，每当叶片进入永久磁铁与霍尔元件之间的空气隙时，霍尔集成电路中的磁场即被触发叶片所旁路(或称隔磁)，如图 2-69(a)所示，这时不产生霍尔电压。当触发叶片离开空气隙时，永久磁铁 2 的磁通便通过导磁板 3 穿过霍尔元件(图 2-69(b))，这时产生霍尔电压。将霍尔元件间歇产生的霍尔电压信号经霍尔集成电路放大整形后，即向 ECU 输送电压脉冲信号，如图 2-70 所示。

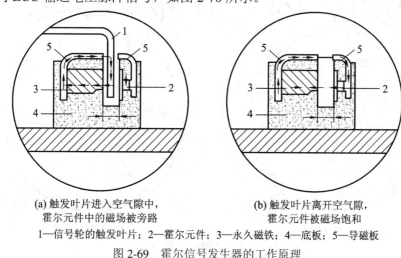

(a) 触发叶片进入空气隙中，　　　　　(b) 触发叶片离开空气隙，
霍尔元件中的磁场被旁路　　　　　　　霍尔元件被磁场饱和

1—信号轮的触发叶片；2—霍尔元件；3—永久磁铁；4—底板；5—导磁板

图 2-69　霍尔信号发生器的工作原理

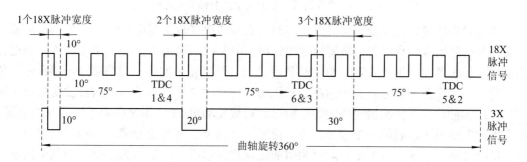

图 2-70　GM 公司的霍尔式曲轴位置传感器的输出信号

外信号轮每旋转 1 周产生 18 个脉冲信号(称为 18X 信号)，1 个脉冲周期相当于曲轴旋转 20° 转角的时间，ECU 再将 1 个脉冲周期均分为 20 等份，即可求得曲轴旋转 1° 所对应的时间，并根据这一信号，控制点火时刻。该信号的功用相当于光电式曲轴位置传感器产生 1° 信号的功能。内信号轮每旋转 1 周产生 3 个不同宽度的电压脉冲信号(称为 3X 信号)，脉冲周期均为 120° 曲轴转角的时间，脉冲上升沿分别产生于第 1、4 缸、第 3、6 缸和第 2、5 缸上止点前 75°，并作为 ECU 判别气缸和计算点火时刻的基准信号，此信号相当于前述光电式曲轴位置传感器产生的 120° 信号。

(2) 采用触发轮齿的霍尔式曲轴位置传感器。克莱斯勒公司的霍尔式曲轴位置传感器安装在飞轮壳上，采用触发轮齿的结构。同时在分电器内设置同步信号发生器，用以协助曲轴位置传感器判别缸号。北京切诺基车的霍尔式曲轴位置传感器如图 2-71 所示，在 2.5L 四缸发动机的飞轮上有 8 个槽，分成两组，每 4 个槽为一组，两组相隔 180°，每组中的相邻两槽相隔 20°。在 4.0L 六缸发动机的飞轮上有 12 个槽，4 个槽为一组，分成三组，每组相隔 120°，相邻两槽也间隔 20°。

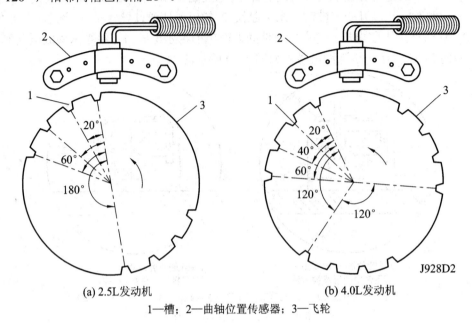

(a) 2.5L发动机　　　　　　　　　　(b) 4.0L发动机

1—槽；2—曲轴位置传感器；3—飞轮

图 2-71　北京切诺基车的霍尔式曲轴位置传感器

当飞轮齿槽通过传感器的信号发生器时，霍尔传感器输出高电位(5 V)；当飞轮齿槽间的金属与传感器成一直线时，传感器输出低电位(0.3 V)。因此，每当 1 个飞轮齿槽通过传感器时，传感器便产生 1 个高、低电位脉冲信号。当飞轮上的每一组槽通过传感器时，传感器将产生 4 个脉冲信号。其中四缸发动机每 1 转产生 2 组脉冲信号，六缸发动机每 1 转产生 3 组脉冲信号。传感器提供的每组信号，可被发动机 ECU 用来确定两缸活塞的位置，如在四缸发动机上，利用一组信号，可知活塞 1 和活塞 4 接近上止点；利用另一组信号，可知活塞 2 和活塞 3 接近上止点。故利用曲轴位置传感器，ECU 可知道有两个气缸的活塞在接近上止点。由于第 4 个槽的脉冲下降沿对应活塞上止点(TDC)前 4°，故 ECU 根据脉冲情况很容易确定活塞上止点前的运行位置。另外，ECU 还可以根据各脉冲间通过的时间，计算出发动机的转速。

3．曲轴位置传感器的检测

1) 曲轴位置传感器故障对发动机工作的影响

曲轴位置传感器是喷射和点火系统的重要传感器。发动机 ECU 是通过曲轴位置传感器感知曲轴(或活塞)运行位置与发动机转速信息的，所以它可以控制喷油、计算每循环喷油量和点火机何时工作。而一些克莱斯勒公司的设计更为特别，当发动机接到曲轴位置传感器脉冲信号前是不向点火线圈正极提供电能的。

2) 曲轴位置传感器的检测

(1) 磁脉冲式曲轴位置传感器的检测。以皇冠 3.0 轿车 2JZ—GE 型发动机电子控制系统中使用的磁脉冲式曲轴位置传感器为例说明其检测方法。曲轴位置传感器电路如图 2-72 所示。

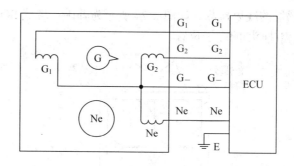

图 2-72　皇冠 3.0 轿车 2JZ—GE 型曲轴位置传感器

① 曲轴位置传感器的电阻检测。点火开关置于"OFF"，拔下曲轴位置传感器的导线连接器，用万用表的电阻挡测量曲轴位置传感器上各端子间的电阻值(见表 2-8)。如电阻值不在规定的范围内，必须更换曲轴位置传感器。

表 2-8　曲轴位置传感器的电阻值

端　　子	条件	电阻值/Ω
G_1-G_-	冷态	125～200
	热态	160～235
G_2-G_-	冷态	125～200
	热态	160～235
N_e-G_-	冷态	155～250
	热态	190～290

② 曲轴位置传感器输出信号的检测。拔下曲轴位置传感器的导线连接器，当发动机转动时，用万用表的电压挡检测曲轴位置传感器上 G_1-G_-、G_2-G_-、N_e-G_- 端子间是否有脉冲电压信号输出。如没有脉冲电压信号输出，则应更换曲轴位置传感器。

③ 感应线圈与正时转子的间隙检测。用厚薄规测量正时转子与感应线圈凸出部分的空气间隙，其间隙应为 0.2～0.4 mm。若间隙不合要求，则须更换分电器壳体组成，如图 2-73 所示。

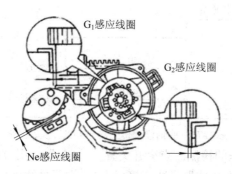

图 2-73　检查感应线圈与正式转子的间隙

(2) 光电式曲轴位置传感器的检测。光电式曲轴位置传感器有两组光电信号发生器，集中安装于分电器中。

① 曲轴位置传感器的线束检测。如图 2-74 所示为韩国"现代 SONATA"汽车光电式曲轴位置传感器连接器(插头)的端子位置。

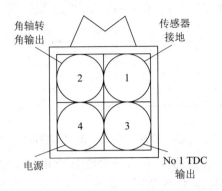

图 2-74　SONATA 汽车光电式曲轴位置传感器连接器

检查时，拔下曲轴位置传感器的导线连接器，把点火开关置于"ON"，用万用表的电压挡测量线束侧 4# 端子与地间的电压应为 12 V，线束侧 2# 端子和 3# 端子与地间的电压应为 4.8～5.2 V，用万用表的电阻挡测量线束侧 1#端子与地间的电压应为 0 Ω(导通)。

② 光电式曲轴位置传感器输出信号检测。用万用表电压挡接在传感器侧 3#端子和 1#端子上，在启动发动机时，电压应为 0.2～1.2 V。在启动发动机后的怠速运转期间，用万用表电压挡检测 2# 端子和 1# 端子电压应为 1.8～2.5 V，否则应更换曲轴位置传感器。

(3) 霍尔效应式曲轴位置传感器的检测。霍尔式曲轴位置传感器的检测方法有一个共同点，即主要通过测量有无输出电脉冲信号来判断其是否良好。下面以北京切诺基的霍尔式曲轴位置传感器为例来说明其检测方法。

曲轴位置传感器与 ECU 有三条引线相连，如图 2-75 所示。其中一条是 ECU 向传感器加电压的电源线，输入传感器的电压为 8 V；另一条是传感器的输出信号线，当飞轮齿槽通过传感器时，霍尔传感器输出脉冲信号，高电位为 5 V，低电位为 0.3 V；第三条是通往传感器的接地线。

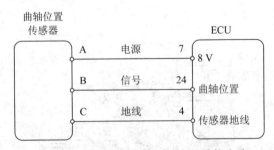

图 2-75　曲轴位置传感器与 ECU 连接电路

① 传感器电源、电压的检测。点火开关置于"ON"，用万用表电压挡测量 ECU 侧 7# 端子的电压应为 8 V，在传感器导线连接器"A"端子处测量电压也应为 8 V，否则为电源、线断路或接头接触不良。

② 端子间电压的检测。用万用表的电压挡对传感器的 A、B、C 三个端子间进行测试，当点火开关置于"ON"时，A-C 端子间的电压值约为 8 V；B-C 端子间的电压值在发动

机转动时，在 0.3～5 V 之间变化，且数值显示呈脉冲性变化，最高电压为 5 V，最低电压为 0.3 V。如不符合以上结果，应更换曲轴位置传感器。

③ 电阻检测。点火开关置于"OFF"位置，拔下曲轴位置传感器导线连接器，用万用表 Ω 挡跨接在传感器侧的端子 A-B 或 A-C 间，此时万用表显示读数为 ∞(开路)。如果指示有电阻，则应更换曲轴位置传感器。

GM(通用)公司触发叶片式霍尔传感器的测试方法与上述相似，只是端子为 4 个，上止点信号(内信号轮触发)输出端与接地端为脉冲电压显示。

二、节气门位置传感器(TPS)

节气门位置传感器将节气门打开的角度转换成电压信号传至 ECU，以便在节气门不同开度状态控制喷油量。节气门位置传感器的安装位置如图 2-76 所示。

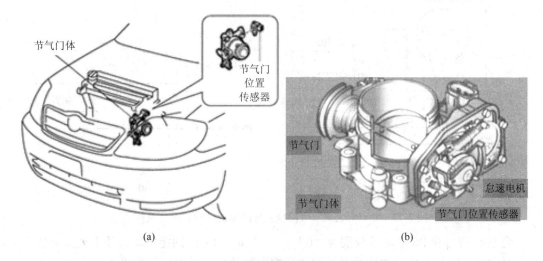

(a)　　　　　　　　　　　　　　　　(b)

图 2-76　节气门位置传感器的安装位置

1．节气门位置传感器的分类

按结构的不同，节气门位置传感器可分为触点式、可变电阻式、触点与可变电阻复合式三种类型。

按输出信号的类型不同，节气门位置传感器可分为线性(量)输出型和开关(量)输出型两种。

2．节气门位置传感器的结构与工作原理

1) 触点开关式节气门位置传感器

这种节气门位置传感器主要由节气门轴、怠速触点(IDL)、大负荷触点(又称功率触点 PSW)及随节气门轴转动的凸轮等组成，其结构、电路及所产生的信号如图 2-77 所示。

ECU 通过线路分别向这两个触点输出 5 V 的信号参考电压，触点闭合时，该线路被搭铁，信号参考电压变为 0 V，ECU 接收到低电平信号"0"；触点张开时，线路没有被搭铁，信号参考电压维持为 5 V，ECU 接收到高电平信号"1"。

当 IDL 信号和 PSW 信号分别为"1"、"0"时，ECU 判定节气门处于怠速位置，因而

对发动机进行怠速方面的控制，包括正常水温低怠速、低水温高怠速、开空调高怠速、强制怠速断油等。

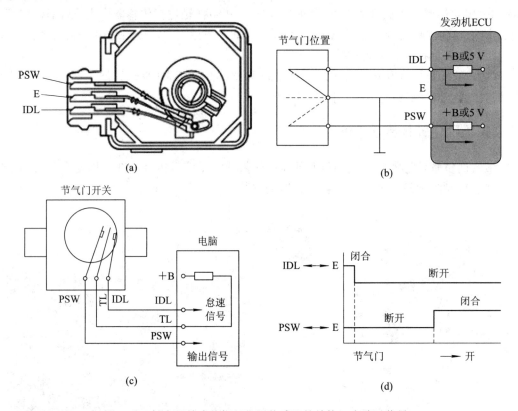

图 2-77　触点开关式节气门位置传感器的结构、电路及信号

当 IDL 信号和 PSW 信号分别为"0"、"1"时，ECU 判定发动机处于大负荷状态，因而对发动机进行大负荷加浓控制，即适当增大喷油量，以提高发动机的功率。

当 IDL 信号和 PSW 信号分别为"0"、"0"时，ECU 判定发动机处于部分负荷状态，因而根据其他传感器信号确定喷油量和点火正时，以确保发动机的经济性和排放性能。

另外，还有一种编码式节气门位置传感器，共有 IDL、L1、L2、L3 等 4 个触点，通过这些触点张开与闭合的不同组合，将节气门的开度分成 8 个开度范围，从而形成电控自动变速器的 8 个换挡区域。

2) 触点与可变电阻复合式节气门开度传感器

这种节气门位置传感器包括滑线电阻式传感器和怠速触点两个部分，主要由滑线电阻、滑动触点、节气门轴、怠速触点及传感器壳体等组成，其结构、电路原理及输出的信号如图 2-78 所示，其滑线电阻制作在传感器底板上，一端由 ECU 提供 5 V 工作电源(VC 脚)，另一端通过 ECU 搭铁；滑线电阻的滑臂与信号输出端子 VTA 相连，并随节气门轴一同转动；怠速触点的一端由 ECU 提供 5 V(或 12 V)的信号参考电压(IDL 端子)，另一端也通过 ECU 搭铁。

节气门开度变化时，滑臂上的触点在滑线电阻上滑动，从而从滑线电阻上获得分压电压，并作为节气门开度信号输送给 ECU。

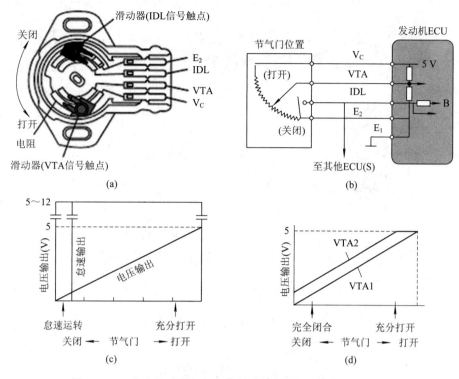

图 2-78　可变电阻式节气门开度传感器的结构、电路及信号

由于该传感器可以检测到节气门开度的连续变化情况，因而 ECU 可以实现更多的控制功能。例如：加速加浓控制、空气流量信号替代控制(即空气流量传感器发生故障时，利用节气门位置和发动机转速计算进气量)等。

传感器中的怠速触点专门用于判断发动机的怠速状态，部分汽车则取消了怠速触点，通过滑线电阻式传感器信号的阈值来判断怠速状态，从而简化了节气门位置传感器的结构。

3) 电子节气门

传统节气门其开度完全取决于驾驶员的操作意图，电子节气门系统的节气门开度是控制单元根据当前行驶状况下整车对发动机的全部扭矩需求，计算出节气门的最佳开度，从而控制电机驱动节气门到达相应的开度。因此，节气门的实际开度并不完全与驾驶员的操作意图一致。

(1) 电子油门系统组成和功用如下：

① 加速踏板模块：将踏板位置信号和变化速率信号传递给控制单元。

许多现代汽车发动机都采用了全电子节气门，此时，在驾驶员的脚下还需要另外增设一个加速踏板位置传感器，发动机 ECU 利用该传感器的信号来控制全电子节气门的开度。加速踏板位置传感器有两种，分别为滑线电阻式和霍尔效应式。为了确保其工作的可靠性，此传感器往往有两个不同特性的输出信号。滑线电阻式加速踏板位置传感器如图 2-79 所示，其结构与工作原理与滑线电阻式节气门位置传感器相同。霍尔效应式加速踏板位置传感器如图 2-80 所示，其结构与工作原理与霍尔效应式节气门位置传感器相同。为确保较好的工作可靠性，两套信号系统都有各自独立的电路。

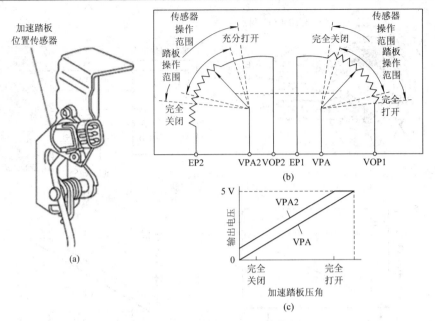

图 2-79 滑线电阻式加速踏板位置传感器

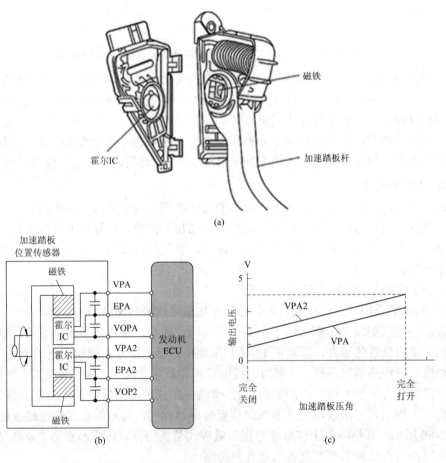

图 2-80 霍尔效应式加速踏板位置传感器

两个踏板位置传感器为滑动变阻器式。其安装在同一根轴上，两个信号值正好相反，即两个传感器阻值变化量之和为零。对两个传感器施加相同的电压，两者输出的电压信号也相应反向变化，且其和始终等于供电电压。

采用两个加速踏板位置传感器的作用：监测并确保信号的正确性。当一个传感器损坏，系统监测到还有一个节气门信号时，进入怠速运转，关闭舒适系统，点亮 EPC 灯，存储故障码；如果传感器同时出现故障，发动机转速将控制在 1500～4000 r/min，踩油门无反应，车速最高只能达到 56 km/h；如果踩下制动踏板，转速会降到怠速，点亮 EPC 灯，存储故障码。

② 节气门控制模块主要由节气门位置传感器和节气门定位电动机等组成。

节气门位置传感器：反馈气门开度大小和变化速率。为了精确和备用，需装有两个节气门位置传感器。这两个传感器也是滑动触点电位计，两者输出的电压信号也相应反向变化，且其和始终等于供电电压。

节气门定位电动机：据发动机 ECU 发出的指令控制节气门开度。一般选用直流电动机，经过 2 级齿轮减速来调节节气门开度。

ECU 通过调节脉冲宽度调制信号的占空比来控制定位电动机转角的大小，方向则是由与节气门相连的复位弹簧控制。当占空比一定，节气门定位电动机输出转矩与复位弹簧阻力矩保持平衡时，节气门开度不变；当占空 I：LN 大时，节气门定位电动机驱动力矩克服复位弹簧阻力矩，使节气门开度增大；反之则减小。

当节气门定位电动机上无电压时，进入紧急运行模式，由弹簧将节气门打开一定角度，系统运行于高怠速，踩油门无反应，EPC 灯点亮，舒适系统功能被关闭，存储故障码。

③ 电控单元：接收踏板位置和其他传感器信号，计算出实际的节气门开度，并控制节气门电机以调节开度。同时还监控节气门系统。如果发现故障，发动机 ECU 控制停止点火和喷油来使发动机熄火。

④ 节气门故障灯(EPC 灯，在仪表上)：提示节气门故障信息。

⑤ 离合器踏板开关：开关信号，反馈离合器踏板位置。踩下踏板，负载变化功能关闭。系统不对其进行监控，故无故障存储，也无替代值。

⑥ 制动踏板开关和制动灯开关：开关信号，反馈制动踏板位置。ECU 收到踏板踩下信号后，关闭巡航；如加速踏板传感器坏了，可作为替代怠速信号。

(2) 电子节气门工作原理。驾驶员踩下加速踏板，加速踏板位置传感器将信息以电信号的形式传递给电控单元，ECU 再根据得到的其他信息解析驾驶员意图(驾驶员需要加速或减速)，计算出相应的最佳节气门位置，发出控制信号给节气门执行器，将节气门开到最佳位置。

发动机工作过程中，ECU 经过 CAN 总线和整车控制单元进行通信，获取其他信号，并根据发动机工况的变化信息，对节气门开度随时进行修正，使节气门的开度时刻满足驾驶员的需要。节气门位置传感器则把节气门的开度信号反馈给发动机 ECU，形成闭环的位置控制。

ECU 对系统的功能进行监控，如果发现故障，将点亮系统故障指示灯，提示驾驶员系统有故障。同时电磁离合器被分离，节气门不再受电机控制。节气门在回位弹簧的作用下返回到一个小开度的位置，使车辆慢速开到维修地点。

(3) 电子节气门的优点。电子节气门控制(EPC)系统的优点在于能根据驾驶人的需求及整车的行驶状况确定节气门的最佳开度，保证车辆最佳的动力性和燃油经济性，并具有牵引力控制、巡行控制等功能，从而提高安全性和乘坐舒适性。传感器冗余设计使两个传感器相互检测，当一个传感器发生故障时能及时被识别，在很大程度上增加了系统的可靠性，保证了行车的安全性。电子节气门控制系统的最大优点是可以实现发动机全范围的最佳扭矩的输出。

(4) 电子节气门的电路如图 2-81 所示。

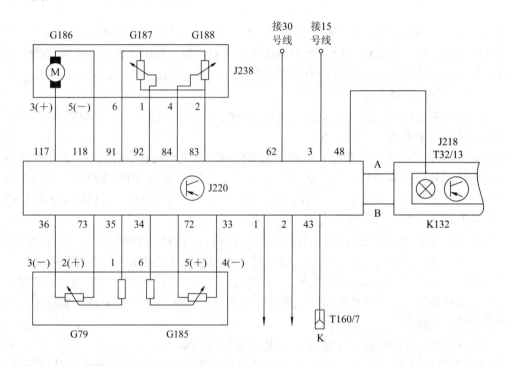

图 2-81　电子节气门的电路

3. 节气门位置传感器的检测方法

1) 触点开关式节气门位置传感器的检测方法

(1) 测量 ECU 提供给触点的信号参考电压和搭铁线的搭铁情况。拆下节气门位置传感器的连接器，接通点火开关，用万用表测线束连接器中 IDL 端子、PSW 端子与车身搭铁之间的电压，都应为 4.5～5.5 V(也有少数车为 12 V)。

如果电压为 0 V，则检查该连接器与 ECU 之间的线路；线路正常时，查 ECU 供电电源电路；如果 ECU 供电电源电路也正常，则更换 ECU。

(2) 测量搭铁线的搭铁情况。用万用表测线束连接器中搭铁端子与车身搭铁之间的电阻，应小于 1 Ω。

如果电阻值过大，则说明搭铁不良，应该检查该端子与 ECU 之间的线路；线路正常时，查 ECU 搭铁线；如果 ECU 搭铁线也正常，则更换 ECU。

(3) 测量节气门位置传感器触点情况。用万用表测传感器连接器中 IDL 端子、PSW 端子与搭铁端子(E)之间的电阻，测量结果见表 2-9。如数值和表中不相符，则应维修或更换传感器。

说明：不同车型的节气门位置传感器中，各触点的通断情况可能有所不同。

表 2-9　触点与可变电阻复合式节气门开度传感器各端子之间电阻值

测 量 条 件	测 量 端 子	测量结果/Ω
节气门关闭	IDL-E	∞
	PSW-E	小于 1
节气门中等开度	IDL-E	小于 1
	PSW-E	小于 1
节气门接近全开	IDL-E	小于 1
	PSW-E	∞

2) 触点与可变电阻复合式节气门开度传感器的检测方法(以丰田皇冠 3.0 为例)

丰田皇冠 3.0 型轿车发动机采用线性输出型节气门位置传感器，其检修内容主要是怠速触点导通情况检查、传感器电阻检查、传感器电压检查等。

(1) 怠速触点导通情况检查。关闭点火开关，拔下节气门位置传感器导线连接器，用万用表的电阻挡检查导线连接器上 IDL 触点的导通情况。怠速触点导通情况检查如图 2-82 所示。当节气门全关闭时，$IDL-E_2$ 端子间应导通，电阻为零；当节气门打开时，$IDl-E_2$ 端子间不导通，电阻为无穷大。否则，应更换节气门位置传感器。线性输出型 TPS 与 ECU 的连接电路如图 2-83 所示。

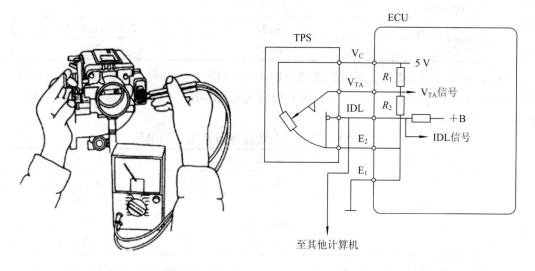

图 2-82　怠速触点导通情况检查　　　　　图 2-83　线性输出型 TPS 与 ECU 的连接电路

(2) 传感器电阻检查。关闭点火开关，拔下节气门位置传感器导线连接器，用万用表电阻挡测量 V_{TA} 与 E_2 间电阻，其电阻值应随节气门开度的增大而呈线性增大。传感器电阻检查如图 2-84 所示。

在节气门限位螺钉和限位杆之间插入不同厚度的厚薄规片，用万用表电阻挡测量传感器导线连接器上各端子间的电阻，其电阻值应符合如表 2-10 所示的规定值。

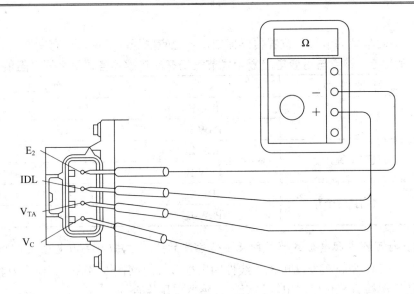

图 2-84　传感器电阻检查

表 2-10　线性输出型节气门位置传感器各端子间电阻值

限位螺钉与限位杆之间间隙	测量端子	电阻值
0 mm	V_{TA}-E_2	0.34～6.30 kΩ
0.45 mm	IDL-E_2	0.50 kΩ 或更小
0.55 mm	IDL-E_2	∞
节气门全开	V_{TA}-E_2	2.40～11.20 kΩ
—	V_C-E_2	3.10～7.20 kΩ

(3) 传感器电压检查。把导线连接器重新插好，打开点火开关，发动机 ECU 连接器上 IDL、Vc、V_{TA} 三端子处应存在电压。用万用表测量 IDL-E_2、Vc-E_2、V_{TA}-E_2 间电压值，应符合如表 2-11 所示的规定。

表 2-11　节气门位置传感器各端子间电压

测量端子	测量条件	电压值
IDL-E_2	节气门全开	9～14 V
V_C-E_2	—	4.0～5.5 V
V_{TA}-E_2	节气门全闭	0.3～0.8 V
	节气门全开	3.2～4.9 V

(4) 节气门位置传感器的调整。松开节气门位置传感器的两个固定螺钉，如图 2-85(a) 所示，在限位螺钉和限位杆之间插入 0.50 mm 厚薄规片，同时用万用表检查 IDL 与 E_2 之间的导通情况，如图 2-85(b) 所示。逆时针转动节气门位置传感器，使怠速触点断开，然后再顺时针方向慢慢转动节气门位置传感器，直到怠速触点闭合为止，这时万用表的电阻挡有读数显示，再拧紧两个固定螺钉。其次用 0.45 mm 和 0.55 mm 的厚薄规片先后插入限位螺钉和限位杆之间，测量 IDL 和 E_2 之间的导通情况。当用 0.45 mm 厚薄规片时，IDL 和 E_2 端子间应导通；当用 0.55 mm 厚薄规片时，IDL 和 E_2 端子间应不导通。否则，应再次调整

节气门位置传感器。

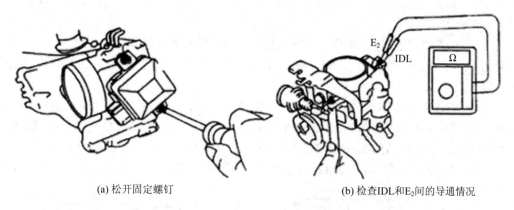

(a) 松开固定螺钉　　　　　　　　　　(b) 检查IDL和E₂间的导通情况

图 2-85　节气门位置传感器的调整

3) 丰田卡罗拉 1ZR-FE 发动机加速踏板位置传感器的检查

丰田卡罗拉 1ZR-FE 发动机采用了霍尔效应式加速踏板位置传感器，其控制电路如图 2-86 所示，共有 VPA(主)和 VPA2(副)两个传感器电路。其中，VPA 为加速踏板位置信号，并用于发动机控制；VPA2 用于故障监测，且为 VPA 发生故障时的应急备用信号。如果出现故障代码 P2120(VPA 信号快速波动)、P2122(VPA 信号电压过小)、P2123(VPA 信号电压过大)、P2125(VPA2 信号快速波动)、P2127(VPA2 信号电压过小)、P2128(VPA2 信号电压过大)、P2138(VPA 信号与 VPA2 信号相差过小或 VPA 信号与 VPA2 信号都过小)时，需要进行以下检查。

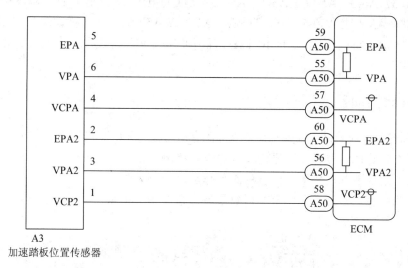

图 2-86　丰田卡罗拉 1ZR-FE 发动机霍尔效应式加速踏板位置传感器控制电路

(1) 读取加速踏板位置传感器数据。连接故障诊断仪，接通点火开关，踩动加速踏板，并读取加速踏板位置传感器数据，VPA 读数应该在 0.5～4.5 V 之间连续变化；VPA2 读数应该在 2.6～5.0 V 之间连续变化。如果符合要求，则进入步骤(5)；不符合要求，则进行下一步。

(2) 检查传感器的供电电压。拆下的加速踏板位置传感器连接器如图 2-87 所示，接通点火开关，用万用表测线束侧 A3-4—A3-5、A3-1—A3-2 之间的电压，应为 4.5～5.5 V，否则进入步骤(5)。

(3) 检查 ECU 的加速踏板位置传感器控制电路。用万用表测线束侧 A3-2—A3-3、A3-5—A3-6 之间的电阻，均应为 36.60～41.61 Ω。正常，则更换加速踏板总成；异常，则继续下一步。

(4) 检查线束及连接器。拆下 ECU 连接器，如图 2-88 所示。用万用表测 A3-6—A50-55、A3-5—A50-59、A3-3—A50-56、A3-2—A50-60 之间的电阻，均应小于 1 Ω；测 A3-6 或 A50-55—车身搭铁、A3-5 或 A50-59—车身搭铁、A3-3 或 A50-56—车身搭铁、A3-2 或 A50-60—车身搭铁之间的电阻，均应大于 10 kΩ，否则维修或更换线束或连接器。如果正常，则更换 ECU。

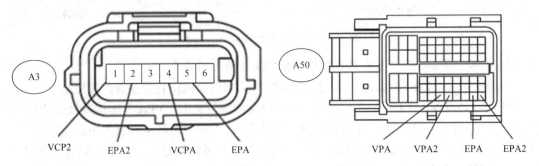

图 2-87　加速踏板位置传感器连接器　　　　图 2-88　ECU 线束及连接器

(5) 检查线束及连接器。拆下 ECU 连接器，如图 2-88 所示。用万用表测 A3-5—A50-59、A3-4—A50-57、A3-2—A50-60、A3-1—A50-58 之间的电阻，均应小于 1 Ω；测 A3-5 或 A50-59—车身搭铁、A3-4 或 A50-57—车身搭铁、A3-2 或 A50-60—车身搭铁、A3-1 或 A50-58—车身搭铁之间的电阻，均应大于 10 kΩ，否则维修或更换线束或连接器。如果正常，则更换 ECU。

 【实践活动】

1. 查阅资料并简要说明位置与角度传感器有哪几种类型以及在汽车上的应用场合有哪些。
2. 简要描述曲轴位置传感器的工作原理及检测方法。
3. 简要描述节气门位置传感器的工作原理及检测方法。
4. 检测曲轴位置传感器和节气门位置传感器的相关参数。

任务八　认知其他传感器

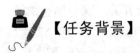 【任务背景】

除了之前介绍的几种主要传感器以外，汽车上还有稀薄混合气传感器、烟尘浓度传感

器、柴油机排烟传感器、速度传感器、液位传感器、车高传感器、转角传感器、加速度传感器、湿度传感器、转矩传感器、光传感器、超声波距离传感器、雨滴检测传感器、磨损检测传感器、压电型荷载传感器等多种传感器。

本任务是让读者认识速度传感器、光传感器、超声波距离传感器、雨滴检测传感器、磨损检测传感器、压电型荷载传感器的外形及分类，了解速度传感器、光传感器、超声波距离传感器、雨滴检测传感器、磨损检测传感器、压电型荷载传感器的工作原理。

 【相关知识】

一、转速传感器

转速传感器是发动机集中控制系统中非常重要的传感器，它的作用是能够检测出任意轴的旋转速度。转速传感器检测发动机的转速或曲轴角位置，输送给 ECU；亦可测量汽车行驶速度，以便控制发动机、自动变速、ABS、牵引力控制系统(TRC)、主动悬架、导航系统等装置。

在汽车上主要的转速传感器有发动机转速传感器和车速传感器。转速传感器可分为磁电感应式、电磁脉冲式、光电式、外附型盘型信号板式等。

1. 电磁脉冲式转速传感器

磁脉冲传感器是由磁头、脉冲整形放大电路、频率—电压转换电路及滤波电路组成。磁头是产生脉冲信号的部件，它产生的脉冲信号的频率与转速成比例，在主机的主轴或凸轮轴上装一个齿轮(可利用盘车的齿轮)把磁头对准齿顶固定，磁头与齿顶之间保持一个较小的间隙。当齿轮转动时，磁头将交替对准齿顶和齿槽，即可输出脉冲信号。

装入分电器的脉冲信号式转速传感器的外形及结构如图 2-89 所示。

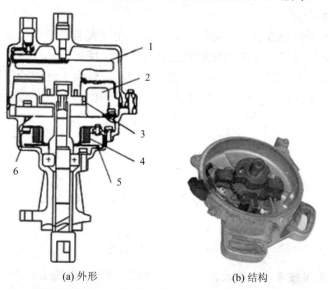

(a) 外形   (b) 结构

1—分火头；2—基准信号线圈；3—信号转子；4—角度信号线圈；5—内齿轮；6—外齿轮

图 2-89 装入分电器的脉冲信号式转速传感器的外形及结构

2. 磁电感应式转速传感器

磁电式转速传感器是利用磁电感应来测量物体转速的,属于非接触式转速测量仪表。磁电式转速传感器可用于表面有缝隙的物体转速测量。因其有很好的抗干扰性能,多用于发动机等设备的转速监控,在工业生产中有较多应用。

1) 工作原理

磁电式转速传感器是以磁电感应为基本原理来实现转速测量的。磁电式转速传感器由铁芯、磁钢、感应线圈等部件组成。测量对象转动时,转速传感器的线圈会产生磁力线,齿轮转动会切割磁力线,磁路由于磁阻变化,在感应线圈内产生电动势。

磁电式转速传感器的感应电势产生的电压大小和被测对象转速有关,被测物体的转速越快,输出的电压也就越大,也就是说输出电压和转速成正比。但是在被测物体的转速超过磁电式转速传感器的测量范围时,磁路损耗会过大,使输出电势饱和甚至是锐减。

2) 特点

磁电式转速传感器的工作方式决定了它具有很强的抗干扰性,能够在烟雾、油气、水汽等环境中工作。磁电式转速传感器输出的信号强,测量范围广,齿轮、曲轴、轮辐等部件,以及表面有缝隙的转动体都可测量。

磁电式转速传感器的工作维护成本较低,运行过程无需供电,完全是靠磁电感应来实现测量,同时磁电式转速传感器的运转也不需要机械动作,无需润滑。磁电式转速传感器的结构紧凑、体积小巧、安装使用方便,可以和各种二次仪表搭配使用。

3. 光电式转速传感器

光电式转速传感器对转速的测量主要是通过将光线的发射与被测物体的转动相关联,再以光敏元件对光线进行感应来完成的。光电式转速传感器从工作方式角度划分,可分为透射式光电转速传感器和反射式光电转速传感器两种。

1) 速度检测的原理

它由装在轴上的带孔或缝隙的旋转盘、光源、光接收器等组成,输入轴与被测轴相连接。光源发出的光通过缝隙旋转盘照射到光敏元件上,使光敏元件感光并产生电脉冲。转轴连续转动,光敏元件就输出一系列与转速及带缝隙旋转盘上缝隙数成正比的电脉冲数。在指示缝隙数一定的情况下,该脉冲数和转速成正比。光电式转速传感器原理如图 2-90 所示。

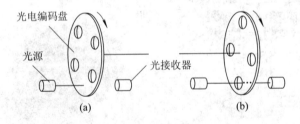

图 2-90　光电式转速传感器原理

图 2-90(a)中光线被遮住,接收器无信号；图 2-90(b)中光线未被遮住,接收器有信号。

当带缝隙的旋转盘随被测轴转动时,由于圆盘上的缝隙间距与指示缝隙的相同,因此带缝隙旋转盘每转一周,光敏器件输出与之相等的电脉冲,根据测量时间内的脉冲数 N 就

可测出转速 $n=60N/Z$。式中，Z 为带缝隙旋转盘上的缝隙数。

　　2) 脉冲信号调理电路

　　由光电传感器输出的电信号一般还要经过相应放大和整形调理电路处理，以达到一般数字电路能识别的矩形脉冲。施密特触发器在脉冲的产生和整形电路中应用很广。施密特触发器是一种能够把输入波形整形成为适合于数字电路需要的矩形脉冲的电路。同时该触发器具有脉冲幅度鉴别且具有很好的抗干扰性。如图 2-91 所示为输入/输出整形电路。由图可知，通过施密特触发器输出的波形具有很好的方波脉冲特性，所以经过放大整形电路后信号再传给频率计或者单片机内部的计数器，通过一系列的数据运算就可以求得速度参数值了。

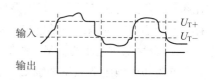

图 2-91　输入/输出整形电路

二、光传感器

　　现代电测技术日趋成熟，由于具有精度高、便于与微机相连以实现自动实时处理等优点，已经广泛应用在电气量和非电气量的测量中。然而电测法容易受到干扰，尤其在交流测量时，存在频率响应不够宽以及对耐压、绝缘方面有一定要求等问题，而这在激光技术迅速发展的今天，已经能够得到解决。

　　磁光效应传感器就是利用激光技术发展而成的高性能传感器。激光是 20 世纪 60 年代初迅速发展起来的又一新技术，它的出现标志着人们掌握和利用光波进入了一个新的阶段。由于以往普通光源单色度低，故很多重要的应用受到限制，而激光的出现，使无线电技术和光学技术突飞猛进、相互渗透、相互补充。利用激光已经制成了许多传感器，解决了许多以前不能解决的技术难题，并运用于煤矿、石油、天然气储存等危险、易燃的场所。

　　例如，用激光制成的光导纤维传感器能测量原油喷射、石油大罐龟裂的情况参数。在实测地点，不必电源供电，这对于安全防爆措施要求很严格的石油化工设备群尤为适用。光导纤维传感器也可用在大型钢铁厂的某些环节，以实现光学方法的遥测化学技术。

　　磁光效应传感器的原理主要是利用光的偏振状态来实现传感器的功能。当一束偏振光通过介质时，若在光束传播方向存在着一个外磁场，那么光通过偏振面将旋转一个角度，这就是磁光效应。也就是可以通过旋转的角度来测量外加的磁场。在特定的试验装置下，偏转的角度和输出的光强成正比，通过输出光照射激光二极管 LD，就可以获得数字化的光强，用来测量特定的物理量。

1. 种类

1) 环境光传感器

　　环境光传感器可以感知周围光线情况，并告知处理芯片自动调节显示器背光亮度，以降低产品的功耗。例如，在手机、笔记本等移动应用中，显示器消耗的电量高达电池总电量的 30%，采用环境光传感器可以最大限度地延长电池的工作时间。另一方面，环境光传感器有助于显示器提供柔和的画面。当环境亮度较高时，使用环境光传感器的液晶显示器会自动调成高亮度。当外界环境较暗时，显示器就会调成低亮度，实现自动调节亮度。环境光传感器需要在芯片上贴一个红外截止膜，甚至直接在硅片上镀制图形化的红外截止膜。

2) 红外光传感器

红外光传感器使用充电的热电堆与溴碘化铊(KRS-5)窗口来感应 580～40 000 nm 的波长。该传感器使学生可以自己测量一系列现象，包括自己手掌的红外辐射。

3) 太阳光传感器

太阳光传感器可识别水平、垂直各 360 度太阳所在的位置；识别太阳所在的位置；识别阴天、多云天、半阴天、晴天及晚上和白天；跟踪方位识别；识别电路处理和伺服驱动；采用数字芯片完成以上各信息的处理并可伺服各种普通电机、步进电机。整机功耗电流为 3 mA，芯片工作电压为 5 V。例如，国际先进的太阳跟踪设备采用的是电脑数据理论，需要地球经纬度地区的数据和设定。智能太阳跟踪仪采用识别理论技术，电路简单元件少，没有经纬度和数据信息的理论，一年四季太阳运行的路线不用考虑，它都会准确无误地识别太阳升起和落下的位置，如果把它安放在行走的车或船上，不论向何方行驶，跟踪仪都能正对太阳。

4) 紫外光传感器

紫外光传感器使用一个过滤片测量紫外光波段(315～400 nm)。除去滤光片，传感器可同时感应可见光。紫外光传感器包括紫外光滤光片、瞄准仪和传感器手柄。

2. 改变车身电子应用

1) 环境光检测

在车身电子应用中，环境光传感器用于调节仪表盘的背光强度，以及导航系统(GPS)、温度控制及 DVD 屏幕中的 LCD 背光强度。这对于像 BMW 的 iDrive 及 Prius 的 Multi-Info 等显示屏而言尤其重要。例如，当日光变得昏暗并且漆黑一片时，仪表盘背光将进行不同程度的调节，以达到最佳可见度，并降低可能对驾驶者造成的强光。使用这些传感器可消除在白天打开车大灯时烦人的显示屏自动亮度调节等程序。环境光传感器的关键功能是利用 380～780 nm 的敏感度可见波长，复制了人眼的敏感度。

2) 隧道检测

隧道检测需要两个传感器的输入。第一个传感器具有"向上看"的较宽视野，以及相对较长的平均移动时间段，长时间段可防止车灯打开和关闭。第二个传感器具有"向前看"的较窄视野，以及相对较短的平均移动时间段。这可使隧道传感器对突然的日光变化作出快速反应，并打开车大灯，以及在进入隧道时可调节显示屏的背光亮度。前向传感器消除了在进入桥下或遮天蔽日的大树下时打开及关闭车灯。在这些情况下，该传感器仍将"看到"前方的光线。

当进入隧道时，隧道传感器信号将下降，而宽视野传感器的信号将仍保持高强度，车大灯将打开。当出了隧道时，隧道传感器信号将加强，而宽视野传感器信号将下降，车大灯将关闭。凭借不同的平均移动时间段，控制器可作出明确的区分。

三、超声波距离传感器

超声波传感器是利用超声波的特性研制而成的传感器。超声波是一种振动频率高于声波的机械波，由换能晶片在电压的激励下发生振动而产生。它具有频率高、波长短、绕射现象小，特别是方向性好、能够成为射线而定向传播等特点。超声波对液体、固体的穿透本领很大，尤其是在阳光不透明的固体中，它可穿透几十米的深度。超声波碰到杂质或分界面会产生明显反射形成反射回波，碰到活动物体能产生多普勒效应。因此超声波检测广泛应用在工业、国防、生物医学等方面。

超声波具有以下基本性质：

1) 传播速度

超声波的传播速度与介质的密度和弹性特性有关，与环境条件也有关。在液体中传播速度为

$$C = \sqrt{\frac{1}{\rho B_\mathrm{g}}} \qquad (2\text{-}5)$$

式中：ρ 为介质的密度；B_g 为绝对压缩系数。

在气体中，超声波的传播速度与气体种类、压力及温度有关，在空气中传播速度为

$$C = 331.5 + 0.607t \ (\mathrm{m/s}) \qquad (2\text{-}6)$$

2) 反射和折射现象

超声波在通过两种不同的介质时，会产生反射和折射现象，如图 2-92 所示，并有以下的关系：

$$\frac{\sin\alpha}{\sin\beta} = \frac{C_1}{C_2} \qquad (2\text{-}7)$$

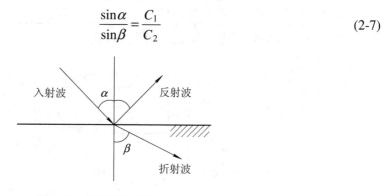

图 2-92　超声波的折射和反射

3) 传播中的衰减

随着超声波在介质中传播距离的增加，介质吸收能量使超声波强度有所衰减。若超声波进入介质的强度为 I_0，通过介质后的强度为 I，则它们之间的关系为

$$I = I_0 \mathrm{e}^{-Ad} \qquad (2\text{-}8)$$

式中：d 为介质的厚度；A 为介质对超声波能量的吸收系数。

介质的密度越小，衰减越快，频率高时则衰减更快。因此，在空气中常采用频率较低的超声波，而在固体、液体中则采用频率较高的超声波。

利用超声波的特性，可做成各种超声波传感器(包括超声波的发射和接收)，配上不同的电路，可制成各种超声波仪器及装置，应用于工业生产、医疗、家电等行业中。

1. 超声波距离传感器工作原理

超声波测距原理是通过超声波发射器向某一方向发射超声波，在发射的同时开始计时，

超声波在空气中传播时碰到障碍物就立即返回来，超声波接收器收到反射波就立即停止计时。超声波在空气中的传播速度为 C，而根据计时器记录的测出发射和接收回波的时间差 Δt，就可以计算出发射点距障碍物的距离 S，即

$$S = \frac{C \times \Delta t}{2} \tag{2-9}$$

这就是所谓的时间差测距法。

由于超声波也是一种声波，其声速与温度有关，表2-12列出了几种不同温度下的声速。在使用时，如果温度变化不大，则可认为声速是基本不变的。常温下超声波的传播速度是334 m/s，但其传播速度 C 易受空气中温度、湿度、压强等因素的影响，其中受温度的影响较大，如温度每升高 $1℃$，声速增加约 0.6 m/s。如果测距精度要求很高，则应通过温度补偿的方法加以校正(本系统正是采用了温度补偿的方法)。已知现场环境温度 t 时，超声波传播速度 C 的计算公式见式(2-6)。

声速确定后，只要测得超声波往返的时间，即可求得距离。这就是超声波测距仪的原理。声速与温度的关系见表2-12。

表 2-12 声速与温度的关系

温度/℃	−30	−20	−10	0	10	20	30	100
声速/(m/s)	313	319	325	332	338	344	349	386

基于单片机的超声波测距仪系统如图2-93所示。

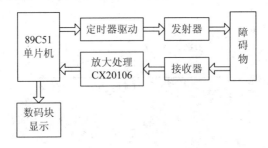

图 2-93 超声波测距仪系统

该系统由单片机定时器产生 40 kHz 的频率信号、超声波传感器、接收处理电路和显示电路等构成。单片机是整个系统的核心部件，它协调和控制各部分电路的工作。工作过程：开机，单片机复位，然后控制程序使单片机输出载波为 40 kHz 的 10 个脉冲信号加到超声波传感器上，使超声波发射器发射超声波。当第一个超声波脉冲群发射结束后，单片机片内计数器开始计数，在检测到第一个回波脉冲的瞬间，计数器停止计数，这样就得到从发射到接收的时间差 Δt；根据公式(2-6)和(2-9)计算出被测距离，并由显示装置显示出来。

2. 主要性能指标

(1) 工作频率。工作频率就是压电晶片的共振频率。当加到它两端的交流电压的频率和晶片的共振频率相等时，输出的能量最大，灵敏度也最高。

(2) 工作温度。由于压电材料的居里点一般比较高，特别是诊断用的超声波探头使用功率较小，所以工作温度比较低，可以长时间地工作而不产生失效。医疗用的超声探头的

温度比较高，需要单独的制冷设备。

(3) 灵敏度。灵敏度主要取决于制造晶片本身。机电耦合系数大，灵敏度高；反之，灵敏度低。

3．特点及应用

超声波距离传感器具有工作可靠、安装方便、防水、发射夹角较小、灵敏度高等特点，为方便与工业显示仪表连接，也提供发射夹角较大的探头。它广泛应用在物位(液位)监测、机器人防撞、各种超声波接近开关，以及防盗报警等相关领域。如在倒车雷达上的应用，如图 2-94 所示。

图 2-94　倒车雷达

四、雨滴检测传感器

雨滴检测传感器用于检测是否下雨及雨量的大小，广泛应用于汽车自动刮水系统、智能灯光系统和智能天窗系统中。在雨滴传感刮水系统中，用雨滴检测传感器检测出雨量，并利用控制器将检测出的信号进行变换，根据变换后的信号自动地按雨量设定刮水器的间歇时间，以便随时控制刮水器电动机；在汽车智能灯光系统中检测车辆行驶的环境，自动调整灯光模式，提高车辆在恶劣环境下行驶的安全性；在智能天窗系统中传感器一旦检测到下雨，会自动关闭天窗。雨滴检测传感器一般安装在汽车发动机室盖板上。

汽车车身电气系统常用的雨滴传感器有四种：流量型雨滴传感器，静电电容式雨滴传感器，压电振子式雨滴传感器和红外线式雨滴传感器。下面就介绍利用压电振子的传感器：压电振子利用压电效应将机械位移(振动)变成电信号，如图 2-95 所示。压电振子受到雨淋，按照雨滴的强弱和雨量做振动。

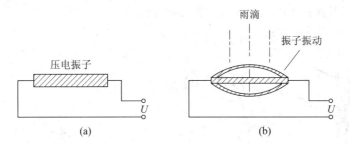

图 2-95　压电振子传感器

如图 2-96 所示，雨滴冲击能量变换成电压波形，然后再输入到刮雨控制器。该电压波形的积分值(斜线部分的面积)与某一定值的速度对应，这样就可以控制刮雨器的运动速度。

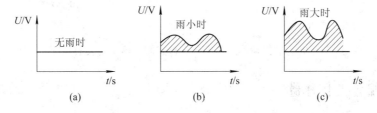

图 2-96　振子振动转化成电信号

雨滴落下测量框图如图 2-97 所示。

图 2-97　测量框图

五、磨损检测传感器

磨损检测传感器可用于检测汽车制动器摩擦片的磨损情况。当检测部位的磨损超过规定限度时，检测部位就要开始使传感器本身磨损或者与传感器相接触，通过这样的办法使传感器发出报警信号。安装在制动器摩擦片上的磨损检测用传感器的安装位置与结构如图 2-98 所示。

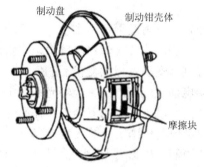

图 2-98　磨损检测用传感器的安装位置与结构

摩擦片传感器 U 字形的顶端就处在制动器摩擦块的磨损限度位置上，当摩擦片磨损到规定限度时，U 字形部分被磨断，电路断开，这一异常信号送到计算机中。磨损检测用传感器在盘式制动器摩擦片内的安装状况如图 2-99 所示。

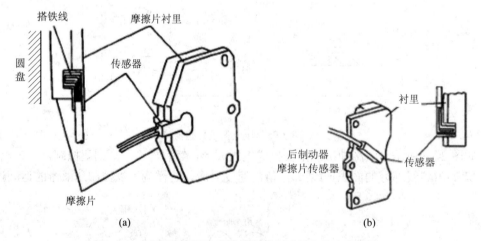

(a)　　　　　　　　　　　　　　(b)

图 2-99　磨损检测用传感器在盘式制动器上的安装状况

六、压电式加速度传感器

压电式传感器的工作原理是基于某些介质材料的压电效应，是一种典型的有源传感器。

通过材料受力作用变形时,其表面会有电荷产生而实现非电量测量。压电式传感器具有体积小、重量轻、工作频带宽等特点,因此在各种动态力、机械冲击与振动测量,以及声学、医学、力学、宇航等方面都得到了非常广泛的应用。

1. 压电效应及压电材料

某些离子型晶体电介质,当沿着一定方向对其施力而使它变形时,内部就产生极化现象,同时在它的两个表面上产生符号相反的电荷,当外力去掉后,又重新恢复到不带电状态,这种现象称压电效应。当作用力方向改变时,电荷的极性也随之改变。有时人们把这种机械能转换为电能的现象,称为"正压电效应"。

利用正压电效应,人们制成了加速度传感器等器件。当在电介质极化方向施加电场时,这些电介质也会产生几何变形,这种现象称为"逆压电效应"(电致伸缩效应)。利用电致伸缩效应,人们制作了超声波发生器,用于金属材料探伤等领域。具有压电效应的材料称为压电材料,压电材料能实现机—电能量的相互转换,如图 2-100 所示。

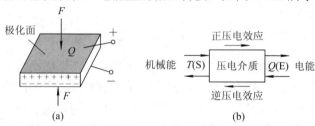

图 2-100   压电效应

2. 压电式加速度传感器工作原理

压电式加速度传感器的结构原理如图 2-101 所示。压电元件由两块压电片(石英晶片或压电陶瓷片)组成,在压电片的两个表面上镀银并焊接输出引线,或在两块压电片之间夹金属薄片,输出引线焊接在金属薄片上,输出端的另一根引线直接与传感器基座相连。在压电元件上,以一定的预紧力安装一惯性质量块,整个组件装在一个厚基座的金属壳体中。

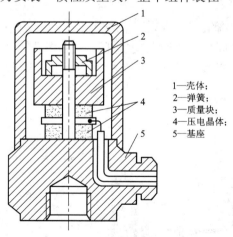

1—壳体;
2—弹簧;
3—质量块;
4—压电晶体;
5—基座

图 2-101   压电式加速度传感器的结构原理

测量时,通过基座底部的螺孔将传感器与试件刚性地固定在一起,传感器感受与试件相同频率的振动。由于压紧在质量块上的弹簧刚度很大,质量块的质量相对较小,可认为质量块的惯性很小,所以质量块也感受与试件相同的振动。质量块以正比于加速度的交变力作用在压电元件上,压电元件的两个表面就有交变电荷产生,则传感器的输出电荷(或电压)与作用力成正比,即与试件的加速度成正比。

【实践活动】

1. 查阅资料并阐述光传感器在汽车上的应用场合有哪些。
2. 试述磨损检测传感器的检测原理。
3. 查阅资料并简述目前市场上有哪些新型的传感器。
4. 检测超声波距离传感器的相关参数。

知识拓展

一、空燃比传感器

空燃比传感器属于气体浓度传感器,和氧传感器一样,空燃比传感器也安装在发动机的排气管上,与排气管中的废气接触,用来检测排气中氧气分子的浓度,并将其转换成电压信号。ECM 根据这一信号对喷油量进行调整,以实现对可燃混合气浓度的精确控制,并改善发动机的燃烧过程,达到既降低排放污染,又减少燃油消耗的目的。氧传感器只能在理论空燃比附近工作,而空燃比传感器可以在整个稀薄燃烧区范围内工作。

空燃比传感器又叫宽带氧传感器(或宽范围氧传感器、线性氧传感器、稀混合比氧传感器等)。它能连续检测出稀薄燃烧区的空燃比,可正常工作的空燃比范围大约为 12∶1～20∶1,使 ECM 在非理论空燃比区域范围内实现喷油量的反馈控制成为可能。

空燃比传感器有两种结构形式:单元件和双元件。

1. 单元件空燃比传感器

单元件空燃比传感器的氧化锆元件采用平面型结构,两侧有铂电极,其中正极通过空气腔与大气相通,负极与排气之间有一多孔性的扩散障碍层和多孔氧化铝层,排气管中的氧分子可以通过多孔性氧化铝层和扩散障碍层到达阴极表面。单元件空燃比传感器如图 2-102 所示。

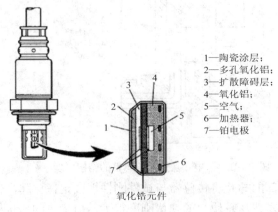

1—陶瓷涂层;
2—多孔氧化铝;
3—扩散障碍层;
4—氧化铝;
5—空气;
6—加热器;
7—铂电极

图 2-102　单元件空燃比传感器

控制电路使正极的电压高于负极(见图 2-103(a))，从而在氧化锆元件中产生一个泵电流，阴极上的氧分子在此电流的作用下移动到阳极。ECM 内的平衡监控电路控制泵电流的大小，通过改变两极之间的电压差，使泵电流达到饱和状态。达到饱和状态时的泵电流的大小取决于氧向扩散腔的扩散速率，并与排气中的氧分子浓度成正比，或与混合气的空燃比数值成反比。此电流的大小在 ECM 内部被转换成与混合气空燃比数值成正比的电压信号。实际的空燃比信号电压值在 2.4～4.0 V 变化(见图 2-103(b))。单元件空燃比传感器和氧传感器一样，有 4 根接线(见图 2-103(a))，其中两根为氧化锆的两个电极，其之间的电压差约为 0.4 V；另外两根为加热器的接线。

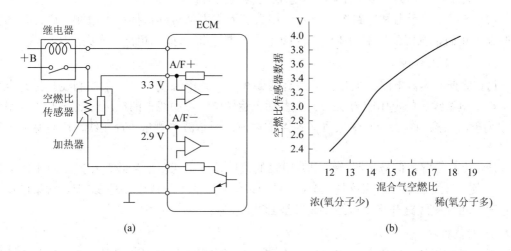

图 2-103　单元件空燃比传感器的控制电路与空燃比电压信号

2. 双元件空燃比传感器

双元件空燃比传感器由两个氧化锆单元组成(见图 2-104)，其中靠近排气侧的是一个泵氧单元 A，另一个靠近大气的是电池单元 B。B 的一面与大气接触而另一面是扩散腔 2，通过扩散孔 1 与排气接触，由于两侧的氧含量不同，因此在两电极之间产生一个电动势。ECM 监测电池单元 B 的电压差信号端的电压值，并控制施加于泵氧单元 A 上的电压，以改变其泵电流，造成氧离子的移动，从而改变扩散腔内的氧分子浓度，使电池单元 B 的电压差信号值维持在 0.45 V。

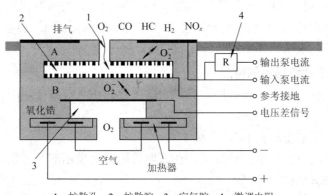

1—扩散孔；2—扩散腔；3—空气腔；4—微调电阻

图 2-104　双元件空燃比传感器原理

ECM 根据此时泵氧电流(即输入泵电流)的大小和方向计算出相应的混合气浓度。双元件空燃比传感器有 5 根接线端子，其中两根是加热器的接线，一根是泵氧单元和电池单元共用的参考接地线，一根为电池单元的信号线，另一根是泵氧单元泵电流的输入线。为了补偿制造误差，制造厂在每个传感器的泵电流电路上增加一个微调电阻，使 5 根接线的空燃比传感器变为有 6 根接线。

3．单元件空燃比传感器的检测

1) 加热器检测

(1) 关闭点火开关，拔下空燃比传感器的线束插头。

(2) 参照维修手册和电路图的指示，用数字万用表从传感器插头上检测空燃比传感器加热器的电阻，其阻值标准为 1.8～3.4 Ω(丰田车型标准)。如不相符，应更换传感器。

2) 控制电路检测

(1) 检查加热器电路。加热器电路有两条线，一条电源线，另一条控制线。打开点火开关后，电源线上的电压应为 12 V。在发动机运转中，控制线上的电压应低于 12 V；用电流钳测量，该控制线上应有最大可达 6 A 的电流；用示波器测量该控制线，应有脉冲电压信号。

(2) 检查传感器信号电路。可用万用表的电压挡测量两根信号线，在发动机正常运转中，一条信号线的电压值应该是 3.0 V，另一条信号线的电压值应该是 3.3 V。如果电压值不正确，可能是线路开路或短路，或者是 ECM 故障。

3) 功能检测

单元件空燃比传感器的功能可以用汽车制造厂家提供的专用解码器检测。通常是通过解码器向发动机 ECU 发出让混合气以一定比例加浓或变稀的指令，同时读取空燃比传感器的信号变化，并据此判定氧传感器是否工作正常。单元件空燃比传感器的功能也可以用万用表检测，其方法如下：

首先，运转发动机使之达到正常工作温度。

其次，在传感器线束插头连接良好的状态下，用万用表测量两条信号线间的电压差。在发动机正常运转时两信号线的电压差应为 0.3 V。

最后，人为地改变混合气浓度，此时两信号线的电压差会像传统的氧传感器那样在 0～1.0 V 变化。当混合气变浓时(可向进气管内喷入少许丙烷)，两信号线的电压差会减小；反之，当混合气变稀时(如拔下某根真空管使之产生真空泄漏)，两信号线的电压差会增加。如果没有这种变化，说明传感器有故障，应更换。

4．双元件空燃比传感器的检测

双元件空燃比传感器的工作性能可以采用解码器和废气分析仪相配合的方法来检测，其方法如下：

首先，将解码器与发动机 ECU 连接。

其次，运转发动机至正常工作温度，在读取解码器上显示的空燃比信号参数的同时，用废气分析仪检测发动机的排气。

最后，通过人为的手段使混合气变浓或变稀，将解码器显示的空燃比数值与废气分析仪的检测结果相比较，如果两个检测结果不匹配，说明传感器或控制系统有故障，需要进行进一步的检查。

双元件空燃比传感器也可以用万用表和示波器来检测，其方法如下：

首先，检测加热器电路。可按照与单元件空燃比传感器相同的方法，检测其加热器电路。

其次，分开传感器线束接头。用万用表检查泵元件输出和输入线路之间的修正电阻，其电阻值应该为 30～300 Ω。

再次，把传感器的接头插上，用万用表检查参考接地端的电压，其值应该为 2.4～2.7 V。

最后，分别检查泵氧元件和电池元件信号。用一个双通道示波器，将示波器的地线与传感器的参考接地端连接，将一个通道连接电池元件的电压差信号线，另一个通道连接泵氧单元的输入泵电流线。电池单元的信号电压应该一直保持在 0.45 V。输入泵电流线上的电压会以 0.5～0.6 V 的幅度波动，在混合气从最浓变为最稀时，输入泵电流线上的电压变化幅度将大于 1.0 V。如检测结果与上述不符，说明传感器或其控制电路有故障，应更换传感器或检修控制电路。

二、液位传感器

液位传感器(静压液位计/液位变送器/液位传感器/水位传感器)属于位置与角度传感器，也是一种测量液位的压力传感器，如图 2-105 所示。静压投入式液位变送器(液位计)是基于所测液体静压与该液体的高度成比例的原理，采用国外先进的隔离型扩散硅敏感元件或陶瓷电容压力敏感传感器，将静压转换为电信号，再经过温度补偿和线性修正，转化成标准电信号(一般为 4～20 mA/1～5 V 直流电)。

液位传感器分为两类：一类为接触式，包括单法兰静压/双法兰差压液位变送器、浮球式液位变送器、磁性液位变送器、投入式液位变送器(如图 2-106 所示)、电动内浮球液位变送器、电动浮筒液位变送器、电容式液位变送器、磁致伸缩液位变送器、侍服液位变送器等。第二类为非接触式，分为超声波液位变送器、雷达液位变送器等。静压投入式液位变送器(液位计)适用于石油化工、冶金、电力、制药、供排水、环保等系统和行业的各种介质的液位测量。其精巧的结构、简单的调校和灵活的安装方式为用户轻松的使用提供了方便。而 4～20 mA、0～5 V、0～10 mA 等标准信号输出方式由用户根据需要任选。

图 2-105　液位传感器　　　　　　　　图 2-106　投入式液位变送器

利用流体静力学原理测量液位，是压力传感器的一项重要应用。采用特种的中间带有通气导管的电缆及专门的密封技术，既保证了传感器的水密性，又使参考压力腔与环境压力相通，从而保证了测量的高精度和高稳定性。

1. 工作原理

用静压测量原理：当液位变送器投入到被测液体中某一深度时，传感器迎液面受到的压力公式为

$$P = \rho \times g \times H + P_0 \tag{2-10}$$

式中：P 为变送器迎液面所受压力；ρ 为被测液体密度；g 为当地重力加速度；P_0 为液面上大气压；H 为变送器投入液体的深度。

同时，通过导气不锈钢将液体的压力引入到传感器的正压腔，再将液面上的大气压 P_0 与传感器的负压腔相连，以抵消传感器背面的 P_0，使传感器测得压力为 $\rho \times g \times H$。显然，通过测取压力 P，可以得到液位深度。

2. 功能特点

(1) 稳定性好，满度、零位长期稳定性可达 0.1%FS/年。在补偿温度 0～70℃范围内，温度飘移低于 0.1%FS，在整个允许工作温度范围内低于 0.3%FS。

(2) 具有反向保护、限流保护电路，在安装时正负极接反不会损坏变送器，异常时变送器会自动限流在 35 MA 以内。

(3) 固态结构，无可动部件，高可靠性，使用寿命长。

(4) 安装方便，结构简单，经济耐用。

3. 常见液位传感器的比较

1) 雷达液位传感器

雷达液位传感器如图 2-107 所示。

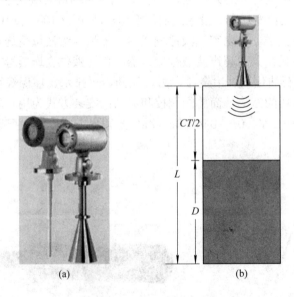

(a)　　　　　　　　　　(b)

图 2-107　雷达液位传感器

原理：$D = L - CT/2$，雷达液位计采用发射—反射—接收的工作模式。雷达液位计的天线发射出电磁波，这些波经被测对象表面反射后，再被天线接收，电磁波从发射到接收的时间与到液面的距离成正比。

该类型传感器一般绝对误差在 2 mm 左右，测量范围一般是 0.5～20 m。由于其非接触的测量原理相对磁尺来说，对被测介质范围的要求就比较广，液体、固体(物位)都可以。缺点主要是精度不够高，在短量程方面有暗区，由于电磁波不能受到干扰，安装时应避免障碍物，同时也应避免温度等因素对电磁波的影响。另外在界面方面，特别是密度相差不是很大的界面方面，远远不如磁尺测量方便准确。

2) 超声波液位传感器

原理与雷达液位计相同，只是相对雷达的电磁波，超声波液位传感器是利用空气的声呐原理，发射和接收的是一种超声波。从性能上来说，超声波比雷达具有更稳定的性能。

3) 浮球式液位(界面)传感器

浮球式液位(界面)传感器如图 2-108 所示。

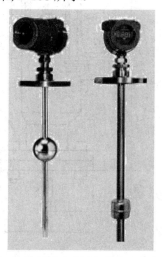

图 2-108　浮球式液位(界面)传感器

此类传感器的工作基于浮子的浮力及磁性原理。当浮子随着液位(界面)上下浮动，浮子内永磁体的磁力作用于导管内的干簧管，使相应高度的干簧管闭合，得到正比于液位的电压信号，经转换器转换成 4～20 mA 直流的标准信号。

磁浮子传感器最大的特点就是精度不高，某厂家产品的一组数据为：测量范围 L，当 500 mm < L < 1000 mm 时，精度为 1.5%；当 L > 1000 mm 时，精度为 1.0%。测量范围主要集中在 4 m 以下。相对来讲，磁浮子传感器在界面测量方面有很稳定的性能。

4) 磁翻板式液位计

磁翻板式液位计是以磁性浮子为感应元件，并通过磁性浮子与显示色条中磁性体的耦合作用，反映被测液位或界面的测量仪表，如图 2-109 所示。磁浮子式液位计和被测容器形成连通器，保证被测量容器与测量管体间的液位相等。当液位计测量管中的浮子随被测液位变化时，浮子中的磁性体与显示条上显示色标中的磁性体作用，使其翻转，红色表示有液，白色表示无液，以达到准确显示液位的目的。此类传感器具有显示直观醒目、不需电源、安装方便可靠、维护量小、维修费用低的优点，是玻璃管、玻璃板液位计的升级换代产品。但测量精度不高，一般厂家标称的误差都在 10～20 mm 之间。如果需要把现场的数据远传，还需要加一个相应数据远传变送器，如图 2-110 所示。

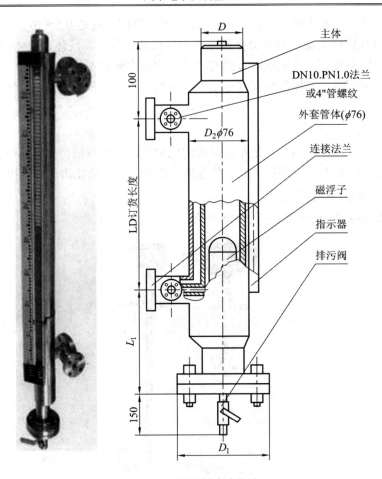

图 2-109　磁翻板式液位计

图 2-110　数据远传变送器

　　值得一提的是，由于该传感器中浮球与磁尺类似，所以该传感器能和磁尺配合使用。这样，磁翻板就起到现场显示作用，而磁尺则起到变送远传的功能。通过磁尺伸缩原理将其转换成高精度的电信号，而且信号类型丰富。而一般的远传变送器的原理是将开关信号转换为连续的模拟量的输出。

　　对于浮子和磁翻板两种传感器，在业内对其两者的名称容易混淆，因为都是有一个磁性浮子，所以很多时候都被称之为磁浮子液位计，实际沟通时需要具体确认。凡此两类传感器主要特点就是精度不高，同时由于磁性原理也需要在现场安装时注意一些干扰。

　　5）电容式液位传感器

　　电容式液位传感器如图 2-111 所示，原理是把一根涂有绝缘层的金属棒插入装有导电介质的金属容器中，在金属棒和容器壁间形成电容，其液位变化量 ΔH 与电容变化量 ΔC_X 关系如下：

$$\Delta Cx = \frac{5 \times \varepsilon \times \Delta H}{9 \ln(D_2 / D_1)} - C_{\circ} \tag{2-11}$$

式中：$C_{\circ}$ 为容器液体放空时，金属棒对容器壁的分布电容；ε 为容器液体介电常数；D_2 为绝缘套管的直径；D_1 为金属棒的直径。

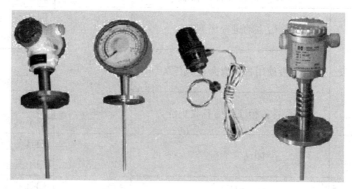

图 2-111　电容式液位传感器

　　当被测介质物位变化时，传感器电容量发生相应变化，电容量的变体 ΔCx 通过转换器转换成与液位成比例的直流标准信号。此类传感器由于其原理决定，实际中根据被测介质的导电属性来选择各种不同的测量探头。电容式原理的精度一般都能达到 0.5% 左右，测量范围在 0.2～20 m 之间。由于电容原理的一些特殊性，相比磁尺来讲在稳定性方面还是有一定的距离。

能力鉴定与信息反馈

　　能力鉴定与信息反馈是为了更好地了解学生掌握知识及技能的情况。因此学习完本章后，请完成下面表格。

　　能力鉴定表和信息反馈表分别见表 2-13 和表 2-14。

表2-13　能力鉴定表

学习项目	项目2　认识汽车常用传感器					
姓名		学号		日　期		
组号		组长		其他成员		
序号	能力目标	鉴定内容		时间(总时间80分钟)	鉴定结果	鉴定方式
1	专业技能	传感器组成、分类及认识能力		60分钟	□具备 □不具备	教师评估 小组评估
2		能识别和检测温度及压力传感器				
3		能识别和检测空气流量传感器、爆震传感器及氧传感器		10分钟	□具备 □不具备	
4		能识别和检测节气门位置、曲轴位置及凸轮轴位置传感器		10分钟	□具备 □不具备	
5	学习方法	是否主动进行任务实施		全过程记录	□具备 □不具备	小组评估 自我评估 教师评估
6		能否使用各种媒介完成任务			□具备 □不具备	
7		是否具备相应的信息收集能力			□具备 □不具备	
8	能力拓展	团队是否配合		全过程记录	□具备 □不具备	
9		调试方法是否具有创新			□具备 □不具备	
10		是否具有责任意识			□具备 □不具备	
11		是否具有沟通能力			□具备 □不具备	
12		总结与建议			□具备 □不具备	
鉴定结果	合格	□	教师意见		教师签字	
	不合格	□			学生签名	

备注：① 请根据结果在相关的□内画✓；
　　　② 请指导教师重点对相关鉴定结果不合格的同学给予指导意见。

表 2-14　信 息 反 馈 表

实训项目：**认识汽车常用传感器**　　　　组号：＿＿＿＿＿＿＿

姓　　名：＿＿＿＿＿＿＿＿＿＿　　　　日期：＿＿＿＿＿＿＿

请你在相应栏内打钩	非常同意	同意	没有意见	不同意	非常不同意
(1) 这一项目为我很好地提供了传感器的组成及分类的知识					
(2) 这一项目帮助我熟悉了各种传感器的原理及应用					
(3) 这一项目帮助我熟悉了汽车所用各种传感器的功能及安装位置					
(4) 这一项目帮助我掌握了汽车所用各种传感器的端子识别及检测方法					
(5) 该项目的内容适合我的需求					
(6) 该项目在实施中举办了各种活动					
(7) 该项目中不同部分融合得很好					
(8) 实训中教师待人友善愿意帮忙					
(9) 项目学习让我做好了参加鉴定的准备					
(10) 该项目中所有的教学方法对我学习起到了帮助的作用					
(11) 该项目提供的信息量适当					
(12) 该实训项目鉴定是公平、适当的					

你对改善本科目后面单元教学的建议：

项目三　汽车微型计算机控制单元

项目描述

本项目主要分析汽车电子控制单元的基础知识、微控制器的中断系统与定时系统、微控制器的系统扩展方法、输入与输出接口电路以及串行通信与 CAN 总线认知。通过本项目的学习，使读者了解微控制器的基础知识，然后结合汽车电子控制系统来进一步了解微控制器的应用，从而理解中断系统、定时系统、输入/输出接口电路，了解与汽车 CAN 总线应用相关的串行通信方面的知识。

任务一　认知微控制器基础知识

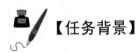【任务背景】

微控制器是汽车电子控制单元 ECU 的核心，相当于集成到芯片内的微型计算机。本任务是让读者了解微控制器的作用及发展，理解微控制器的组成，掌握常用的计算机指令与编程基础，了解源程序的编辑、汇编与调试方法。

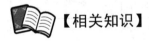【相关知识】

一、微控制器的作用及发展

1. 微控制器与 ECU

微控制器是汽车电子控制单元 ECU 的核心，相当于集成到芯片内的微型计算机。ECU 是包括微控制器及相关外围接口器件的电路板总称。目前汽车上一般有多个 ECU，而现代汽车上一般有几十个甚至上百个 ECU，用于控制各个系统。如图 3-1 所示是奔驰的一个 ECU 实物，从图中可以看出 ECU 除了微控制器这个核心以外，还包括存储器和很多外围接口插件。

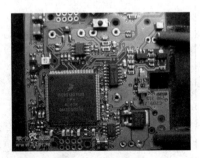

图 3-1　ECU 实物

2．微控制器、单片机与嵌入式系统

目前，在嵌入式系统应用领域中，不少人对什么是嵌入式系统不甚了解。其实单片机就是一个最典型的嵌入式系统。按照历史性、本质性、普遍性要求，从学科建设的角度来讲，嵌入式系统较为准确的定义是：嵌入到对象体系中的专用计算机系统。"嵌入性"、"专用性"与"计算机系统"是嵌入式系统的三个基本要素，对象体系则是指嵌入式系统所嵌入的宿主系统。

按照上述嵌入式系统的定义，只要满足定义中三个要素的计算机系统，都可称为嵌入式系统。嵌入式系统按形态可分为设备级(工控机)、板级(单板、模块)、芯片级(MCU、SoC)。嵌入式系统虽然起源于微型计算机时代，然而微型计算机的体积、价位、可靠性都无法满足广大对象系统的嵌入式应用要求，因此嵌入式系统必须走独立发展道路。这条道路就是芯片化道路。将计算机做在一个芯片上，从而开创了嵌入式系统独立发展的单片机时代。

单片机诞生于 20 世纪 70 年代末，经历了 SCM、MCU、SoC 三大阶段。SCM 即单片微型计算机(Single Chip Microcomputer)阶段，主要是寻求最佳的单片形态嵌入式系统的最佳体系结构。"创新模式"获得成功，奠定了 SCM 与通用计算机完全不同的发展道路。在开创嵌入式系统独立发展道路上，Intel 公司功不可没。

MCU 即微控制器(Micro Controller Unit)阶段，主要的技术发展方向是：不断扩展满足嵌入式应用时，对象系统要求的各种外围电路与接口电路，突显其对象的智能化控制能力。它所涉及的领域都与对象系统相关，因此发展 MCU 的重任不可避免地落在电气、电子技术厂家。从这一角度来看，Intel 逐渐淡出 MCU 的发展也有其客观因素。在发展 MCU 方面，最著名的厂家当数 Philips 公司。

Philips 公司以其在嵌入式应用方面的巨大优势，将 MCS-51 从单片微型计算机迅速发展到微控制器。单片机是嵌入式系统的独立发展之路。其向 MCU 阶段发展的重要因素就是寻求应用系统在芯片上的最大化解决。因此，专用单片机的发展自然形成了 SoC(System on Chip)化趋势。随着微电子技术、IC 设计、EDA 工具的发展，基于 SoC 的单片机应用系统设计会有较大的发展。

综上所述，MCU 是单片机的一个发展阶段，而单片机属于嵌入式系统。

汽车已经成为微控制器的重要应用领域，现代汽车上要用到很多微控制器，而且由于汽车车内有限的空间和特殊的使用环境，使汽车电子控制器件具有不同于其他使用场合的特点。例如，将部分接口电路芯片如 CAN 控制器等也集成到控制器芯片内，这样，汽车的 MCU 不仅可以使用一般的微控制器芯片，还可以更多地使用功能强大的、专门设计的芯片。

3．微控制器的发展

通用的微控制器即单片机的发展经历了 3 个阶段：

第一阶段(1974—1978 年)：1976 年 9 月，美国 Intel 公司首先推出了 MCS-48 系列 8 位单片机以后，单片机发展进入了一个新的阶段，8 位单片机纷纷应运而生。例如，莫斯特克(Mostek)和仙童(Fairchild)公司共同合作生产的 3870(F8)系列，摩托罗拉(Motorola)公司的 6801 系列等。在 1978 年以前，各厂家生产的 8 位单片机由于受集成度(几千只管/片)的限制，一般没有串行接口，并且寻址空间的范围小(小于 8 KB)，从性能上看属于低档 8 位单片机。

第二阶段(1978—1983 年)：随着集成电路工艺水平的提高，在 1978—1983 年期间集成度提高到几万只管/片，因而一些高性能的 8 位单片机相继问世。例如，1978 年摩托罗拉公

司的 MC6801 系列、1980 年 Intel 公司的 MCS-51 系列。这类单片机的寻址能力达 64 KB，片内 ROM 容量达 4~8 KB，片内除带有并行 I/O 口外，还有串行 I/O 口，甚至某些还有 A/D 转换器功能。因此，把这类单片机称为高档 8 位单片机。在高档 8 位单片机的基础上，单片机功能进一步得到提高，近年来推出了超 8 位单片机。如 Intel 公司的 8X252、UPI-45283C152，Zilog 公司的 Super8，Motorola 公司的 MC68HC 等，它们不但进一步扩大了片内 ROM 和 RAM 的容量，同时还增加了通信功能、DMA 传输功能以及高速 I/O 功能等。

　　第三阶段(1983 年至今)：1983 年以后，集成电路的集成度可达十几万只管/片，16 位单片机逐渐问世。这一阶段的代表产品有 1983 年 Intel 公司推出的 MCS-96 系列，1987 年 Intel 公司又推出的 80C96，美国国家半导体公司推出的 HPC16040 和 NEC 公司推出的 783XX 系列等。16 位单片机把单片机的功能又推向了一个新的阶段。如 MCS-96 系列的集成度为 12 万只管/片，片内含 16 位 CPU、8 KB ROM、232 字节 RAM、5 个 8 位并行 I/O 口、4 个全双工串行口、4 个 16 位定时器/计数器、8 级中断处理系统。MCS-96 系列还具有多种 I/O 功能，如高速输入/输出(HSIO)、脉冲宽度调制(PWM)输出、特殊用途的监视定时器(Watchdog)等。16 位单片机可用于高速复杂的控制系统。

　　如今，各个计算机生产厂家已进入更高性能的 32 位单片机研制、生产阶段。需要提及的是，单片机的发展虽然按先后顺序经历了 4 位、8 位、16 位的阶段，但从实际使用情况看，并没有出现推陈出新的局面。4 位、8 位、16 位单片机仍各有应用领域，如 4 位单片机仍应用在一些简单家用电器、高档玩具中，8 位单片机在中、小规模应用场合仍占主流地位，16 位单片机在比较复杂的控制系统中才有应用。

　　常用 8 位微控制器系列产品基本性能见表 3-1。

表 3-1　一些常用 8 位微控制器产品基本性能

公司/系列	型号	片内 ROM/EPROM/Flash	片内 RAM	定时/计数器	A/D 转换	看门狗	PWM
Intel/MCS-51 系列	8031	无	128 B	2 × 16 位	—		—
	8051	4 KB/ROM					
	8751	4 KB/EPROM					
	8032	无	256 B	3 × 16 位			
	8052	8 KB/ROM					
	8752	8 KB/EPROM					
Philips/8XC5X 系列	80C552	无	256 B	3 × 16 位	8 通道/10 位	有	有
	83C552	8 KB/ROM				有	有
	87C552	8 KB/EPROM				有	有
	89C51	4 KB/Flash	128 B		—	—	—
	89C52/54/58	8 KB/16 KB/32 KB/Flash	256 B		—	—	—
	89C51RX2	16~32 KB Flash	512~1 KB			有	有
ATMEL/89 系列	89C51	4 KB/Flash	128 B	2 × 16 位			
	89C52	8 KB/Flash	256 B				
	89C51AC2	32 KB/Flash 2 KB/EPROM	1280 B	3 × 16 位	8 通道/10 位	有	

　　目前，我国汽车 ECU 的生产厂家主要有摩托罗拉(Motorola)、联合电子(中联电子与德国 BOSCH 公司合资)、德尔福(DELPHI)、西门子(Siemens)等。使用的微控制器主要由 Motorola、Intel、Philips、Atmel、Infineon 等著名的半导体厂家生产。

二、微控制器的组成

　　主流的微控制器或单片机产品很多，但不论型号如何，它们的基本组成部分都是类似的，只是部分芯片的功能有些增强。以 8051 单片机为例，在保持与 8051 单片机兼容的基础上，各大公司扩展了针对满足不同测控对象要求的外围电路，如满足模拟量输入的 A/D、满足伺服驱动的 PWM、满足高速输入/输出控制的 HSL/HSO、满足串行扩展总线 I²C、保证程序可靠运行的 WDT、引入使用方便且价廉的 Flash ROM 等，开发出上百种功能各异的新品种。这样 8051 单片机就变成了众多芯片制造厂商支持的大家族，统称为 8051 系列单片机，所以人们习惯于用 8051 来称呼 MCS-51 系列单片机。客观事实表明，8051 已成为 8 位单片机的主流，成了事实上的标准 MCU 芯片。

　　应用中的单片机品种繁多，下面以 MCS-51 系列微控制器为例介绍它们的内部基本结构。

1. 芯片封装方式及引脚功能

　　51 系列微控制器芯片的封装形式如图 3-2 所示，有塑料双列直插封装 PDIP(Plastic Dual

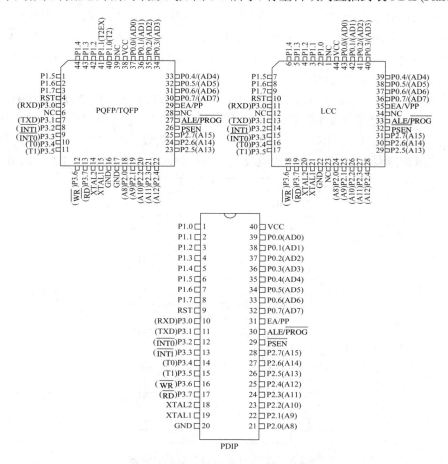

图 3-2　51 系列微控制器芯片的封装形式

In-line Package)、塑料有引线芯片载体 PLCC(Plastic Leaded Chip Carrier)和四边引出扁平封装 PQFP(Plastic Quad Flat Package)。

MCS 单片机都采用 40 引脚的双列直插封装方式的引脚如图 3-3 所示，各引脚功能如下。

• 主电源引脚 VSS 和 VCC。VSS 接地，VCC 正常操作时为+5 伏电源。

• 外接晶振引脚 XTAL1 和 XTAL2。XTAL1 是内部振荡电路反相放大器的输入端，是外接晶体的一个引脚，当采用外部振荡器时，此引脚接地；XTAL2 是内部振荡电路反相放大器的输出端，是外接晶体的另一端，当采用外部振荡器时，此引脚接外部振荡源。

• 控制或与其他电源复用引脚 RST/VPD、ALE/$\overline{\text{PROG}}$、$\overline{\text{PSEN}}$ 和 $\overline{\text{EA}}$/VPP。RST/VPD：当振荡器运行时，在此引脚上出现两个机器周期的高电平(由低到高跳变)，将使单片机复位，在 VCC 掉电期间，此引脚可接上备用电源，由 VPD 向内部提供备用电源，以保持内部 RAM 中的数据。ALE/$\overline{\text{PROG}}$：正常操作时为 ALE 功能(允许地址锁存)，提供把地址的低字节锁存到外部锁存器，ALE 引脚以不变的频率(振荡器频率的 1/6)周期性地发出正脉冲信号，因此，它可用作对外输出的时钟，或用于定时目的(但要注意，每当访问外部数据存储器时，将跳过一个 ALE 脉冲，ALE 端可以驱动(吸收或输出电流) 8 个 LSTTL 电路)；对于 EPROM 型单片机，在 EPROM 编程期间，此引脚接收编程脉冲($\overline{\text{PROG}}$ 功能)。$\overline{\text{PSEN}}$：外部程序存储器读选通信号输出端，在从外部程序存储取指令(或数据)期间，$\overline{\text{PSEN}}$ 在每个机器周期内两次有效，$\overline{\text{PSEN}}$ 同样可以驱动 8 个 LSTTL 输入。$\overline{\text{EA}}$/VPP 为内部程序存储器和外部程序存储器选择端，当 $\overline{\text{EA}}$/VPP 为高电平时，访问内部程序存储器；当 $\overline{\text{EA}}$/VPP 为低电平时，访问外部程序存储器。对于 EPROM 型单片机，在 EPROM 编程期间，此引脚上加 21 V EPROM 编程电源(VPP)。

• 输入/输出引脚 P0.0～P0.7、P1.0～P1.7、P2.0～P2.7、P3.0～P3.7。P0 口(P0.0～P0.7)：是一个 8 位漏极开路型双向 I/O 口，在访问外部存储器时，它是分时传送的低字节地址和数据总线，P0 口能以吸收电流的方式驱动 8 个 LSTTL 负载。P1 口(P1.0～P1.7)：带有内部提升电阻的 8 位准双向 I/O 口，能驱动(吸收或输出电流)4 个 LSTTL 负载。P2 口(P2.0～P2.7)：

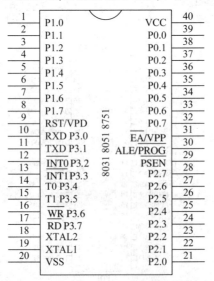

图 3-3　MCS-51 系列微控制器的引脚

带有内部提升电阻的 8 位准双向 I/O 口，在访问外部存储器时，它输出高 8 位地址，可以驱动(吸收或输出电流)4 个 LSTTL 负载。P3 口(P3.0~P3.7)：是一个带有内部提升电阻的 8 位准双向 I/O 口，能驱动(吸收或输出电流)4 个 LSTTL 负载。P3 口还用于第二功能，请参见表 3-2。

表 3-2　P3 口的第二功能

端　口　功　能	第　二　功　能
P3.0	RXD——串行输入(数据接收)口
P3.1	TXD——串行输出(数据发送)口
P3.2	$\overline{INT0}$——外部中断 0 输入线
P3.3	$\overline{INT1}$——外部中断 1 输入线
P3.4	T0——定时器 0 外部输入
P3.5	T1——定时器 1 外部输入
P3.6	$\overline{WR}$——外部数据存储器写选通信号输出
P3.7	$\overline{RD}$——外部数据存储器读选通信号输入

2．结构及其功能

MCS-51 系列微控制器的结构如图 3-4 所示，芯片集成了中央处理器 CPU、存储器、定时/计数器以及 I/O 接口等部分。

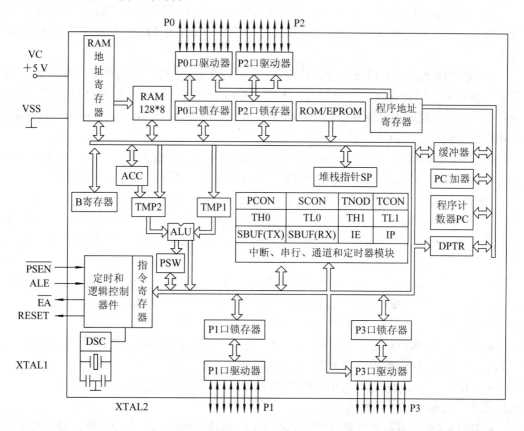

图 3-4　MCS-51 系列微控制器的结构

1) CPU(Central Processing Unit)

CPU 是微控制器的核心部件，它通常由运算器、控制器和相关寄存器等组成。CPU 进行算术运算和逻辑操作的字长同样有 4 位、8 位、16 位和 32 位之分，字长越长运算速度越快，数据处理能力也就越强。MCS-51 微控制器内部是一个处理 8 位数据的 CPU。8 位 CPU 的内部基本结构如图 3-5 所示。

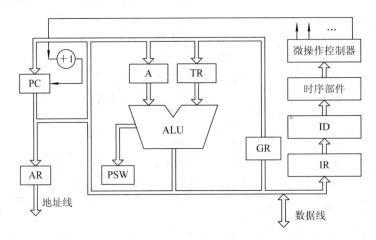

图 3-5　8 位 CPU 的内部基本结构

(1) 运算器。运算器用于对二进制数进行算术运算和逻辑操作，由操作控制器控制其操作顺序。由算术逻辑单元 ALU、累加器 A、通用寄存器 GR 和程序状态字寄存器 PSW 等组成。

① 累加器 A(Accumulator)。累加器 A 为 8 位寄存器，通过暂存器与算术逻辑单元 ALU 相连，是最常用的寄存器，功能较多，既可以存放操作数，也可以存放中间结果。一些双操作数指令中，逻辑运算指令的运算结果都存放在累加器 A 或 AB 中；在作为直接寻址时，A 在程序中要写成 ACC。

② 算术逻辑单元 ALU (Arithmetic and Logical Unit)主要由加法器、移位电路和判断电路等组成，用于对累加器 A 和暂存器 TR 中两个操作数进行四则运算和逻辑操作。

③ 程序状态字寄存器 PSW (Program Status Word)。程序状态字寄存器 PSW 是一个 8 位寄存器，用于存放程序运行中各种状态信息，其各位定义见表 3-3。其中，F0、RS1、RS0 可以由用户编程设定，其他位的状态是根据程序执行结果，由硬件自动设置的。下面分别介绍。

- Cy：进位标志，是 PSW 中最常用的标志位。其功能有两个：一是存放算术运算的进位标志，在进行加减运算时，若操作结果的最高位有进位或借位，则自动置 1，否则为 0；二是在位操作中，作位累加器 C 的使用。

- Ac：辅助进位标志。在加减运算时，低 4 位向高 4 位进位或借位时，自动置 1，否则为 0。在 BCD 码调整中也要用到 Ac 位的状态。

- F0：用户标志位。用户可以通过编程对这个标志位置位或复位，使用最为灵活，常用作数据收发标志或准备好的标志。

- RS1&RS0：寄存器组选择位。选择 CPU 当前使用的工作寄存器组，单片机中共有四组工作寄存器，每次上电或复位后 RS 被置 0，用户可以编程选择当前工作寄存器，达到保护某一区 R0～R7 中数据的目的。

• Ov：溢出标志位。在带符号的加减运算中，若运算超出了累加器 A 所能表示的符号数的有效范围(–128～127)，则自动置 1，表示产生了溢出，说明运算结果是错误的；否则为 0。乘法运算中，Ov=1 表示乘积超过 255，即乘积分别在 A 和 B 中；否则为 0，表示乘积只在 A 中。除法运算中，Ov=1 表示除数为 0。

• P：奇偶标志位。表明累加器 A 中数据的奇偶性。若 A 中有奇数个"1"，则自动置 1，否则为 0。此标志位常用于串行通信中的奇偶校验。

表 3-3　PSW 各位定义

PSW.7	PSW.6	PSW.5	PSW.4	PSW.3	PSW.2	PSW.1	PSW.0
CY	Ac	F0	RS1	RS0	Ov	——	P

④ 通用寄存器 GR (General—purpose Register)。通用寄存器可用于传送和暂存数据，也可参与算术逻辑运算，并保存运算结果。除此之外，它们还各自具有一些特殊功能。通用寄存器的长度取决于机器字长，汇编语言程序员必须熟悉每个寄存器的一般用途和特殊用途，才能在程序中做到正确、合理地使用它们。

8051 运算器还包含一个布尔处理器，用来处理位操作。

(2) 控制器。控制器的作用是控制和协调整个计算机的动作，由指令寄存器(Instruction Register)、指令译码器(Instruction Decoder)、定时与控制电路(Programmable Logic Array)、程序计数器(Program Counter)、标志寄存器(Flags Register)、堆栈和堆栈指针(Stack Pointer)、寄存器组等构成。

① 程序计数器 PC。程序计数器 PC 用来存放即将要执行的指令地址，共 16 位，可对 64K 程序存储器直接寻址。执行指令时，PC 内容的低 8 位经 P0 口输出，高 8 位经 P2 口输出。

② 指令寄存器 IR。指令寄存器中存放指令代码。CPU 执行指令时，由程序存储器中读取的指令代码送入指令寄存器，经译码后由定时与控制电路发出相应的控制信号，完成指令功能。

③ 定时与控制部件。

• 时钟电路。8051 片内设有一个由反向放大器所构成的振荡电路，XTAL1 和 XTAL2 分别为振荡电路的输入和输出端，时钟可以由内部方式产生或外部方式产生。内部方式时钟电路如图 3-6 所示。在 XTAL1 和 XTAL2 引脚上外接定时元件，内部振荡电路就产生自激振荡。定时元件通常采用石英晶体和电容组成的并联谐振回路。晶振可以在 1.2～12 MHz 之间选择，电容值在 5～30 pF 之间选择，电容的大小可起频率微调作用。

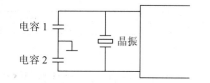

图 3-6　内部方式时钟电路

外部方式的时钟很少用，若要用时，只要将 XTAL1 接地，XTAL2 接外部振荡器就行。对外部振荡信号无特殊要求，只要保证脉冲宽度，一般采用频率低于 12 MHz 的方波信号。

时钟发生器把振荡频率两分频，产生一个两相时钟信号 P_1 和 P_2 供单片机使用。P_1 在每一个状态 S 的前半部分有效，P_2 在每个状态的后半部分有效。

● 时序。MCS-51 典型的指令周期(执行一条指令的时间称为指令周期)为一个机器周期，一个机器周期由六个状态(十二振荡周期)组成。每个状态又被分成两个时相 P_1 和 P_2。所以，一个机器周期可以依次表示为 S_1P_1，S_1P_2，…，S_6P_1，S_6P_2。通常算术逻辑操作在 P_1 时相进行，而内部寄存器传送在 P_2 时相进行。

8051 单片机的取指和执行指令的定时关系如图 3-7 所示。这些内部时钟信号不能从外部观察到，可用 XTAL2 振荡信号作参考。在图中可看到，低 8 位地址的锁存信号 ALE 在每个机器周期中两次有效：一次在 S_1P_2 与 S_2P_1 期间，另一次在 S_4P_2 与 S_5P_1 期间。

对于单周期指令，当操作码被送入指令寄存器时，便从 S_1P_2 开始执行指令。如果是双字节单机器周期指令，则在同一机器周期的 S_4 期间读入第二个字节；若是单字节单机器周期指令，则在 S_4 期间仍进行读，但所读的这个字节操作码被忽略，程序计数器也不加 1，在 S_6P_2 结束时完成指令操作。单字节单机器周期和双字节单机器周期指令的时序如图 3-7 所示。8051 指令大部分在一个机器周期完成。乘(MUL)和除(DIV)指令是仅有的需要两个以上机器周期的指令，占用 4 个机器周期。对于双字节单机器周期指令，通常是在一个机器周期内从程序存储器中读入两个字节，唯有 MOVX 指令例外。MOVX 是访问外部数据存储器的单字节双机器周期指令。在执行 MOVX 指令期间，外部数据存储器被访问且被选通时跳过两次取指操作。如图 3-7 所示就给出了一般单字节双机器周期指令的时序。

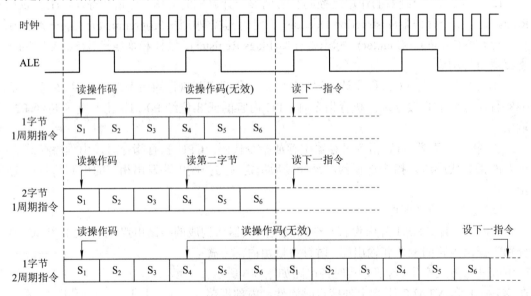

图 3-7　8051 时序

④ 堆栈指针 SP。堆栈指针 SP 是一个 8 位特殊功能寄存器。它指示出堆栈顶部在内部 RAM 中的位置。系统复位后，SP 初始化为 07H，使堆栈事实上由 08H 单元开始。考虑到 08H～1FH 单元分属于工作寄存器区 1～3，若程序设计中要用到这些区，则最好把 SP 值改置为 1FH 或更大的值。SP 的初始值越小，堆栈深度就可以越深，堆栈指针的值可以由软件改变，因此堆栈在内部 RAM 中的位置比较灵活。除用软件直接改变 SP 值外，在执行 PUSH、POP 指令，各种子程序调用、中断响应、子程序返回(RET)和中断返回(RETI)等指令时，SP 值将自动调整。

⑤ 数据指针 DPTR。数据指针 DPTR 是一个 16 位特殊功能寄存器，其高位字节寄存器用 DPH 表示，低位字节寄存器用 DPL 表示，既可以作为一个 16 位寄存器 DPTR 来处理，也可以作为两个独立的 8 位寄存器 DPL 和 DPL 来处理。DPTR 主要用来存放 16 位地址，当对 64 KB 外部存储器寻址时，可作为间址寄存器用。

2) 存储器

MCS-51 单片机的程序存储器和数据存储器空间是互相独立的，物理结构也不同。程序存储器为只读存储器(ROM)；数据存储器为随机存取存储器(RAM)。单片机的存储器编址方式采用与工作寄存器、I/O 口锁存器统一编址的方式。MCS-51 存储器结构与常见的微型计算机的配置方式不同，它把程序存储器和数据存储器分开，各有自己的寻址系统、控制信号和功能。程序存储器用来存放程序和始终要保留的常数，如所编程序经汇编后的机器码。数据存储器通常用来存放程序运行中所需要的常数或变量，如做加法时的加数和被加数、做乘法时的乘数和被乘数、模/数转换时实时记录的数据等。

从物理地址空间看，MCS-51 有四个存储器地址空间，即片内程序存储器、片外程序存储器、片内数据存储器和片外数据存储器。

MCS-51 系列各芯片的存储器在结构上有些区别，但区别不大，从应用设计的角度可分为：片内有程序存储器、片内无程序存储器、片内有数据存储器且存储单元够用和片内有数据存储器且存储单元不够用。

(1) 程序存储器 ROM。程序存储器用来存放程序和表格常数。程序存储器以程序计数器 PC 作地址指针，通过 16 位地址总线，可寻址的地址空间为 64K 字节。片内、片外统一编址。

① 片内有程序存储器且存储空间足够。在 8051/8751 片内，带有 4K 字节 ROM/EPROM 程序存储器(内部程序存储器)，4K 字节可存储约两千多条指令，对于一个小型的单片机控制系统来说就足够了，不必另加程序存储器；若不够还可选 8K 或 16K 内存的单片机芯片，如 89C52 等。总之，尽量不要扩展外部程序存储器，这会增加成本、增大产品体积。

② 片内有程序储存器且存储空间不够。若开发的单片机系统较复杂，片内程序存储器存储空间不够用时，可外扩展程序存储器，具体扩展多大的芯片要计算一下，由两个条件决定：一是看程序容量大小，二是看扩展芯片容量大小。64K 总容量减去内部 4K 即为外部能扩展的最大容量，2764 容量为 8K，27128 容量为 16K，27256 容量为 32K，27512 容量为 64K。(具体扩展方法见存储器扩展。)若再不够就只能换芯片，选 16 位芯片或 32 位芯片都可。定了芯片后就要算好地址，再将 EA 引脚接高电平，使程序从内部 ROM 开始执行，当 PC 值超出内部 ROM 的容量时，会自动转向外部程序存储器空间。

对 8051/8751 而言，外部程序存储器地址空间为 1000H～FFFFH。对这类单片机，若把 $\overline{EA}$ 接低电平，可用于调试程序，即把要调试的程序放在与内部 ROM 空间重叠的外部程序存储器内，进行调试和修改。调试好后再分两段存储，然后将 $\overline{EA}$ 接高电平，就可运行整个程序。

③ 片内无程序存储器。8031 芯片无内部程序存储器，需外部扩展 EPROM 芯片，地址从 0000H～FFFFH 都是外部程序存储器空间，在设计时 $\overline{EA}$ 应始终接低电平，使系统只从外部程序储器中取指令。

MCS-51 单片机复位后程序计数器 PC 的内容为 0000H,因此系统从 0000H 单元开始取指,并执行程序,它是系统执行程序的起始地址,通常在该单元中存放一条跳转指令,而用户程序从跳转地址开始存放程序。

(2) 数据存储器 RAM。

① 内部数据存储器。MCS-51 单片机的数据存储器无论在物理上或逻辑上都分为两个地址空间,一个为内部数据存储器,访问内部数据存储器用 MOV 指令,另一个为外部数据存储器,访问外部数据存储器用 MOVX 指令。

MCS-51 系列单片机各芯片内部都有数据存储器,是最灵活的地址空间,它分成物理上独立的且性质不同的几个区:00H~7FH(0~127)单元组成的 128 字节地址空间的 RAM 区;80H~FFH(128~255)单元组成的高 128 字节地址空间的特殊功能寄存器(又称 SFR)区。

注意: 8032/8052 单片机将这一高 128 字节作为 RAM 区。MCS-51 内部的 RAM 存储器结构如图 3-8 所示。

数据缓冲区	地址范围30H~7FH
位寻址区(位地址 00~7F)	地址范围20H~2FH
工作寄存器区3(R0~R7)	地址范围18H~1FH
工作寄存器区2(R0~R7)	地址范围10H~17H
工作寄存器区1(R0~R7)	地址范围08H~0FH
工作寄存器区0(R0~R7)	地址范围00H~07H

图 3-8　MCS-51 内部 RAM 存储器结构

在 8051、8751 和 8031 单片机中,只有低 128 字节的 RAM 区和 128 字节的特殊功能寄存器区,两区地址空间是相连的,特殊功能寄存器(SFR)地址空间为 80H~FFH。

注意: 128 字节的 SFR 区中只有 26 个字节是有定义的,若访问的是这一区中没有定义的单元,则得到的是一个随机数。

内部 RAM 区中不同的地址区域功能结构如图 3-9 所示。其中 00H~1FH(0~31)共 32 个单元是 4 个通用工作寄存器区,每一个区有 8 个工作寄存器,编号为 R0~R7,每一区中 R0~R7 的地址见表 3-4。

表 3-4　寄存器和 RAM 地址对照表

0 区		1 区		2 区		3 区	
地址	寄存器	地址	寄存器	地址	寄存器	地址	寄存器
00H	R0	08H	R0	10H	R0	18H	R0
01H	R1	09H	R1	11H	R1	19H	R1
02H	R2	0AH	R2	12H	R2	1AH	R2
03H	R3	0BH	R3	13H	R3	1BH	R3
04H	R4	0CH	R4	14H	R4	1CH	R4
05H	R5	0DH	R5	15H	R5	1DH	R5
06H	R6	0EH	R6	16H	R6	1EH	R6
07H	R7	0FH	R7	17H	R7	1FH	R7

当前程序使用的工作寄存区是由程序状态字 PSW(特殊功能寄存器,字节地址为 0D0H)中的 D4、D3 位(RS1 和 RS0)来指示的，PSW 的状态和工作寄存区对应关系见表 3-5。

表 3-5　工作寄存器区选择

PSW. 4 (RS1)	PSW. 3 (RS0)	当前使用的工作寄存器区 R0~R7
0	0	0 区　(00~07H)
0	1	1 区　(08~0FH)
1	0	2 区　(10~17H)
1	1	3 区　(18~1FH)

CPU 通过对 PSW 中的 D4、D3 位内容的修改，就能任选一个工作寄存器区。

不设定为第 0 区，也叫默认值，这个特点使 MCS-51 具有快速现场保护功能。特别注意的是，如果不加设定，在同一段程序中 R0~R7 只能用一次，若用两次程序会出错。如果用户程序不需要 4 个工作寄存器区，则不用的工作寄存器单元可以作一般的 RAM 使用。

内部 RAM 的 20H~2FH 为位寻址区，见表 3-6。

表 3-6　RAM 寻址区位地址映象

字节地址	位　　地　　址							
	D7	D6	D5	D4	D3	D2	D1	D0
2FH	7F	7E	7D	7C	7B	7A	79	78
2EH	77	76	75	74	73	72	71	70
2DH	6F	6E	6D	6C	6B	6A	69	68
2CH	67	66	65	64	63	62	61	60
2BH	5F	5E	5D	5C	5B	5A	59	58
2AH	57	56	55	54	53	52	51	50
29H	4F	4E	4D	4C	4B	4A	49	48
28H	47	46	45	44	43	42	41	40
27H	3F	3E	3D	3C	3B3	3A	39	38
26H	37	36	35	34	33	32	31	30
25H	2F	2E	2D	2C	2B	2A	29	28
24H	27	26	25	24	23	22	21	20
23H	1F	1E	1D	1C	1B	1A	19	18
22H	17	16	15	14	13	12	11	10
21H	0F	0E	0D	0C	0B	0A	09	08
20H	07	06	05	04	03	02	01	00

这 16 个单元和每一位都有一个位地址，位地址范围为 00H~7FH。位寻址区的每一位都可以看做软件触发器，由程序直接进行位处理。通常把各种程序状态标志、位控制变量设在位寻址区内。同样，位寻址区的 RAM 单元也可以作一般的数据缓冲器使用。在一个实际的程序中，往往需要一个后进先出的 RAM 区，以保存 CPU 的现场。这种后进先出的

缓冲器区称为堆栈(堆栈的用途详见指令系统和中断的章节)。堆栈原则上可以设在内部RAM 的任意区域内，但一般设在 30H～7FH 的范围内。栈顶的位置由栈指针 SP 指出。

② 外部数据存储器。MCS-51 具有扩展 64K 字节外部数据存储器和 I/O 口的能力，这对很多应用领域已足够使用，对外部数据存储器的访问采用 MOVX 指令，用间接寻址方式，R0、R1 和 DPTR 都可作间址寄存器。有关外部存储器的扩展和信息传送将在任务三中详细介绍。

若系统较小，内部的 RAM(30H～7FH)足够就不要再扩展外部数据存储器 RAM，若确实要扩展就用串行数据存储器 24C 系列，也可用并行数据存储器。

3) I/O 端口

I/O 端口又称为 I/O 接口，也叫做 I/O 通道或 I/O 通路。I/O 端口是 MCS-51 单片机对外部实现控制和信息交换的必经之路。I/O 端口有串行和并行之分，串行 I/O 端口一次只能传送一位二进制信息；并行 I/O 端口一次能传送一组二进制信息。

(1) 并行 I/O 端口。MCS-51 单片机设有 4 个 8 位双向 I/O 端口(P0、P1、P2、P3)，每一条 I/O 线都能独立地用作输入或输出。P0 口为三态双向口，能带 8 个 LSTTL 电路。P1、P2、P3 口为准双向口(在用作输入线时，口锁存器必须先写入"1"，故称为准双向口)，负载能力为 4 个 LSTTL 电路。

① P0 端口功能(P0.0～P0.7、32～39 脚)。P0 口位结构如图 3-9 所示，包括 1 个输出锁存器，2 个三态缓冲器，1 个输出驱动电路和 1 个输出控制端。输出驱动电路由一对场效应管组成，其工作状态受输出端的控制，输出控制端由 1 个与门、1 个反相器和 1 个转换开关 MUX 组成。对 8051/8751 来讲，P0 口既可作为输入/输出口，又可作为地址/数据总线使用。

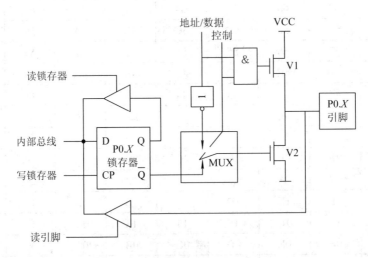

图 3-9　P0 口位结构

● P0 口作地址/数据复用总线使用。若从 P0 口输出地址或数据信息，此时控制端应为高电平，转换开关 MUX 将反相器输出端与输出级场效应管 V2 接通，同时与门开锁，内部总线上的地址或数据信号通过与门去驱动 V1 管，又通过反相器去驱动 V2 管，这时内部总线上的地址或数据信号就传送到 P0 口的引脚上。工作时低 8 位地址与数据线分时使用 P0

口。低 8 位地址由于 ALE 信号的负跳变使它锁存到外部地址锁存器中，而高 8 位地址由 P2 口输出(P0 口和 P2 口的地址/数据总线功能，请阅读本项目的任务五。

• P0 口作通用 I/O 端口使用。对于有内部 ROM 的单片机，P0 口也可以作为通用 I/O，此时控制端为低电平，转换开关把输出级与锁存器的 Q 端接通，同时因与门输出为低电平，输出级 V1 管处于截止状态，输出级为漏极开路电路，在驱动 NMOS 电路时应外接上拉电阻；作输入口用时，应先将锁存器写"1"，这时输出级两个场效应管均截止，可作高阻抗输入，通过三态输入缓冲器读取引脚信号，从而完成输入操作。

• P0 口线上的"读—修改—写"功能。如图 3-9 所示的一个三态缓冲器是为了读取锁存器 Q 端的数据。Q 端与引脚的数据是一致的。结构上这样安排是为了满足"读—修改—写"指令的需要，这类指令的特点是：先读口锁存器，随之可能对读入的数据进行修改再写入到端口上。例如：ANL PO，A；ORL PO，A；XRL PO，A；…。

这类指令同样适合于 P1～P3 口，其操作是：先将口字节的全部 8 位数读入，再通过指令修改某些位，然后将新的数据写回到口锁器中。

② P1 口(P1.0～P1.7、1～8 脚)准双向口。

• P1 口作通用 I/O 端口使用。P1 口是一个有内部上拉电阻的准双向口，位结构如图 3-10 所示，P1 口的每一位口线能独立用作输入线或输出线。作输出时，将"0"写入锁存器，场效应管导通，输出线为低电平，即输出为"0"。因此在作输入时，必须先将"1"写入口锁存器，使场效应管截止。该口线由内部上拉电阻提拉成高电平，同时也能被外部输入源拉成低电平，即当外部输入"1"时该口线为高电平，而输入"0"时，该口线为低电平。P1 口作输入时，可被任何 TTL 电路和 MOS 电路驱动，由于具有内部上拉电阻，也可以直接被集电极开路和漏极开路电路驱动，不必外加上拉电阻。P1 口可驱动 4 个 LSTTL 门电路。

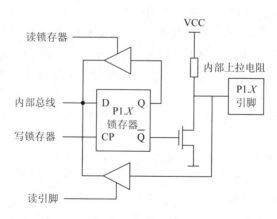

图 3-10 P1 口位结构

• P1 口其他功能。P1 口在 EPROM 编程和验证程序时，它输入低 8 位地址。在 8032/8052 系列中，P1.0 和 P1.1 是多功能的，P1.0 可作定时器/计数器 2 的外部计数触发输入端 T2，P1.1 可作定时器/计数器 2 的外部控制输入端 T2EX。

③ P2 口(P2.0～P2.7、21～28 脚)准双向口。P2 口的位结构如图 3-11 所示，引脚上拉电阻同 P1 口。在结构上，P2 口比 P1 口多一个输出控制部分。

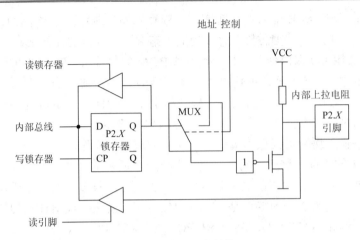

图 3-11　P2 口位结构

• P2 口作通用 I/O 端口使用。当 P2 口作通用 I/O 端口使用时是一个准双向口，此时转换开关 MUX 倒向左边，输出级与锁存器接通，引脚可接 I/O 设备，其输入/输出操作与 P1 口完全相同。

• P2 口作地址总线口使用。当系统中接有外部存储器时，P2 口用于输出高 8 位地址 A15～A8。这时在 CPU 的控制下，转换开关 MUX 倒向右边，接通内部地址总线。P2 口的口线状态取决于片内输出的地址信息，这些地址信息来源于 PCH、DPH 等。在外接程序存储器的系统中，由于访问外部存储器的操作连续不断，P2 口不断送出地址高 8 位。例如，在 8031 构成的系统中，P2 口一般只作地址总线口使用，不再作 I/O 端口直接连外部设备。

在不接外部程序存储器而接有外部数据存储器的系统中，情况有所不同。若外接数据存储器容量为 256B，则可使用 MOVX　A，@Ri 类指令，由 P0 口送出 8 位地址，P2 口上引脚的信号在整个访问外部数据存储器期间也不会改变，故 P2 口仍可作通用 I/O 端口使用。若外接存储器容量较大，则需用 MOVX A，@DPTR 类指令，由 P0 口和 P2 口送出 16 位地址。在读写周期内，P2 口引脚上将保持地址信息，但从结构可知，输出地址时，并不要求 P2 口锁存器锁存"1"，锁存器内容也不会在送地址信息时改变。故访问外部数据存储器周期结束后，P2 口锁存器的内容又会重新出现在引脚上。这样，根据访问外部数据存储器的频繁程度，P2 口仍可在一定限度内作一般 I/O 端口使用。P2 口可驱动 4 个 LSTTL 门电路。

④ P3 口(P3.0～P3.7、10～17 脚)双功能口。P3 口是一个多用途的端口，也是一个准双向口，作为第一功能使用时，其功能同 P1 口。P3 口的位结构如图 3-12 所示。

当作第二功能使用时，每一位功能定义如表 3-7 所示。P3 口的第二功能实际上就是系统具有控制功能的控制线。此时相应的口线锁存器必须为"1"状态，与非门的输出由第二功能输出线的状态确定，从而 P3 口线的状态取决于第二功能输出线的电平。在 P3 口的引脚信号输入通道中有两个三态缓冲器，第二功能的输入信号取自第一个缓冲器的输出端，第二个缓冲器仍是第一功能的读引脚信号缓冲器。P3 口可驱动 4 个 LSTTL 门电路。

每个 I/O 端口内部都有一个 8 位数据输出锁存器和一个 8 位数据输入缓冲器，4 个数据输出锁存器与端口号 P0、P1、P2 和 P3 同名，皆为特殊功能寄存器。因此，CPU 数据从并行 I/O 端口输出时可以得到锁存，数据输入时可以得到缓冲。

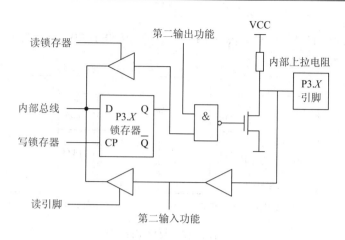

图 3-12　P3 口位结构

　　4 个并行 I/O 端口作为通用 I/O 口使用时,共有写端口、读端口和读引脚三种操作方式。写端口实际上就是输出数据,是将累加器 A 或其他寄存器中的数据传送到端口锁存器中,然后由端口自动从端口引脚线上输出。读端口不是真正的从外部输入数据,而是将端口锁存器中的输出数据读到 CPU 的累加器。读引脚才是真正的输入外部数据的操作,是从端口引脚线上读入外部的输入数据。端口的上述三种操作实际上是通过指令或程序来实现的,这些将在以后章节中详细介绍。

　　(2) 串行 I/O 端口。8051 有一个全双工的可编程串行 I/O 端口。这个串行 I/O 端口既可以在程序控制下将 CPU 的 8 位并行数据变成串行数据一位一位地从发送数据线 TXD 发送出去,也可以把串行接收到的数据变成 8 位并行数据送给 CPU,而且这种串行发送和串行接收可以单独进行,也可以同时进行。

　　8051 串行发送和串行接收利用了 P3 口的第二功能,即利用 P3.1 引脚作为串行数据的发送线 TXD 和 P3.0 引脚作为串行数据的接收线 RXD,如表 3-7 所示。串行 I/O 口的电路结构还包括串行口控制器 SCON、电源及波特率选择寄存器 PCON 和串行数据缓冲器 SBUF 等,它们都属于特殊功能寄存器 SFR。其中,PCON 和 SCON 用于设置串行口工作方式和确定数据的发送和接收波特率,SBUF 实际上由两个 8 位寄存器组成,一个用于存放欲发送的数据,另一个用于存放接收到的数据,起着数据的缓冲作用。

表 3-7　P3 口的第二功能

端　口　功　能	第　二　功　能
P3.0	RXD——串行输入(数据接收)口
P3.1	TXD——串行输出(数据发送)口
P3.2	$\overline{\text{INT0}}$——外部中断 0 输入线
P3.3	$\overline{\text{INT1}}$——外部中断 1 输入线
P3.4	T0——定时器 0 外部输入
P3.5	T1——定时器 1 外部输入
P3.6	$\overline{\text{WR}}$——外部数据存储器写选通信号输出
P3.7	$\overline{\text{RD}}$——外部数据存储器读选通信号输入

4) 复位电路

MCS-51 单片机的复位电路如图 3-13 所示。在 RESET(图中表示为 RST)输入端出现高电平时实现复位和初始化。

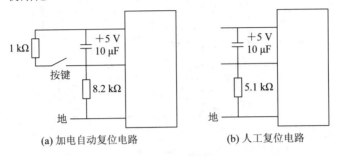

(a) 加电自动复位电路　　　　　　(b) 人工复位电路

图 3-13　复位电路

在振荡运行的情况下，要实现复位操作，必须使 RES 引脚至少保持两个机器周期(24 个振荡器周期)的高电平。CPU 在第二个机器周期内执行内部复位操作，以后每一个机器周期重复一次，直至 RES 端电平变低。复位期间不产生 ALE 及 PSEN 信号。内部复位操作使堆栈指示器 SP 为 07H，各端口都为 1(P0～P3 口的内容均为 0FFH)，特殊功能寄存器都复位为 0，但不影响 RAM 的状态。当 RES 引脚返回低电平以后，CPU 从 0 地址开始执行程序。复位后，各内部寄存状态如下：

寄存器	内容
PC	0000H
ACC	00H
B	00H
PSW	00H
SP	07H
DPTR	0000H
P0～P3	0FFH
IP	×××00000
IE	0××00000
TMOP	00H
TCON	00H
TH_0	00H
TL_0	00H
TH_1	00H
TL_1	00H
SCON	00H
SBUF	不定
PCON	0×××××××

如图 3-13(a)所示为加电自动复位电路。加电瞬间，RES 端的电位与 VCC 相同，随着 RC 电路充电电流的减小，RES 的电位下降，只要 RST 端保持 10 ms 以上的高电平就能使

MCS-51 单片机有效地复位,复位电路中的 RC 参数通常由实验调整。当振荡频率选用 6 MHz 时,C 选 22 μF,R 选 1 kΩ,便能可靠地实现加电自动复位。若采用 RC 电路接斯密特电路的输入端,斯密特电路输出端接 MCS-51 和外围电路的复位端,能使系统可靠地同步复位。如图 3-13(b)所示为人工复位电路。

复位电路在实际应用中很重要,不能可靠复位会导致系统不能正常工作,所以现在有专门的复位电路,如 810 系列。这种类型的器件不断有厂家推出更好的产品,如将复位电路、电源监控电路、看门狗电路、串行 E^2ROM 存储器全部集成在一起的电路,有的可分开单独使用,有的可只用部分功能,让使用者就具体实际情况灵活选用。

三、计算机指令与编程基础

计算机包括微控制器的工作都是按照预先设定的一系列指令进行的。指令就是人指挥计算机工作的命令。控制器靠指令指挥机器工作,人们用指令表达自己的意图,并交给控制器执行。执行一条指令,涉及 CPU、存储器、寄存器和 I/O 接口等部件的协调动作,这些动作的步骤或顺序称为时序。计算机所能执行的全部指令的集合称为指令系统,它描述了计算机内全部的控制信息和"逻辑判断"能力。这一系列按一定顺序排列的指令就称为程序,执行程序的过程就是计算机的工作过程。

不同系列的微控制器有各自专门的指令系统,彼此不互相兼容。本节主要介绍相关的基本概念,不详细分析各条指令的含义。有关 MCS-51 系列指令系统的详细内容参见附录 A。

1. 指令的基本知识

1) 编程语言简介

计算机语言的种类非常多,总的来说可以分成机器语言、汇编语言、高级语言三大类。电脑每做的一次动作,一个步骤,都是按照计算机语言编好的程序来执行的。程序是计算机要执行的指令的集合,而且程序全部都是用我们所掌握的语言来编写的。所以人们要控制计算机一定要通过计算机语言向计算机发出命令。目前,通用的编程语言有两种形式:汇编语言和高级语言。

汇编语言的实质和机器语言是相同的,都是直接对硬件操作,只不过指令采用了英文缩写的标识符,更容易识别和记忆。它同样需要编程者将每一步具体的操作用命令的形式写出来。汇编程序通常由三部分组成:指令、伪指令和宏指令。汇编程序的每一句指令只能对应实际操作过程中的一个很细微的动作,如移动、自增。因此汇编源程序一般比较冗长、复杂、容易出错,而且使用汇编语言编程需要有更多的计算机专业知识。但汇编语言的优点也是显而易见的,用汇编语言所能完成的操作不是一般高级语言所能够实现的,而且源程序经汇编生成的可执行文件不仅比较小,且执行速度很快。

高级语言是大多数编程者的选择。和汇编语言相比,它不但将许多相关的机器指令合成为单条指令,并且去掉了与具体操作有关但与完成工作无关的细节,如使用堆栈、寄存器等,这样就大大简化了程序中的指令。同时,由于省略了很多细节,编程者也就不需要有太多的专业知识。高级语言主要是相对于汇编语言而言,它并不是特指某一种具体的语言,而是包括了很多编程语言,像最简单的编程语言 PASCAL 语言也属于高级语言。

由于计算机内部只能接受二进制代码，因此，用二进制代码 0 和 1 描述的指令称为机器指令，全部机器指令的集合构成计算机的机器语言，用机器语言编程的程序称为目标程序。只有目标程序才能被计算机直接识别和执行。但是机器语言编写的程序无明显特征，难以记忆，不便阅读和书写，且依赖于具体机种，局限性很大，所以机器语言属于低级语言。

对单片机而言，习惯使用汇编语言进行程序设计，然后利用计算机将汇编语言程序转化为微控制器可以执行的机器语言。转换前的汇编语言程序称为源程序，转换后的机器语言程序称为目标程序，转换过程叫汇编过程。计算机汇编需使用专门软件。

2) 汇编语言指令格式

MCS-51 单片机采用汇编语言指令，一条汇编语言的语句最多包括四部分：标号、操作码、操作数和注释，其结构为

[标号：]　　操作码 [操作数]　[；注释]

(1) 标号位于语句的开始，由字母和数字组成，它代表该语句的地址。标号必须由字母打头，冒号结束。字母和数字的总数不应超过一定数量，一般标号不能为助记符。标号不是语句必要的组成部分。

(2) 操作码在标号之后，是指令的助记符，表示语句的性质，是语句的核心。没有标号时，它只作为语句的开始。

(3) 操作数在操作码之后，二者用空格分开。操作数既可以是数据，也可以是地址，且必须满足寻址方式的规定。有多个操作数时，操作数之间用"，"分开。

指令中的常数可以是十进制、十六进制或二进制，具体格式如下：

- 二进制常数以 B 结尾，如：10100011B；
- 十六进制常数以 H 结尾，如：65H、0F1H；
- 十进制常数以 D(可以省略)结尾，如：65D 或 65。

字符串常数用 '' 表示，如 'A' 表示 A 的 ASCII 码。

(4) 注释在语句的最后，以"；"开始，是说明语句的功能和性质的文字。

例如，START：MOV A，#30H　；A←30H

START 为标号，它以"："结束，表示该指令的地址；MOV 为用助记符表示的操作码，表示指令的功能为数据传送；A 和#30H 为操作数；A←30H 则为注释，它以"；"开始，说明这条语句的功能。

说明：

① 指令格式中带方括号项不是每条指令必有，可有可无，称为可选项。

② 标号项不是每条指令都有，根据程序要求而设置。

3) 汇编语言指令中的常用符号说明

在介绍指令之前，先说明指令中一些常用的符号：

- Rn——当前寄存器区的 8 个工作寄存器 R0～R7(n=0～7)
- Ri——当前寄存器区可作地址寄存器的两个工作寄存器 R0 和 R1(i=0，1)
- direct——8 位内部数据存储器单元的地址及特殊功能寄存器的地址
- #data——表示 8 位常数(立即数)
- #data16——表示 16 位常数

- add16——表示 16 位地址
- addr11——表示 11 位地址
- rel——8 位带符号的地址偏移量
- bit——表示位地址
- @——间接寻址寄存器或基址寄存器的前缀
- ( )——表示括号中单元的内容
- (( ))——表示间接寻址的内容

2. 汇编语言程序设计的基本方法

汇编语言程序设计的步骤如下：

(1) 确定方案和计算方法。

(2) 了解应用系统的硬件配置、性能指标。

(3) 建立系统数学模型，确定控制算法和操作步骤。

(4) 画程序流程图，表示程序结构和程序功能。

(5) 编制源程序：

① 合理分配存储器单元和了解 I/O 接口地址。

② 按功能设计程序，明确各程序之间的相互关系。

③ 用注释行说明程序，便于阅读、修改和调试。

下面介绍一些常用的程序设计方法。

1) 子程序调用

子程序是一种重要的程序结构。在实用中，常会遇到需要反复多次执行同一程序段的情形。为了减少重复编写的工作量，并减少程序存储空间，常常把功能完整、意义明确并被多次使用的程序段从原来的程序(称为主程序)中分离出来独立编写，就成为子程序，从而主程序可根据需要多次调用子程序。

【例 3.1】编写一个子程序，将片内 RAM 的一组单元清零，子程序不包含这组单元的起始地址和单元的个数。

```
SUBRT: MOV     A，#00H
LOOP:  MOV     @R0，A
       INC     R0
       DJNZ    R7，LOOP
       RET
```

主程序调用 SUBRT 时，就必须向它提供两个入口参数：被清零单元的起始地址和被清零单元的个数。采用寄存器或存储器法调用 SUBRT 的主程序如下：

```
MAIN：  …
       MOV     R0，#30H      ；传递 RAM 数据区的起始地址
       MOV     R7，#0AH      ；传递 RAM 数据区的长度
       ACALL SUBRT          ；调用清零子程序
       …
       MOV     R0，#50H      ；传递 RAM 数据区的起始地址
```

```
    MOV    R7，#10H        ；传递 RAM 数据区的长度
    ACALL SUBRT           ；调用清零子程序
SUBRT：同前
```

2) 循环程序

在编写程序过程中，有时会遇到按一定规律多次重复执行的一串语句，将这类程序结构定义为循环程序结构。循环程序基本结构如图 3-14 所示。

循环程序由四部分组成：

(1) 循环初始化部分：设置循环条件、次数、初值等，只执行一次。

(2) 循环体：这是循环程序要完成的具体操作，是需要重复执行的程序段。

(3) 循环控制修改部分：主要用来结束整个循环过程，即根据循环所给定的条件判断循环是否结束。

(4) 循环控制部分：保证每一次循环时，参加执行的信息能发生有规律的变化而建立的程序段。

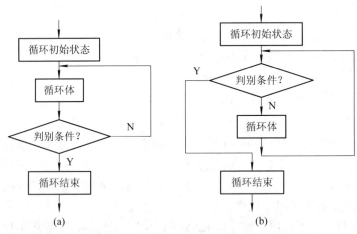

图 3-14　循环程序基本结构

【例 3.2】　将首地址为 A 的数组[32，85，16，15，8]从小到大排序。

```
        MOV    CX，5            ；元素个数
        DEC    CX              ；比较遍数
LOOP1：
        MOV    DI，CX           ；比较次数
        MOV    BX，0
LOOP2：
        MOV    AX，A[BX]        ；相邻两数
        CMP    AX，A[BX+2]      ；比较
        JLE    CONTINUE
        XCHG   AX，A[BX+2]      ；交换位置
        MOV    A[BX]，AX
CONTINUE：
        ADD    BX，2
```

```
        LOOP    LOOP2
        MOV     CX，DI
        LOOP    LOOP1
```

3) 延时程序

用循环程序将指令重复多次执行，实现软件延时。

(1) 单循环定时程序如下：

```
        MOV         R5，#TIME
LOOP：  NOP
        NOP
        DJNE        R5，LOOP
```

设 $f_{osc}=6$ MHz，则

$$T = 12/6 \text{ MHz} = 2 \text{ μs}$$

$$t = (1 + 4 \times \text{TIME}) \times T = 2 + 8 \times \text{TIME(μs)}$$

(2) 多重循环定时：用循环程序将指令重复多次执行，实现较长时间的延时。

【例 3.3】 试计算延时程序的执行时间。

源程序		指令周期(M)	指令执行次数
DELAY：	MOV R6，#64H (=100)	1	1
I1：	MOV R7，#0FFH(=255)	1	100
I2：	DJNZ R7，I2	2	100×255
	DJNZ R6，I1	2	100
	RET	2	1

延时时间计算：设时钟 $f_{osc}=12$ MHz，$M =1$ μs，则

$$t = (1 \times 1 + 1 \times 100 + 2 \times 100 \times 255 + 2 \times 100 + 2 \times 1) \times M = 51.303 \text{ ms}$$

4) 查表程序

下面以例题来理解查表程序设计方法。

【例 3.4】 查表求出数据的 ASCII 码，再以字符形式输出。

(1) 子程序 HEXASC 功能：取出堆栈中数据，查表将低半字节转换成 ASCII 码送累加器 A。

(2) 分别将待转换数据入栈，然后调用子程序 HEXASC。

```
            MOV     SP，#30H
            PUSH    40H         ；入口参数入栈
            LCALL   HEXASC
            POP     A
            …
HEXASC：    DEC     SP          ；跳过返回地址
            DEC     SP
            POP     A           ；取入口参数
            …                   ；查表求 ASCII 码
```

```
        PUSH    A               ; 保存出口参数
        INC     SP              ; 指向返回地址
        INC     SP
        RET
DB  '0', '1', ...               ; ASCII 码表
```

RAM	
…	
41H	23
40H	01
…	
33H	
32H	
31H	
30H	×

5) 分支程序

以单分支程序为例。由条件转移指令构成程序判断框部分，形成程序分支结构。一个判断决策框，程序有两条出路。两种分支结构如图 3-15 所示。

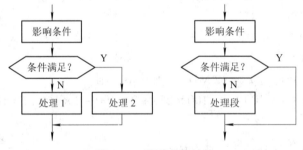

图 3-15 两种分支结构

【例 3.5】 求 R2 中补码绝对值，正数不变，负数变补。

```
        MOV     A，R2
        JNB     ACC.7，NEXT     ; 为正数? 为 0 跳
        CPL     A               ; 负数变补
        INC     A
        MOV     R2，A
NEXT:   SJMP    NEXT            ; 结束
```

【例 3.6】 假定在外部 RAM 中有 ST1、ST2 和 ST3 共三个连续单元，其中 ST1 和 ST2 单元中分别存放着两个 8 位无符号二进制数，要求找出其中的大数并存入 ST3 单元中。

```
START:  CLR     C
        MOV     DPTR，#ST1
        MOVX    A，@DPTR
        MOV     R2，A
```

```
            INC     DPTR
            MOVX    A，@DPTR
            SUBB    A，R2
            JNC     BIG1
            XCH     A，R2
BIG0：       INC     DPTR
            MOVX    @DPTR，A
            RET
BIG1：       MOVX    A，@DPTR
            SJMP    BIG0
```

6）顺序程序

顺序程序又称简单程序，程序走向只有一条路径。

【例 3.7】　双字节变补程序(设数据在 R4R5 中)。

```
            MOV     A，R5        ；取低字节
            CPL     A
            ADD     A，#01H      ；低字节变补
            MOV     R5，A
            MOV     A，R4        ；取高字节
            CPL     A
            ADDC    A，#00H      ；高字节变补
            MOV     R4，A
```

【例 3.8】　压缩式 BCD 码分解成为单字节 BCD 码。

```
            MOV     R0，#40H     ；设指针
            MOV     A，@R0       ；取一个字节
            MOV     R2，A        ；暂存
            ANL     A，#0FH      ；高半字节清 0
            INC     R0
            MOV     @R0，A       ；保存数据个位
            MOV     A，R2
            SWAP    A           ；十位换到低半字节
            ANL     A，#0FH
            INC     R0
            MOV     @R0，A       ；保存数据十位
```

四、源程序的编辑、汇编和调试

用汇编语言编写的、具有特定功能的指令序列即汇编语言源程序(.ASM 文件)，而计算机不能直接识别和执行源程序。因此，源程序必须经过汇编程序汇编产生机器码目标文件(.OBJ 文件)，程序才能执行。这种将汇编语言源程序转换成机器语言程序的过程称为汇编。

用连接程序 LINK.EXE 或 TLINK.EXE，将源程序 MASM.EXE 产生的机器代码程序(.OBJ)文件连接成可执行程序.EXE，最后还需要辅助工具程序 DEBUG.EXE 程序进行调试。DEBUG.EXE 程序是专门为分析、研制和开发汇编语言程序而设计的一种调试工具，具有跟踪程序执行、观察中间运行结果、显示和修改寄存器或存储单元内容等多种功能，它能使程序设计人员或用户触及机器内部，因此可以说它是我们学习汇编语言必须掌握的调试工具。汇编语言源程序的编辑、汇编和调试的过程如图 3-16 所示。

图 3-16　源程序的编辑、汇编和调试的过程

【实践活动】

1. 查阅资料并简要说明微控制器的发展新趋势。
2. 查阅资料并列举几种不同品牌汽车的微控制器型号。
3. 阐述微控制器的各部分组成及作用。
4. 常用的程序设计方法有哪些？
5. 什么叫源程序？

任务二　分析微控制器的中断系统与定时系统

【任务背景】

中断装置和中断处理程序统称为中断系统。中断系统是单片机中非常重要的组成部分，它是为了使单片机能够对外部或内部随机发生的事件实时处理而设置的。中断功能的存在，在很大程度上提高了单片机实时处理能力，它也是单片机最重要的功能之一，是我们学习单片机必须掌握的重要内容。本任务是让读者了解单片机中断系统的资源配置情况，掌握通过相关的特殊功能寄存器打开和关闭中断源、设定中断优先级、编写中断服务程序的方法。

【相关知识】

一、微控制器的中断系统

1. 概述

1) 单片机的输入/输出方式

为了分析中断的概念，我们先来了解一下单片机与外设之间数据的输入/输出方式。

CPU 与外设之间的信息交换称为输入/输出。在一个单片机系统中，输入/输出是必不可少的，CPU 与外设之间以何种方式进行信息交换，将直接影响到信息交换的可靠性和 CPU 的效率。

例如，在一个与打印机相连的微机系统中，CPU 将需要打印的数据输出给打印机，打印机接收到数据后便可进行打印。CPU 是如何将要打印的数据输出给打印机的呢？如果打印机总是处于准备好的状态或者 CPU 总是知道打印机的状态，那么 CPU 无需查询打印机状态便可直接进行输出，这种方式称为无条件传送方式。

但外设的执行速度一般是很慢的，像打印机这样的外设不可能总处于准备好的状态，因此 CPU 在输出数据前需要先查询打印机是否空闲，若空闲则进行输出操作；若打印机处于忙状态则继续查询，直到打印机处于空闲状态再进行输出。这种方式称为查询传送方式。

与无条件传送方式相比，虽然查询传送方式能有效地与慢速外设进行信息交换，既提高了信息交换的可靠性，也解决了外设与 CPU 速度不匹配的矛盾，但由于在外设未准备好的情况下，CPU 需要不断地查询外设状态，不能进行其他操作，这样就浪费了 CPU 的资源，使 CPU 的利用率大大降低。为了提高 CPU 的工作效率，可将外设的"忙/闲"状态信息作为请求触发信号，这样，CPU 就可以做自己的工作。当打印机处理好上一批数据后处于空闲状态时，向 CPU 提出中断请求信号，CPU 接到中断请求时，就暂停当前正在进行的工作转去为打印机输出数据，输出一批数据后又返回到刚才中断的地方继续进行原来的工作，这种方式称为中断传送方式。

另一种传送方式是 DMA 传送方式。DMA 传送方式是在存储器和外设之间、存储器和存储器之间直接进行数据传送(如磁盘与内存间交换数据、高速数据采集、内存和内存间的高速数据块传送等)。传送过程无需 CPU 介入，在传送时就不必进行保护现场等一系列额外操作，传输速度基本取决于存储器和外设的速度。要求：DMA 传送方式需要一个专用接口芯片 DMA 控制器(DMAC)对传送过程加以控制和管理。在进行 DMA 传送期间，CPU 放弃总线控制权，将系统总线交由 DMAC 控制，由 DMAC 发出地址及读/写信号来实现高速数据传输。传送结束后，DMAC 再将总线控制权交还给 CPU。一般微处理器都设有用于 DMA 传送的联络线。

综上所述，CPU 与外设之间的信息交换有四种方式：无条件方式传送数据输入/输出的接口电路，如图 3-17 所示；查询传送方式(有条件传送方式)输入/输出的接口电路，如图 3-18 所示；中断传送方式的接口电路，如图 3-19 所示；DMA 传送方式，如图 3-20 所示。

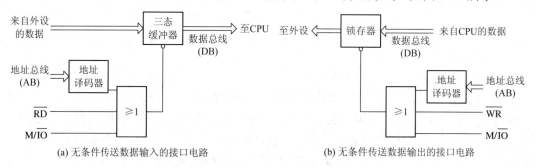

(a) 无条件传送数据输入的接口电路　　　　(b) 无条件传送数据输出的接口电路

图 3-17　无条件方式传送数据输入/输出的接口电路

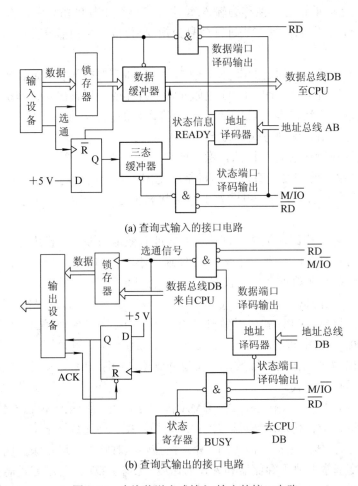

(a) 查询式输入的接口电路

(b) 查询式输出的接口电路

图 3-18　查询传送方式输入/输出的接口电路

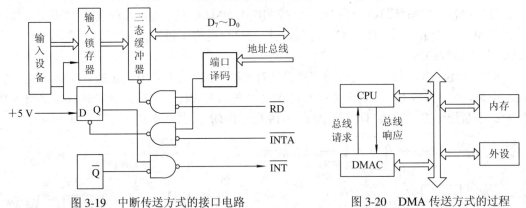

图 3-19　中断传送方式的接口电路　　　　图 3-20　DMA 传送方式的过程

(1) 无条件传送方式的特点是数据的传送取决于程序执行输入/输出指令，而与外设的状态无关。它适合于与 CPU 同步的快速设备或状态已知的外设，并且软、硬件系统简单。

(2) 查询传送方式是一种条件传送。在传送数据前，首先读取外设状态信息，并加以测试判断，若外设"准备就绪"，则 CPU 与外设进行数据交换；若外设处于"忙"状态，则 CPU 不与外设交换数据，并继续查询外设状态。其特点是：在硬件上不仅要考虑数据信息的传递，而且还要考虑状态信息的输入；在查询过程中，CPU 的利用率不高，适用于实时性能要求不高的场合。

(3) 中断传送方式也是一种条件传送。CPU 可以与外设同时工作，并执行与外设无关的操作，一旦外设需要进行数据交换，就主动向 CPU 提出中断申请，CPU 接到中断请求后，就暂停当前的工作转去为外设服务(执行中断处理程序)，处理完毕后又返回到原来暂停处继续进行原来的工作(执行原来的程序)。因此，CPU 不必浪费时间去查询外设状态，大大提高了效率。利用中断方式可以实现分时操作(使 CPU 可以同时处理多件事)、实时处理(对随时发生的事件进行及时处理)，应用范围较广。

(4) DMA 传送方式的特点是，外设和内存之间直接进行数据传送，不通过 CPU，传送效率高，适用于在内存与高速外设或两个高速外设之间进行大批量数据传送。然而其电路结构复杂，硬件开销较大。

2) 中断的概念

什么是中断？我们从一个生活中的例子来看。你正在家中看书，突然电话铃响了，你在书中做好记号后放下书去接电话，和来电话的人交谈，然后放下电话，回来继续看书。这就是生活中的"中断"现象。"某人看书"就好比执行主程序；"电话铃响"就好比中断请求，产生中断信号；"暂停看书"好比中断响应，要求暂停执行主程序；"书中做记号"好比保护断点，要求当前 PC 入栈；"电话谈话"好比中断处理，要求执行中断服务程序；"回来继续看书"好比中断返回，要求返回主程序。这个例子实际上包含了单片机处理中断的四个步骤：中断请求、中断响应、中断处理和中断返回，如图 3-21 所示。

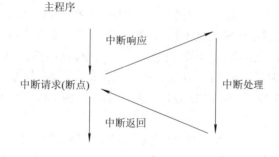

图 3-21 中断示意图

对于单片机来讲，CPU 在处理某一事件 A 时，发生了另一事件 B，请求 CPU 迅速去处理(中断发生)；CPU 接到中断请求后，暂停当前正在进行的工作(中断响应)，转去处理事件 B(执行相应的中断服务程序)，待 CPU 将事件 B 处理完毕后，再回到原来事件 A 被中断的地方继续处理事件 A(中断返回)，这一过程称为中断。

中断的有关概念总结如下：

(1) 中断：CPU 正在执行主程序的过程中，由于 CPU 之外的某种原因，有必要暂停主程序的执行，转而去执行相应的处理(中断服务)程序，待处理程序结束之后，再返回原程序断点处继续运行的过程。

(2) 中断源：可以引起中断的事件称为中断源。单片机中也有一些可以引起中断的事件。MCS-51 单片机中共有五种中断源：两个外部中断(INT0、INT1)、两个定时/计数器中断(T0、T1)和一个串行口中断。

(3) 中断系统：实现中断过程的软、硬件系统。

(4) 主程序与中断服务程序：CPU 正在执行的当前程序称为主程序；中断发生后，转去对突发事件的处理程序称为中断服务程序。

(5) 中断优先级：当多个中断源同时申请中断时，为了使 CPU 能够按照用户的规定先处理最紧急的事件，然后再处理其他事件，就需要中断系统设置优先级机制。通过设置优先级，排在前面的中断源称为高级中断，排在后面的称为低级中断。设置优先级以后，若有多个中断源同时发出中断请求时，CPU 会优先响应优先级较高的中断源。如果优先级相同，则将按照它们的自然优先级顺序响应默认优先级较高的中断源。

五种中断源默认的自然优先级是由硬件的查询顺序决定的，由高到低的顺序依次是：外部中断 0、定时/计数器 0 中断、外部中断 1、定时/计数器 1 中断、串行口中断。中断源的优先级需由用户在中断优先级寄存器 IP 中设定，后面将会讲到这一知识点。

(6) 中断嵌套：当 CPU 响应某一中断源请求而进入该中断服务程序中处理时，若更高级别的中断源发出中断申请，则 CPU 暂停执行当前的中断服务程序，转去响应优先级更高的中断，等到更高级别的中断处理完毕后，再返回低级中断服务程序，继续原先的处理，这个过程称为中断嵌套。在 51 单片机的中断系统中，高优先级中断能够打断低优先级中断以形成中断嵌套；反之，低优先级中断则不能打断高优先级中断，同级中断也不能相互打断。

3) 设置中断的优点

(1) 可提高 CPU 工作效率。

(2) 具有实时处理功能。在实时控制中，现场的各种参数、信息均随时间和现场而变化。这些外界变量可根据要求随时向 CPU 发出中断申请，请求 CPU 及时处理中断请求。如中断条件满足，CPU 就会马上响应，进行相应的处理，从而实现实时处理。

(3) 具有故障处理功能。针对难以预料的情况或故障，如掉电、存储出错、运算溢出等，可通过中断系统由故障源向 CPU 发出中断请求，再由 CPU 转到相应的故障处理程序进行处理。

(4) 可实现分时操作。中断可以解决快速的 CPU 与慢速的外设之间的矛盾，使 CPU 和外设同时工作。CPU 在启动外设工作后继续执行主程序，同时外设也在工作。每当外设做完一件事就发出中断申请，请求 CPU 中断它正在执行的程序，转去执行中断服务程序(一般情况是处理输入/输出数据)。中断服务程序处理完之后，CPU 恢复执行主程序，外设也继续工作。这样，CPU 可启动多个外设同时工作，从而大大地提高了 CPU 的效率。

2. 中断源和中断控制寄存器

1) 中断系统内部结构

MCS-51 中断系统内部结构如图 3-22 所示，它由与中断有关的特殊功能寄存器、中断入口、顺序查询逻辑电路等组成。5 个中断分别有 5 个中断源，并提供两个中断优先级控制，能够实现两级中断服务程序的嵌套。单片机的中断系统是通过 4 个相关的特殊功能寄存器 TCON、SCON、IE 和 IP 来进行管理的。因此用户可以用软件对每个中断的开和关以及优先级进行控制。

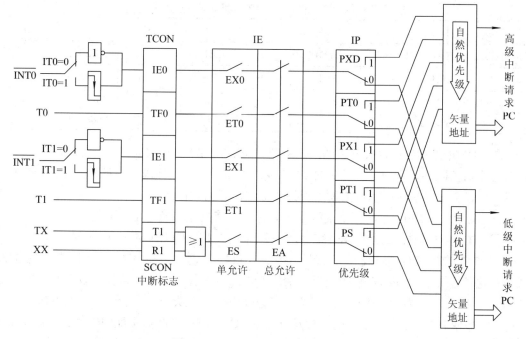

图 3-22 MCS-51 中断系统内部结构

定时器控制寄存器 TCON 用于设定外部中断的中断。串口控制寄存器 SCON 用于保存串行口(SIO)的发送中断标志和接收中断标志。中断控制寄存器 IE 用于设定各个中断源的开放或关闭。各个中断源的优先级可以由中断优先级寄存器 IP 中的相应位来确定，同一优先级中的各中断源同时请求中断时，由中断系统的内部查询逻辑来确定响应的顺序。

2) 中断源

中断源是指能发出中断请求，引起中断的装置或事件。80C51 单片机的中断源共有 5 个，其中 2 个为外部中断源，3 个为内部中断源。

(1) INT0：外部中断 0，中断请求信号由 P3.2 输入。

(2) INT1：外部中断 1，中断请求信号由 P3.3 输入。

(3) T0：定时/计数器 0 溢出中断，对外部脉冲计数由 P3.4 输入。

(4) T1：定时/计数器 1 溢出中断，对外部脉冲计数由 P3.5 输入。

(5) 串行中断：包括串行接收中断 RI 和串行发送中断 TI。

3) 中断控制寄存器

要使用 8051 单片机的中断功能，必须掌握 4 个相关的特殊功能寄存器中特定位的意义及其使用方法。80C51 单片机中涉及中断控制的有三个方面 4 个特殊功能寄存器：中断请求有定时和外中断控制寄存器 TCON、串行控制寄存器 SCON；中断允许控制寄存器 IE；中断优先级控制寄存器 IP。

下面分别介绍 4 个特殊功能寄存器对中断的具体管理方法。

(1) 定时和外中断控制寄存器 TCON。INT0、INT1、T0、T1 中断请求标志放在 TCON 中，串行中断请求标志放在 SCON 中。TCON 的结构、位名称、位地址和功能如表 3-8 所示。

表 3-8　TCON 的结构、位名称、位地址和功能

TCON	D7	D6	D5	D4	D3	D2	D1	D0
位名称	TF1	—	TF0	—	IE1	IT1	IE0	IT0
位地址	8FH	8EH	8DH	8CH	8BH	8AH	89H	88H
功能	T1 中断标志	—	T0 中断标志	—	INT1 中断标志	INT1 触发方式	INT0 中断标志	INT0 触发方式

① TCON.7-TF1：定时器 1 的溢出中断标志。T1 被启动计数后，从初值做加 1 计数，计满溢出后由硬件置位 TF1，同时向 CPU 发出中断请求，此标志一直保持到 CPU 响应中断后才由硬件自动清零。也可由软件查询该标志，并由软件清零。

② TCON.5-TF0：定时器 0 的溢出中断标志。其操作功能与 TF1 相同。

③ TCON.3-IE1：中断标志。IE1 = 1，外部中断 1 向 CPU 申请中断。

④ TCON.2-IT1：中断触发方式控制位。当 IT1 = 0 时，外部中断 1 控制为电平触发方式。在这种方式下，CPU 在每个机器周期的 S5P2 期间对(P3.3)引脚采样，若为低电平，则认为有中断申请，随即使 IE1 标志置位；若为高电平，则认为无中断申请，或中断申请已撤除，随即使 IE1 标志复位。在电平触发方式中，CPU 响应中断后不能由硬件自动清除 IE1 标志，也不能由软件清除 IE1 标志，所以，在中断返回之前必须撤销引脚上的低电平，否则将再次中断导致出错。

⑤ TCON.1-IE0：中断标志。其操作功能与 IE1 相同。

⑥ TCON.0-IT0：中断触发方式控制位。其操作功能与 IT1 相同。

(2) SCON 寄存器中的中断标志。SCON 的结构、位名称、位地址和功能如表 3-9 所示。

表 3-9　SCON 的结构、位名称、位地址和功能

SCON	D7	D6	D5	D4	D3	D2	D1	D0
位名称	—	—	—	—	—	—	TI	RI
位地址	—	—	—	—	—	—	99H	98H
功能	—	—	—	—	—	—	串行发送中断标志	串行接收中断标志

SCON 是串行口控制寄存器，其低两位 TI 和 RI 锁存串行口的发送中断标志和接收中断标志。

① SCON.1-TI：串行发送中断标志。CPU 将数据写入发送缓冲器 SBUF 时，就启动发送，每发送完一个串行帧，硬件将使 TI 置位。但 CPU 响应中断时并不清除 TI，必须由软件清除。

② SCON.0-RI：串行接收中断标志。在串行口允许接收时，每接收完一个串行帧，硬件将使 RI 置位。同样，CPU 在响应中断时不会清除 RI，必须由软件清除。

8051 系统复位后，TCON 和 SCON 均清零，应用时要注意各位的初始状态。

(3) IE 寄存器中断的开放和禁止标志。MCS-51 系列单片机的 5 个中断源都是可屏蔽中断，其中断系统内部设有一个专用寄存器 IE，用于控制 CPU 对各中断源的开放或屏蔽。IE 寄存器各位的定义如表 3-10 所示。

表 3-10　IE 寄存器各位的定义

IE	D7	D6	D5	D4	D3	D2	D1	D0
位名称	EA	—	—	ES	ET1	EX1	ET0	EX0
位地址	AFH	—	—	ACH	ABH	AAH	A9H	A8H
中断源	CPU	—	—	串行口	T1	INT1	T0	INT0

①　EA——CPU 中断允许总控制位。EA=1，CPU 开放；EA=0，CPU 关闭，且屏蔽所有 5 个中断源。

②　EX0——外中断 INT0 中断允许控制位。EX0=1，INT0 开放；EX0=0，INT0 关闭。

③　EX1——外中断 INT1 中断允许控制位。EX1=1，INT1 开放；EX1=0，INT1 关闭。

④　ET0——定时/计数器 T0 中断允许控制位。ET0=1，T0 开放；ET0=0，T0 关闭。

⑤　ET1——定时/计数器 T1 中断允许控制位。ET1=1，T1 开放；ET1=0，T1 关闭。

⑥　ES——串行口中断(包括串发、串收)允许控制位。ES=1，串行口开放；ES=0，串行口关闭。

说明：80C51 对中断实行两级控制，总控制位是 EA，每一中断源还有各自的控制位。首先要 EA=1，其次还要自身的控制位置"1"。

(4) 中断优先级寄存器 IP。AT89C51 的中断源优先级是由中断优先级寄存器 IP 进行控制的。5 个中断源总共可分为两个优先级，每一个中断源都可以通过 IP 寄存器中的相应位设置成高级中断或低级中断，因此，CPU 对所有中断请求只能实现两级中断嵌套。IP 寄存器各位的定义如表 3-11 所示。

表 3-11　IP 寄存器各位的定义

IP	D7	D6	D5	D4	D3	D2	D1	D0
位地址	BFH	BEH	BDH	BCH	BBH	BAH	B9H	B8H
位名称	—	—	—	PS	PT1	PX1	PT0	PX0

①　IP.4-PS：串行口中断优先控制位。PS = 1，设定串行口为高优先级中断；PS = 0，设定串行口为低优先级中断。

②　IP.3-PT1：定时器 T1 中断优先控制位。PT1 = 1，设定定时器 T1 中断为高优先级中断；PT1 = 0，设定定时器 T1 中断为低优先级中断。

③　IP.2-PX1：外部中断 1 中断优先控制位。PX1 = 1，设定外部中断 1 为高优先级中断；PX1 = 0，设定外部中断 1 为低优先级中断。

④　IP.1-PT0：定时器 T0 中断优先控制位。PT0 = 1，设定定时器 T0 中断为高优先级中断；PT0 = 0，设定定时器 T0 中断为低优先级中断。

⑤　IP.0-PX0：外部中断 0 中断优先控制位。PX0 = 1，设定外部中断 0 为高优先级中断；PX0 = 0，设定外部中断 0 为低优先级中断。

当系统复位后，IP 低 5 位全部清零，所有中断源均设定为低优先级中断。

如果几个同一优先级的中断源同时向 CPU 申请中断，CPU 通过内部硬件查询逻辑，按自然优先级顺序确定先响应哪个中断请求。51 单片机 5 个。中断源的中断序号、默认优先级别及对应的中断服务程序入口地址如表 3-12 所示。

表 3-12　　51 单片机中断源的中断序号、默认优先级别及对应的中断服务程序入口地址

中断源名称	中断序号	默认优先级别	中断服务程序入口地址
外部中断 0	0	最高	0003H
定时/计数器 0 中断	1	第 2	000BH
外部中断 1	2	第 3	0013H
定时/计数器 1 中断	3	第 4	001BH
串行口中断	4	第 5	0023H

3. 8051 单片机中断处理过程

1) 中断处理过程

中断处理过程大致可分为四步：中断请求、中断响应、中断服务和中断返回。

(1) 中断请求。中断源发出中断请求信号，相应的中断请求标志位(在中断允许控制寄存器 IE 中)置"1"。

(2) 中断响应。CPU 查询(检测)到某中断标志为"1"，在满足中断响应条件下，响应中断。

① 中断响应条件如下：

a. 该中断已经"开放"。

b. CPU 此时没有响应同级或更高级的中断。

c. 当前正处于所执行指令的最后一个机器周期。

d. 正在执行的指令不是 RETI 或者不是访问 IE、IP 的指令，则必须再另外执行一条指令后才能响应。

② CPU 响应中断后，进行下列操作：

a. 保护断点地址。为了保证 CPU 在执行完中断服务程序后，准确地返回断点，CPU 将断点处的 PC 值推入堆栈保护。待中断服务程序执行完后，由返回指令 RETI 将其从堆栈中弹回 PC，从而实现程序的返回。

b. 撤除该中断源的中断请求标志。

c. 关闭同级中断。CPU 响应中断时便向外设发出中断响应信号，同时自动地关闭中断，以免处理一个中断过程中又接收另一新的中断，以防止误响应。

d. 将相应中断的入口地址送入 PC。80C51 的 5 个中断入口地址见表 3-12。

(3) 执行中断服务程序。中断服务程序应包含以下几部分：

① 保护现场。由于 CPU 响应中断是随机的，而 CPU 中各寄存器的内容和状态标志会因转至中断服务程序而受到破坏，所以要在中断服务程序的开始，把断点处有关的各个寄存器的内容和状态标志用堆栈操作指令 PUSH 推入堆栈保护。

② 执行中断服务程序主体，完成相应的操作。

③ 恢复现场。在中断服务程序完成后，把保护在堆栈中的各寄存器内容和状态标志用 POP 指令弹回 CPU。

④ 开放中断。上面已谈到 CPU 在响应中断时自动关闭中断。为了使 CPU 能响应新的中断请求，在中断服务程序末尾应安排开放中断指令。

⑤ 中断返回。在中断服务程序最后，必须安排一条中断返回指令 RETI，当 CPU 执行

RETI 指令后，自动完成下列操作：

　a．恢复断点地址。

　b．开放同级中断，以便允许同级中断源请求中断。

中断服务流程图如图 3-23 所示。

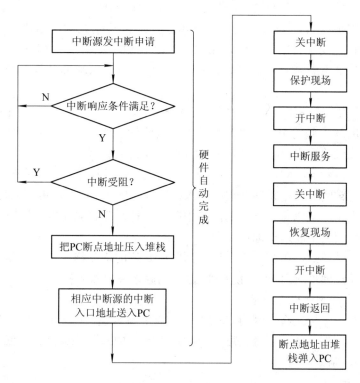

图 3-23　中断服务流程图

2) 中断响应等待时间

CPU 在对中断请求进行响应时，不同的情况下所需的响应时间也不一样。现以外部中断为例，说明中断响应的时间。外部中断 INT0 和 INT1 的电平在每个机器周期的 S5P2 时被采样并锁存到 IE0 和 IE1 中，这个置入到 IE0 和 IE1 的状态在下一个机器周期才被查询。如果产生了一个中断请求，而且满足响应的条件，则 CPU 响应中断，由硬件生成长调用指令转到相应的中断服务程序入口，这条指令是双机器周期指令。

因此，从中断请求有效到执行中断服务程序的第一条指令的时间间隔至少需要 3 个完整的机器周期。如果中断请求被上述的三个条件之一所屏蔽，将需要更长的响应时间。

(1) 如果已经在处理同优先级或高优先级的中断，则额外的等待时间明显地取决于正在处理的中断服务程序的执行时间。

(2) 如果 CPU 正在执行的指令没有到最后的机器周期，则所需的额外等待时间不会多于 3 个机器周期，因为最长的指令(乘法指令和除法指令)也只有 4 个机器周期。

(3) 如果正在执行的指令为 RETI 或是对 IE、IP 的读写指令，则额外的等待时间不会多于 5 个机器周期。这样如果应用系统中只设定一个中断源，并且中断是开放的，则中断响应时间将是 3～8 个机器周期。

3) 中断请求的撤除

CPU 完成中断请求的处理以后，在中断返回之前，应将该中断请求撤销，否则会引起第二次响应中断。在 51 单片机中，各个中断源撤销中断请求的方法各不相同。

(1) 定时/计数器的溢出中断：CPU 响应其中断请求后，由硬件自动清除相应的中断请求标志位，使中断请求自动撤销，因此不用采取其他措施。

(2) 外部中断请求：中断请求的撤销与触发方式控制位的设置有关。采用边沿触发的外部中断，CPU 在响应中断后，由硬件自动清除相应的标志位，使中断请求自动撤销；采用电平触发的外部中断源，应采用电路和程序相结合的方式，撤销外部中断源的中断请求信号。

(3) 串行口的中断请求：由于 RI 和 TI 都会引起串口的中断，因此 CPU 响应后，无法自动区分 RI 和 TI 引起的中断，并且硬件不能清除标志位，这时需采用软件方法在中断服务程序中清除相应的标志位，以撤销中断请求。

当某一中断得到响应时，由硬件调用对应的中断服务程序，把程序计数器 PC 的值压入堆栈，同时把被响应的中断服务程序的入口地址(中断服务程序的起始地址)装入 PC 中。因为采用硬件调用，所以每一个中断源的中断入口地址都是固定的，同时要每个中断服务程序必须放在对应的中断入口地址单元。

在中断服务结束后，单片机把响应中断时所置位的优先级激活触发器清零，然后将从堆栈中弹出的断点地址送给 PC，使 CPU 返回到原来被中断的程序。

4) 中断优先控制和中断嵌套

为什么要有中断优先级？因为 CPU 同一时间只能响应一个中断请求。若同时来了两个或两个以上中断请求，就必须有先后。为此，将 5 个中断源分成高级、低级两个级别，高级优先，由 IP 控制。

(1) 优先控制。

① 中断优先控制。

80C51 中断优先控制首先根据中断优先级，此外还规定了同一中断优先级之间的中断优先权。其从高到低的顺序为：INT0、INT1、T0、T1、串行口。

中断优先级是可编程的，而中断优先权是固定的，不能设置，仅用于同级中断源同时请求中断时的优先次序。

80C51 中断优先控制的基本原则如下：

a. 高优先级中断可以中断正在响应的低优先级中断，反之则不能。

b. 同优先级中断不能互相中断。

c. 同一中断优先级中，若有多个中断源同时请求中断，CPU 将先响应优先权高的中断，后响应优先权低的中断。

② 中断优先级。51 单片机的中断系统具有两级优先级控制，系统在处理时遵循下列基本原则：

a. 低优先级的中断源可被高优先级的中断源中断，而高优先级中断源不能被低级的中断源所中断。

b. 一种中断源(无论是高优先级或低优先级)一旦得到响应，就不会被同级的中断源所中断。

c. 低优先级的中断源和高优先级的中断源同时产生中断请求时，系统先响应高优先级的中断请求，后响应低优先级的中断请求。

d. 多个同级的中断源同时产生中断请求时，系统按照默认的顺序先后予以响应，5 个中断默认优先级见表 3-12。

(2) 中断嵌套。当 CPU 正在执行某个中断服务程序时，如果发生更高一级的中断源请求中断，CPU 可以"中断"正在执行的低优先级中断，转而响应更高一级的中断，这就是中断嵌套。中断嵌套只能高优先级"中断"低优先级，低优先级不能"中断"高优先级，同一优先级也不能相互"中断"。

中断嵌套结构如图 3-24 所示，它类似于调用子程序嵌套，不同之处有以下几点：

① 子程序嵌套是在程序中事先安排好的；中断嵌套是随机发生的。

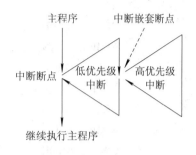

图 3-24 中断嵌套结构

② 子程序嵌套无次序限制；中断嵌套只允许高优先级"中断"低优先级。

4．中断系统的应用

以中断键控制彩灯为例，通过单片机的中断功能，实现对连接在 P0 口上的彩灯的控制，图 3-25 所示为简化的应用电路(图中省略了复位电路和晶振电路)。

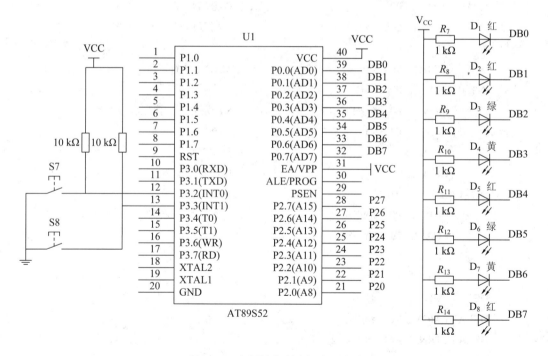

图 3-25 中断键控制彩灯应用电路

1) 编程思路

根据如图 3-25 所示电路进行分析，S7、S8 是实现中断控制的按键，通过上拉电阻分别连接在外部中断 0、外部中断 1 口线上,采用电平触发工作方式。在无中断产生时,可以让 8 只发光二极管循环显示,每按一次 S7 键,完成一次灭灯工作,每按一次 S8 键,完成一次亮灯工作。通过发光二极管的不同工作状态,反映单片机的中断功能。

2) 程序清单

程序清单如下:

```
            ORG     0000H               ; 程序开始
            AJMP    MAIN                ; 转至主程序入口地址
            ORG     0003H               ; 外部中断 0 矢量入口地址
            AJMP    INT_0               ; 外部中断 0 子程序
            ORG     0013H               ; 外部中断 1 矢量入口地址
            AJMP    INT_1               ; 外部中断 1 子程序
            ORG     0100H               ; 主程序
    MAIN:   SETB    EX0                 ; 外部中断 0 开中断
            SETB    EX1                 ; 外部中断 1 开中断
            SETB    EA                  ; 开 CPU 中断总允许
            CLR     IT0                 ; 外部中断 0 电平触发
            CLR     IT1                 ; 外部中断 1 电平触发
            MOV     A,#0FEH
    MAIN1:  MOV     P0,A                ; P0.0 口灯亮
            ACALL   DELAY               ; 延时子程序
            RL      A
            SJMP    MAIN1               ; MAIN1 执行灯循环显示
    INT_0:  CLR     EA                  ; 关中断
            MOV     P0,#00H             ; 8 个发光二极管亮
            LCALL   DELAY
            SETB    EA                  ; 开中断
            RETI                        ; 中断返回
    INT_1:  CLR     EA
            MOV     P0,#0FFH            ; 8 个发光二极管灭
            LCALL   DELAY
            SETB    EA
            RETI
    DELAY:  MOV     R5,#100
    DELAY1: MOV     R6,#0ffh
    DELAY2: DJNZ    R6,DELAY2
            DJNZ    R5,DELAY1
            RET
            END
```

3) 程序分析

(1) 程序从 0000H 开始执行，因为要用到外部中断服务子程序，因此需要在主程序中对中断的申请标志位、中断响应条件、外部中断的触发方式进行设置。

(2) 单片机上电后，执行彩灯循环显示程序，MAIN1 执行循环显示程序。DELAY 为延时子程序，可以根据具体情况进行设置。

(3) 当 S7 键按下后，程序进入外部中断 0 的矢量入口地址 0003H，此后放置一条跳转指令 AJMP INT-0，使程序转去执行外部中断 0 的中断服务子程序(标号 INT-0)。在中断服务子程序中，首先关闭中断总允许控制位，然后向 P1 口输出#00H，使 P1 口的彩灯全部点亮，然后打开中断，返回程序中断处继续执行主程序，同时等待下次中断。当 S8 键按下后，程序的运行过程和 S7 键执行过程基本相同。

二、微控制器的定时/计数器

定时/计数器是单片机系统一个重要的部件，其工作方式灵活，编程简单，使用方便，可用来实现定时控制、延时、频率测量、脉宽测量、信号发生、信号检测等。此外，定时/计数器还可作为串行通信中的波特率发生器。

1．定时/计数器的结构和工作原理

(1) 定时/计数器的结构如图 3-26 所示。

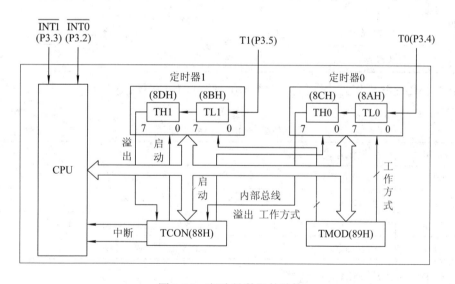

图 3-26　定时/计数器的结构

① 80C51 单片机内部有两个定时/计数器 T0 和 T1,其核心是计数器,基本功能是加 1。

② 对外部事件脉冲(下降沿)计数,是计数器;对片内机器周期脉冲计数,是定时器。

③ 计数器由两个 8 位计数器组成。

(2) 定时/计数器的工作原理如下:

① 定时时间和计数值可以编程设定,其方法是在计数器内设置一个初值,然后加 1 计满后溢出。调整计数器初值,可调整从初值到计满溢出的数值,即调整了定时时间和计

数值。

② 定时/计数器作为计数器时，外部事件脉冲必须从规定的引脚输入，且外部脉冲的最高频率不能超过时钟频率的 1/24。

2．定时/计数器的控制寄存器

1）定时/计数器控制寄存器 TCON

TCON 的结构、位名称、位地址和功能见表 3-8。

TCON 低 4 位与外中断有关，已在中断中叙述；高 4 位与定时/计数器 T0、T1 有关。

(1) TF1：定时/计数器 T1 溢出标志。

(2) TF0：定时/计数器 T0 溢出标志。

(3) TR1：定时/计数器 T1 运行控制位。TR1=1，T1 运行；TR1=0，T1 停。

(4) TR0：定时/计数器 T0 运行控制位。TR0=1，T0 运行；TR0=0，T0 停。

TCON 的字节地址为 88H，每一位有位地址，均可位操作。

2）定时/计数器工作方式控制寄存器 TMOD

TMOD 用于设定定时/计数器的工作方式，如表 3-13 所示。低 4 位用于控制 T0，高 4 位用于控制 T1。

表 3-13　TMOD 用于设定定时/计数器的工作方式

高 4 位控制 T1			低 4 位控制 T0		
门控位	计数/定时方式选择	工作方式选择	门控位	计数/定时方式选择	工作方式选择
G	C/T	M1　M0	G	C/T	M1　M0

(1) M1M0——工作方式选择位。M1M0 取不同数值时所对应的工作方式及功能如表 3-14 所示。

表 3-14　M1M0 的功能表

M1M0	工作方式	功　　能
00	方式 0	13 位计数器
01	方式 1	16 位计数器
10	方式 2	两个 8 位计数器，初值自动装入
11	方式 3	两个 8 位计数器，仅适用于 T0

(2) C/T——计数/定时方式选择位。

C/T = 1，计数工作方式，对外部事件脉冲计数，用作计数器。

C/T = 0，定时工作方式，对片内机器周期脉冲计数，用作定时器。

(3) GATE——门控位。

GATE = 0，运行只受 TCON 中运行控制位 TR0/TR1 的控制。

GATE = 1，运行同时受 TR0/TR1 和外中断输入信号的双重控制。只有当 INT0/INT1=1 且 TR0/TR1 = 1 时，T0/T1 才能运行。

TMOD 的字节地址为 89H，不能位操作，设置 TMOD 须用字节操作指令。

3. 定时/计数器工作方式

1) 工作方式 0

13 位计数器由 TL0 低 5 位和 TH0 8 位组成，TL0 低 5 位计数满时不向 TL0 第 6 位进位，而是向 TH0 进位，13 位计满溢出，TF0 置"1"。13 位计数器最大计数值为 $2^{13} = 8192$。

2) 工作方式 1

16 位计数器最大计数值为 $2^{16} = 65\,536$。

3) 工作方式 2

8 位计数器仅用 TL0 计数，最大计数值为 $2^8 = 256$，计满溢出后，一方面进位 TF0，使溢出标志 TF0 = 1；另一方面，使原来装在 TH0 中的初值装入 TL0。

优点是定时初值可自动恢复；缺点是计数范围小。其适用于需要重复定时，而定时范围不大的应用场合。

4) 工作方式 3

方式 3 仅适用于 T0，T1 无方式 3。

(1) T0 方式 3。在方式 3 情况下，T0 被拆成两个独立的 8 位计数器 TH0、TL0。

① TL0 使用 T0 原有的控制寄存器资源 TF0、TR0、GATE、C/T、INT0，组成一个 8 位的定时/计数器。

② TH0 借用 T1 的中断溢出标志 TF1，运行控制开关 TR1，只能对片内机器周期脉冲计数，组成另一个 8 位定时器(不能用作计数器)。

(2) T0 方式 3 情况下的 T1。T1 由于其 TF1、TR1 被 T0 的 TH0 占用，计数器溢出时，只能将输出信号送至串行口，即用作串行口波特率发生器。

4. 定时/计数器的应用

1) 计算定时/计数初值

80C51 定时/计数初值计算公式：

$$T_{初值} = 2^N - \frac{定时时间}{机周时间} \tag{3-1}$$

其中，N 与工作方式有关：方式 0 时，$N = 13$；方式 1 时，$N = 16$；方式 2、3 时，$N = 8$。机器周期时间与主振频率有关：机周时间 $= 12/f_{osc}$；$f_{osc} = 12$ MHz 时，1 机周 $= 1\,\mu s$；$f_{osc} = 6$ MHz 时，1 机周 $= 2\,\mu s$。

【例 3-8】 已知晶振 6 MHz，要求定时 0.5 ms，试分别求出 T0 工作于方式 0、方式 1、方式 2、方式 3 时的定时初值。

解：(1) 工作方式 0：

T0 初值 $= 2^{13} - 500\,\mu s/2\,\mu s = 8192 - 250 = 7942 = 1F06H$

将 1F06H 转化成二进制：1F06H = 0001 1111 0000 0110B，其中，低 5 位 00110 前添加 3 位 000 送入 TL0，即 TL0 = 000 00110B = 06H；高 8 位 11111000B 送入 TH0，即 TH0 = 11111000B = F8H。

(2) 工作方式 1：

T0 初值 $= 2^{16} - 500\,\mu s/2\,\mu s = 65\,536 - 250 = 65\,286 = FF06H$

$$TH0 = FFH；TL0 = 06H$$

(3) 工作方式 2：

$$T0\ 初值 = 2^8 - 500\ \mu s/2\ \mu s = 256 - 250 = 6$$
$$TH0 = 06H；TL0 = 06H$$

(4) 工作方式 3：

T0 方式 3 时，被拆成两个 8 位定时器，定时初值可分别计算，计算方法同方式 2。两个定时初值一个装入 TL0，另一个装入 TH0。因此

$$TH0 = 06H；TL0 = 06H$$

从上例中看到，方式 0 时计算定时初值比较麻烦，根据公式计算出数值后，还要变换一下，容易出错，不如直接用方式 1，且方式 0 计数范围比方式 1 小，方式 0 完全可以用方式 1 代替，方式 0 与方式 1 相比，无任何优点。

2) 定时/计数器的应用步骤

(1) 合理选择定时/计数器的工作方式。

(2) 计算定时/计数器的定时初值(按上述公式计算)。

(3) 编制应用程序。

① 定时/计数器的初始化，包括定义 TMOD、写入定时初值、设置中断系统、启动定时/计数器运行等。

② 正确编制定时/计数器中断服务程序。注意是否需要重装定时初值，若需要连续反复使用原定时时间，且未工作在方式 2，则应在中断服务程序中重装定时初值。

【例 3-9】 试用 T1 方式 2 编制程序，在 P1.0 引脚输出周期为 400 μs 的脉冲方波，已知 $f_{osc} = 12\ MHz$。

解：(1) 计算定时初值。

$$T1\ 初值 = 2^8 - 200\ \mu s/1\ \mu s = 256 - 200 = 56 = 38H$$
$$TH1 = 38H；TL1 = 38H$$

(2) 设置 TMOD：

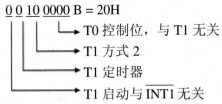

$$0\ 0\ 10\ 0000\ B = 20H$$

- → T0 控制位，与 T1 无关
- → T1 方式 2
- → T1 定时器
- → T1 启动与 $\overline{INT1}$ 无关

(3) 编制程序如下：

```
        ORG     0000H           ；复位地址
        LJMP    MAIN            ；转主程序
        ORG     001BH           ；T1 中断入口地址
        LJMP    IT1             ；转 T1 中断服务程序
        ORG     0100H           ；主程序首地址
MAIN:   MOV     TMOD, #20H      ；置 T1 定时器方式 2
        MOV     TL1, #38H       ；置定时初值
        MOV     TH1, #38H       ；置定时初值备份
```

	MOV	IP，#00001000B	；置 T1 高优先级
	MOV	IE，#0FFH	；全部开放
	SETB	TR1	；T1 运行
	SJMP	$	；等待 T1 中断
	ORG	0200H	；T1 中断服务程序首地址
IT1:	CPL	P1.0	；输出波形取反首地址
	RETI		；中断返回

3) 定时/计数器的应用——定时器产生音调

利用单片机的最小系统，通过单片机内部的定时器资源，控制 P1.3 口所接的喇叭发出简单的音调。定时器产生音调电路如图 3-27 所示。

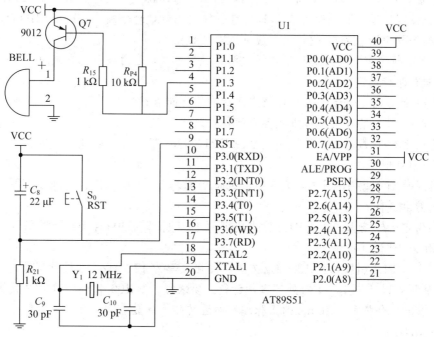

图 3-27 音乐器电路图

测试程序清单：

TEST.ASM

	ORG	0000H	
	LJMP	MAIN	
	ORG	0100H	
MAIN:	CPL	P1.3	；输出取反，以得到方波输出
	LCALL	DELAY	；延时时间决定方波的周期(频率)
	AJMP	MAIN	
DELAY:	MOV	R5，#04H	
DELAY1:	MOV	R6，#0FAH	
DELAY2:	MOV	R7，#0FAH	
DELAY3:	DJNZ	R7，DELAY3	

```
DJNZ     R6，DELAY2
DJNZ     R5，DELAY1
RET
END
```

程序运行后，喇叭将发出固定频率的声音。如没有声音，则需要检查硬件电路。

【实践活动】

1. 80C51 有几个中断源？各中断标志是如何产生的？又是如何复位的？CPU 响应各中断时，其中断入口地址是多少？

2. 某系统有三个外部中断源 1、2、3，当某一中断源变低电平时便要求 CPU 处理，它们的优先处理次序由高到低为 3、2、1，处理程序的入口地址分别为 2000H、2100H、2200H。试编写主程序及中断服务程序(转至相应的入口即可)。

3. 外部中断源有电平触发和边沿触发两种触发方式，这两种触发方式所产生的中断过程有何不同？怎样设定？

4. 定时/计数器工作于定时和计数方式时有何异同点？

5. 定时/计数器的 4 种工作方式各有何特点？

6. 要求定时/计数器的运行控制完全由 TR1、TR0 确定和由高低电平控制时，其初始化编程应作何处理？

7. 当定时/计数器 T0 用作方式 3 时，定时/计数器 T1 可以工作在何种方式下？如何控制 T1 的开启和关闭？

8. 利用定时/计数器 T0 从 P1.0 输出周期为 1 s，脉宽为 20 ms 的正脉冲信号，晶振频率为 12 MHz。试设计程序。

9. 要求从 P1.1 引脚输出 1000 Hz 方波，晶振频率为 12 MHz。试设计程序。

10. 试用定时/计数器 T1 对外部事件计数。要求每计数 100，就将 T1 改成定时方式，控制 P1.7 输出一个脉宽为 10 ms 的正脉冲，然后又转为计数方式，如此反复循环。设晶振频率为 12 MHz。

11. 利用定时/计数器 T0 产生定时时钟，由 P1 口控制 8 个指示灯。编一个程序，使 8 个指示灯依次闪动，闪动频率为 20 次/s(8 个灯依次亮一遍为一个周期)。

12. 若晶振频率为 12 MHz，如何用 T0 来测量 20～1 s 之间的方波周期？又如何测量频率为 0.5 MHz 左右的脉冲频率？

任务三　认知微控制器的系统扩展方法

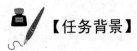

【任务背景】

在由单片机构成的实际测控系统中，最小应用系统往往不能满足要求，因此在系统设计时首先要解决系统扩展问题。本任务是让读者了解系统扩展的方法，理解系统总线扩展方法、存储器的扩展方法和简单并行 I/O 口的扩展方法。

【相关知识】

一、系统扩展的概述

单片机系统的扩展是以基本的最小系统为基础的，故应首先熟悉最小应用系统的结构。实际上，内部带有程序存储器的 8051 或 8751 单片机本身就是一个最简单的最小应用系统，许多实际应用系统就是用这种成本低和体积小的单片结构实现了高性能的控制。对于内部无程序存储器的芯片 8031 来说，则要用外接程序存储器的方法才能构成一个最小应用系统，如图 3-28 所示。

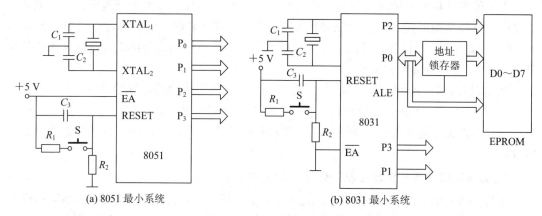

(a) 8051 最小系统　　　　　　　(b) 8031 最小系统

图 3-28　最小应用系统

在由单片机构成的实际测控系统中，最小应用系统往往不能满足要求，因此在系统设计时首先要解决系统扩展问题。单片机的系统扩展主要有程序存储器(ROM)扩展、数据存储器(RAM)扩展以及 I/O 口的扩展。

外扩的程序存储器与单片机内部的程序存储器统一编址，采用相同的指令，常用芯片有 EPROM 和 EEPROM，扩展时 P0 口分时地作为数据线和低位地址线，需要锁存器芯片，控制线主要有 ALE。

扩展的数据存储器 RAM 和单片机内部 RAM 在逻辑上是分开的，二者分别编址，使用不同的数据传送指令。常用的芯片有 SRAM 和 DRAM 以及锁存器芯片，控制线主要采用 ALE。

常用的可编程 I/O 芯片有 8255 和 8155。用 8255 扩展并行 I/O 口时需要锁存器，8155 则不用。对扩展 I/O 口的寻址采用与外部 RAM 相同的指令，因此在设计电路时要注意合理分配地址。8255 和 8155 的工作方式是通过对命令控制字的编程来实现的，在使用时首先要有初始化程序。

MCS-51 单片机有很强的扩展功能，外围扩展电路、扩展芯片和扩展方法都非常典型、规范。MCS-51 系统扩展结构如图 3-29 所示。

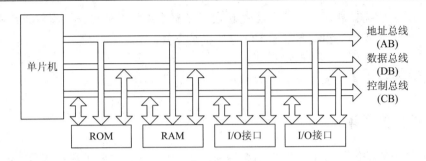

图 3-29　MCS-51 系统扩展结构

二、系统总线扩展

为了使单片机能方便地与各种扩展芯片连接，常将单片机的外部连线变为一般的微型计算机三总线结构形式。对于 MCS-51 系列单片机，其三总线由下列通道口的引线组成：

(1) 地址总线。由 P2 口提供高 8 位地址线，此口具有输出锁存的功能，能保留地址信息；由 P0 口提供低 8 位地址线。

(2) 数据总线。由 P0 口提供，此口是双向、输入三态控制的 8 位通道口。

(3) 控制总线。ALE——地址锁存信号，用以实现对低 8 位地址的锁存；$\overline{PSEN}$——片外程序存储器读选通信号；$\overline{RD}$——片外数据存储器读信号；$\overline{WR}$——片外数据存储器写信号。

1. 以 P0 口作低 8 位地址及 8 位数据的复用总线

通常，微机的 CPU 外部都有单独的并行地址总线、数据总线、控制总线。MCS-51 系列单片机由于引脚的限制，数据总线和地址总线是复用的。地址需要锁存，因此为了能把复用的数据总线和地址总线分离出来以便同外部的芯片正确的连接，需要在单片机的外部增加地址锁存器，从而构成与一般 CPU 相类似的三总线结构，如图 3-30 所示。地址锁存器可采用 74HC573，与单片机 P0 口连接，扩展地址总线。

复用，即一段时间内作两种或两种以上用途。在这里指 P0 口在每个 CPU 周期的前半个周期输出低 8 位地址，由地址锁存器锁存，然后由地址锁存器代替 P0 口输出低 8 位地址；后半个周期进行 8 位数据的输入/输出。

地址总线扩展电路如图 3-31 所示。

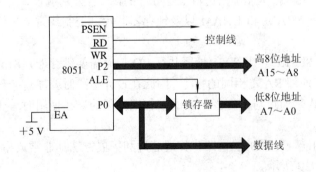

图 3-30　8051 单片机的三总线结构形式

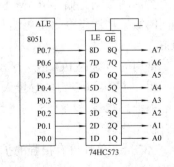

图 3-31　8051 地址总线扩展电路

2．以 P2 口作为高 8 位的地址总线

P0 口的低 8 位地址加上 P2 口的高 8 位地址就可以形成 16 位的地址总线，达到 64 KB 的寻址能力。

实际应用中，往往不需要扩展那么多地址，扩展多少用多少口线，剩余的口线仍可作一般 I/O 口来使用。

三、存储器的扩展方法

MCS-51 系列单片机片外数据存储器的空间可达 64 KB,而片内数据存储器的空间只有 128B 或 256B。如果片内的数据存储器不够用时，则需进行数据存储器的扩展。

MCS-51 系列单片机内外程序存储器的空间可达 64 KB,而片内程序存储器的空间只有 4 KB。如果片内的程序存储器不够用时，则需进行程序存储器的扩展。

存储器扩展的核心问题是存储器的编址问题。所谓编址，就是给存储单元分配地址。由于存储器通常由多个芯片组成，为此存储器的编址分为两个层次，即存储器芯片的选择和存储器芯片内部存储单元的选择。

1．地址线的译码

存储器芯片的选择有两种方法：线选法和译码法。

1) 线选法

所谓线选法，就是直接以系统的地址线作为存储器芯片的片选信号，为此只需把用到的地址线与存储器芯片的片选端直接相连即可。

线选法的优点是电路简单，不需要地址译码器硬件，体积小，成本低；缺点是可寻址的芯片数目受到限制，地址空间不连续。

【例 3-10】　在 8051 单片机上扩展 2 KB RAM。

电路如图 3-32 所示，HM6116 是一种 2K × 8 位的高速静态 CMOS 随机存取存储器。

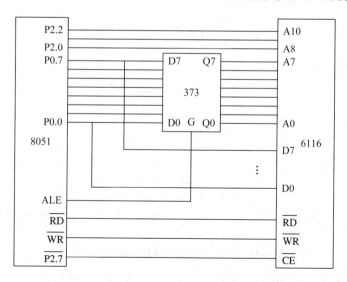

图 3-32　8051 单片机上扩展 2 KB RAM 电路

2) 译码法

所谓译码法，就是使用地址译码器对系统的片外地址进行译码，以其译码输出作为存储器芯片的片选信号。

译码法又分为完全译码和部分译码两种。

(1) 完全译码：地址译码器使用了全部地址线，地址与存储单元一一对应，也就是一个存储单元只占用一个唯一的地址。完全译码的优点是地址唯一、不重复；缺点是译码电路比较复杂，连线较多。

(2) 部分译码：地址译码器仅使用了部分地址线，地址与存储单元不是一一对应，而是一个存储单元占用了几个地址。

常用的译码器芯片：74LS138(3-8 译码器)、74LS139(双 2-4 译码器)、74LS154(4-16 译码器)。完全可根据设计者的要求，产生片选信号。

2. 扩展存储器所需芯片数目的确定

若所选存储器芯片字长与单片机字长一致，则只需扩展容量。所需芯片数目按下式确定：

$$芯片数目 = \frac{系统扩展容量}{存储器芯片容量} \tag{3-2}$$

若所选存储器芯片字长与单片机字长不一致，则不仅需扩展容量，还需字扩展。所需芯片数目按下式确定：

$$芯片数目 = \frac{系统扩展容量}{存储器芯片容量} \times \frac{系统字长}{存储器芯片字长} \tag{3-3}$$

扩展程序存储器常用 EPROM 芯片：2716(2K × 8 位)、2732(4 KB)、2764(8 KB)、27128(16 KB)、27256(32 KB)、27512(64 KB)。

扩展数据存储器常用静态 RAM 芯片：6264(8K × 8 位)、62256(32K × 8 位)、628128 (128K × 8 位)等。

8031 与外部程序存储器的连接电路如图 3-33 所示。

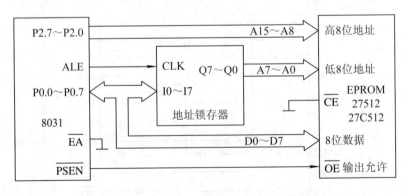

图 3-33　8031 与外部程序存储器的连接电路

数据存储器扩展电路如图 3-34 所示。

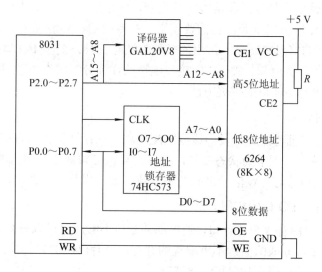

图 3-34 8031 与 6264 的连接电路

【例 3-11】 用 6264 扩展 24 KB 数据存储器。

解： 根据公式可得

$$芯片数目 = \frac{24\,KB}{8\,KB} = 3 片$$

6264 扩展 24 KB 数据存储器的电路如图 3-35 所示。

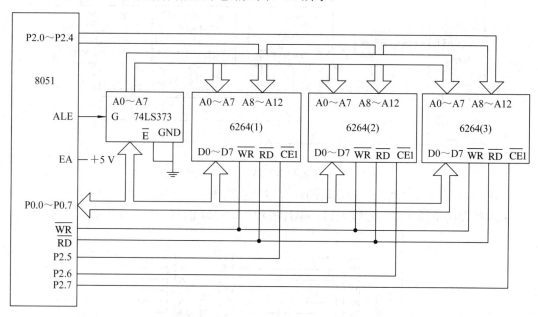

图 3-35 6264 扩展 24 KB 数据存储器的电路

四、简单 8 位并行 I/O 口的扩展方法

微控制器与外部设备之间的信息交换都是通过 I/O 口进行的。例如，汽车发动机或空

调的 ECU 的输入/输出信号数量非常多而且复杂，常达到数十个，因此，不仅需要合理地使用微控制器的输入/输出口资源，也需要使用一些专门的、功能强大的 I/O 接口芯片来作为 ECU 与外设之间的信息中转站。常用的扩展方法有三种：简单 I/O 口扩展、可编程 I/O 口芯片和用串行口扩展并行口。关于 I/O 接口电路的详细分析将在本项目的任务四中进行，此处只介绍简单的并行 I/O 口的扩展方法。

1. 接口电路的功能

(1) 协调高速计算机与低速外设的速度匹配问题，如：计算机与打印机的速度。

(2) 提供输入/输出过程中的状态信号，如：计算机必须知道打印机的状态信号。

(3) 解决计算机信号与外设信号之间的不一致，如：串行口负逻辑，而单片机正逻辑。

2. 简单 8 位并行 I/O 口的扩展方法

MCS51 单片机内部有 4 个并行口，当内部并行口不够用时可以外扩并行口芯片。可外扩的并行口芯片很多，分成两类：不可编程的并行口芯片(74LS373、74LS377、74LS244、74LS245)和可编程的并行口芯片(8255、8155)。

(1) 扩展简单的 8 位并行输出口。单片机和 74LS377 的常用接口电路如图 3-36 所示。

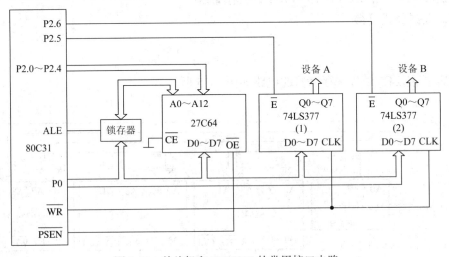

图 3-36　单片机和 74LS377 的常用接口电路

74LS377 是具有"使能"控制端的锁存器，引脚图见附录 B。

(2) 扩展简单的 8 位并行输入口。单片机和 74LS244 的常用接口电路如图 3-37 所示。

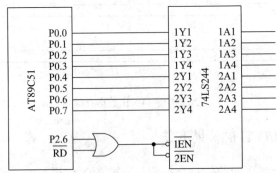

图 3-37　单片机和 74LS244 的常用接口电路

74LS244 是 8 输入三态缓冲电路。

扩展 I/O 口的原则是：输入用三态缓冲器，输出需具有锁存功能。常用输入扩展芯片有 74LS244、74LS245、74LS240 等；输出扩展芯片有 74LS373、74LS273、74LS377、74LS573 等。

(3) 扩展简单的输入/输出电路。电路如图 3-38 所示。

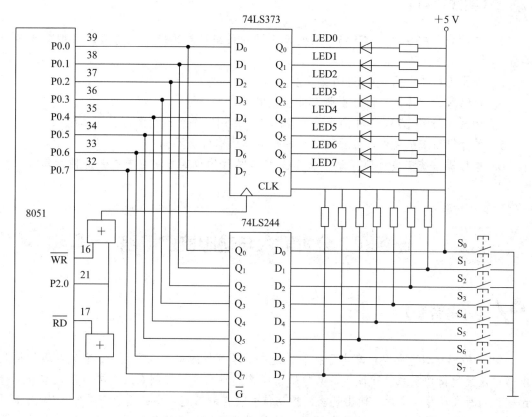

图 3-38 简单的输入/输出电路扩展图

功能：由 LED 显示开关闭和状态。

输入、输出的地址范围如表 3-15 所示。

表 3-15 输入、输出的地址范围

	A15…A13	A12	A11…A9	A8	A7…A0	地址范围
	P2.7…2.5	P2.4	P2.3…2.1	P2.0	P0.7…P00	
输入	0	0	0	0	0…0	0000H～0FEFFH
	1	1	1	0	1…1	
输出	0	0	0	0	0…0	0000H～0FEFFH
	1	1	1	0	1…1	

因为 74LS373 和 74LS244 都是在 P2.0 为 0 时被选通的，所以二者地址都可以为 0FEFFH。两个芯片的地址虽然相同，但可以通过读写操作来区别。

程序如下：

```
LOOP:   MOV     DPTR, #0FEFFH    ; 0FEFFH 为扩展 I/O 口地址
```

MOVX	A，@DPTR	；输入数据，将 244 中开关状态读入
MOVX	@DPTR，A	；读入数据输出，送 273 驱动 LED
SJMP	LOOP	；循环测试

【实践活动】

1. 查阅资料并说明 MCS-51 系列单片机的系统扩展需要哪些总线，每种需要多少条线。

2. 查阅资料并说明芯片 6116 的引脚功能。

3. 存储器的"片选"信号引脚有什么作用？

4. 如图 3-38 中 373、244 两个芯片各起什么作用？两个或门各起什么作用？

5. 单片机系统扩展中，数据输入和输出的总线有什么不同？

6. 单片机系统扩展外部存储器或 I/O 接口芯片的选通方法主要有哪两种？各有什么特点？

任务四　分析输入与输出接口电路

【任务背景】

输入/输出接口电路是汽车电子控制系统中必不可少的单元电路之一，它涉及数据输入电路以及经过微控制系统处理后的数据输出电路。汽车电子控制系统总要对输入信号进行比较、判断或运算处理后，输出适当的控制信号去控制特定设备，这就需要输入/输出接口电路。本任务主要是让读者认识输入/输出量的种类，理解开关量和模拟量的输入与输出通道，了解汽车常见的显示器件以及 LED 数码显示器。

【相关知识】

一、概　述

输入/输出量可以是模拟信号，也可以是开关信号。对于模拟信号，经放大、限幅、低通滤波电路，再经 A/D 转换电路转换为数字信号后，MCU 才能处理；MCU 处理结果也需要经过 D/A 转换、平滑滤波后，才能得到模拟量。

汽车电子控制系统是根据传感器和开关等传递的信号(如转速、油门踏板位置、冷却水温度等各种发动机信号)来判断汽车各单元的运行状况的，这些信号可划分为模拟量信号、开关量信号及频率信号等。

"开"和"关"是电器最基本、最典型的功能。开关量是指控制继电器的接通或者断开所对应的值，即"1"和"0"。也就是说，开关量是非连续性信号的采集和输出，包括遥控采集和遥控输出。它有 1 和 0 两种状态，这是数字电路中的开关性质，而电力上是指电路的开和关或者是触点的接通和断开。

频率信号是指呈周期性变化的开关信号，可用在测量信号的频率、周期等场合，如汽车中霍尔式转速传感器产生的信号即为频率信号。而单个的开关信号、多路并行的开关信号和频率信号统称为数字信号或数字量。

模拟量是指在时间上和幅度上都连续变化的信号，如连续变化的电压和电流。模拟量需转换成数字量后计算机才能识别。

根据以上输入/输出信号的种类，汽车电子控制系统的输入/输出通道可分为模拟量通道和数字量通道两类。表 3-16 所示为输入信号的类型、来源及所用通道；表 3-17 所示为输出信号的类型、来源及所用通道。

表 3-16　输入信号的类型、来源及所用通道

信息种类		信息来源	通道类型
数字量	开关量输入	阀门的开、关，接点的通、断，电平的高、低	数字量输入通道
	数据数码	各类数字传感器、控制器等	
	脉冲量输入	长度、转速、流量测定转换等	
	中断输入	操作人员请求、过程报警等	
模拟量	电流信号	压力、温度、液位、湿度、速度、质量、位移等	模拟量输入通道
	电压信号		

表 3-17　输出信号的类型、来源及所用通道

信息来源	输出驱动	输出信息种类	通道类型
计算机输出的数字量	阀门的开、关，触点的通、断，电机的启、停等	开关量	数字量输出通道
	数字量(数字设备)	数字量	
	执行器(电动、气动、液压执行器械)	电压或电流	模拟量输出通道

二、开关信号的输入/输出

开关量输入通道的主要任务是将现场的开关信号或仪表盘中各种继电器接点信号有选择地传送给计算机。其在控制系统中主要起以下作用：

(1) 随时检测系统的启动、停止、暂停按钮状态，以作相应的处理。

(2) 定时记录生产过程中某些设备的状态，例如电动机是否在运转、阀门是否开启、行程开关是否到位等。

(3) 对生产过程中的某些状态进行定时检查，以保证生产顺利进行，如是否过温过压、料位是否超限、是否发生故障等。

这些开关量信号的电平状态通常无法满足单片机控制系统中 I/O 接口的工作电平，因此在开关量输入通道中，需要完成电平转换任务，同时为了系统的安全、可靠，还需考虑信号的消抖、滤波和隔离等问题。

1. 开关量信号的输入处理

1) 开关信号的输入抖动与消抖方法

(1) 输入信号调理电路如图 3-39 所示。

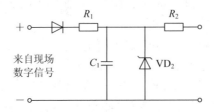

图 3-39　输入信号调理电路

(2) 防抖动输入电路如图 3-40 所示。

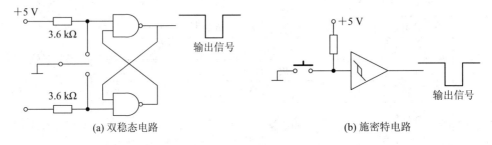

(a) 双稳态电路　　　　　　　　　　　(b) 施密特电路

图 3-40　防抖动输入电路

(3) 开关信号的去抖处理。在机电一体化系统中，经常要使用按钮开关、扳钮开关、多位开关、接触器、继电器等。它们常常是开关量的输入源。由于这类开关大都是机械开关，当开关触点闭合时，在达到稳定之前会产生短暂的抖动，弹跳抖动的时间一般可达数毫秒，如图 3-41 所示。

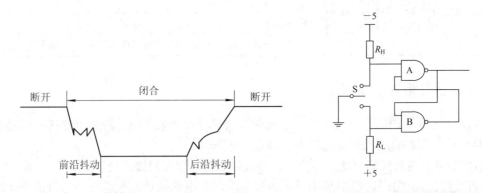

图 3-41　开关接通与断开时的抖动示意图　　　图 3-42　硬件电路消除信号抖动原理图

微机对开关信号采样时，必须消除这种抖动，否则会造成错误采样。消除抖动的方法可从软件和硬件上着手。

① 软件消抖方法。软件消抖是经过一段延时后再读入信号。若两个采样值不同，则继续采样，直到两个采样值相同，延迟时间应比抖动周期长。

② 硬件消抖方法。软件消抖是在接口电路中加防抖动电路，如图 3-42 所示。其由两个"与非"门组成的 RS 触发器，开关 S 在常开状态下输出为 1，一旦开关 S 闭合，则在刚

一闭合的瞬间，RS 触发器翻转，输出为 0。此时，虽然开关要抖动几次，但不会影响触发器的输出。

2) 开关量的防干扰输入隔离及电平转换

(1) 利用光电隔离及电平转换。为了避免外部设备的电源干扰，防止被控对象电路的强电反窜，通常采取将微机的前后向通道与被连模块在电气上隔离的方法。过去常用隔离变压器或中间继电器来实现，而目前已广泛被性能高、价格低的光电耦合器来代替。

光电耦合器是把发光元件与受光元件封装在一起，以光作为媒介来传输信息的。其封装形式有管形、双列直插式、光导纤维连接等。发光器件一般为砷化镓红外发光二极管。开关量的输入隔离一般使用光电隔离器件。可以使用的光电隔离器件很多，有许多器件性能相近，普通开关量的输入隔离使用 TLP521-X 即可。

光电耦合器的特点：

① 信号采取光—电形式耦合，发光部分与受光部分无电气回路，绝缘电阻高达 1010～1012 Ω，绝缘电压为 1000～5000 V，因而具有极高的电气隔离性能，避免输出端与输入端之间可能产生的反馈和干扰。

② 由于发光二极管是电流驱动器件，动态电阻很小，对系统内外的噪声干扰信号形成低阻抗旁路，因此抗干扰能力强，共模抑制比高，不受磁场影响，特别是用于长线传输时作为终端负载，可以大大地提高信噪比。

③ 光电耦合器可以耦合零到数千赫兹的信号，且响应速度快(一般为几毫秒，甚至少于 10 ns)，可以用于高速信号的传输。

防干扰输入隔离及电平转换电路如图 3-43 所示，可以应用于计数、位置状态、转速等多方面的测试。电平转换电路如图 3-44 所示。

图中两个电阻均为限流电阻。

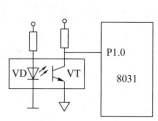

图 3-43　防干扰输入隔离及电平转换电路

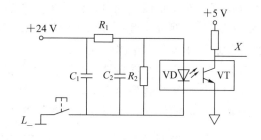

图 3-44　电平转换电路

(2) 利用电磁感应隔离及电平转换。除了光电传感器外，还有电感式接近开关。图 3-45 是电感式接近开关的应用原理图。感应线圈产生高频振荡信号形成一交变磁场，当有金属类物体接近时，则在金属物体内产生涡流并吸收振荡器的能量，使振荡信号变弱或停止振荡，在检波放大器和输出电路的作用下，产生一个开关信号输入单片机的 P1.0 端口，用于有无物体接近的检测。因此电感式接近开关可以和红外光电管一样，用于有无物体接近的检测或对经过物体进行计数，或者用于对物体的位置状态进行检测。

现场的开关触点控制小型继电器，由继电器触点经电平转换电路得到逻辑电平再输入到接口。电平转换电路如图 3-46 所示。

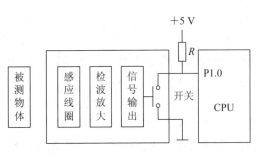

图 3-45　电感式接近开关的应用原理图

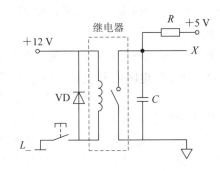

图 3-46　电平转换电路

2. 开关信号输出的驱动及隔离技术

在工业过程控制系统中，对被控设备的驱动常采用模拟量输出驱动和开关量输出驱动两种方式。其中，模拟量输出是指其输出信号(电压、电流)可变，根据控制算法，使设备在零到满负荷之间运行，在一定的时间 T 内输出所需的能量 P；开关量输出则是通过控制设备处于"开"或"关"状态的时间来达到运行控制的目的。如根据控制算法，同样要在 T 时间内输出能量 P，则可控制设备满负荷工作时间 t，即采用脉宽调制的方法，可达到相同的要求。开关量输出控制已越来越广泛地被应用，由于采用数字电路和计算机技术，对时间控制可以达到很高精度。因此，在许多场合，开关量输出控制精度比一般的模拟量输出控制高，而且利用开关量输出控制往往无需改动硬件，而只需改变程序就可用于不同的控制场合。

常见的开关信号输出的驱动及隔离电路有光电耦合接口、电磁继电器输出接口及固态继电器接口等。

1) 光电耦合接口

光电耦合接口是通过光电元器件来实现的，而光电元器件由发光二极管和光电三极管构成，如图 3-47 所示。其可应用于信号隔离、开关电路、数模转换、逻辑电路、长线传输、过载保护、高压控制和电路变换。

注意：单片机系统的接地与光电隔离器的输出部分的接地不能共地，而且两者的供电也应不同，这样才能达到电气上隔离的作用。

采用双向晶闸管的光电隔离电路如图 3-48 所示。

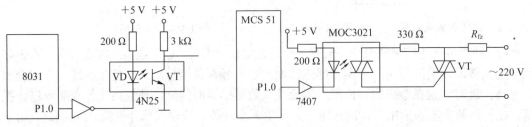

图 3-47　光电耦合接口电路　　　　　　　图 3-48　双向晶闸管触发接口电路

2) 电磁继电器输出接口

继电器是电气控制中常用的控制器件，它实际上是用较小的电流去控制较大电流的一种"自动开关"，因此在电路中起着自动调节、安全保护、转换电路等作用。

电磁继电器(EMR)一般由通电线圈和触点(常开或常闭)构成。当线圈通电时，由于磁场的作用，使常开触点闭合以及常闭触点断开，而触点输出部分可以直接与高电压连接，控制执行机构动作。电磁继电器接口电路如图 3-49 所示。

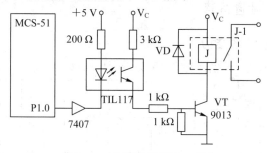

图 3-49　电磁继电器接口电路

3) 固态继电器接口

固态继电器(SSR)是一种新型的电子开关，与机械式继电器相比，其具有控制电流小、无触点、无噪声、可以实现光电隔离、工作频率高、体积小、寿命长等特点，在计算机测控领域中，有替代传统的机械式电磁继电器的趋势。固体继电器如图 3-50 所示。

图 3-50　固体继电器

固体继电器有直流型和交流型两种。直流型主要用于直流大功率场合，交流型有过零触发和非过零触发两种。交流型固态继电器本质是带光电隔离的可控硅组合装置，是一个有两个输入端，两个输出端的四端器件，外面用环氧封装。

直流型固态继电器的驱动电流在 $3\sim20$ mA，控制输出的工作电压在 $10\sim200$ V 左右，如图 3-51 所示。

图 3-51　直流型固体继电器

如果负载是感性的，需加二极管吸收反电势引起的电能，以保护直流固态继电器的输出部分。引脚 4 接负载端地，千万不能与控制端共地。直流固态继电器接口电路如图 3-52 所示。

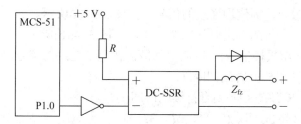

图 3-52　直流固态继电器接口电路

在电路中，三相电源通过交流型固态继电器加到电动机上，在控制方式上与直流型固态继电器相似。在具体应用中，应根据控制电压和被控制的电压的大小选择适当的固态继电器，并在使用中不能使负载端短路，以免造成大电流烧毁器件，要考虑器件的散热条件，而且使用感性负载时要加保护元件。一般固态继电器适用于大功率的控制场合。

三、模拟量输入/输出通道结构

1. 模拟量输入通道(AI)的结构

AI(Analog Input)通道的一般结构如图 3-53 所示。

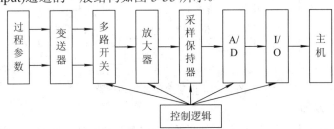

图 3-53　AI 通道的一般结构

　　AI 通道由信号检测单元、信号处理单元、多路开关、放大器、S/H、A/D 转换器以及控制电路组成。其工作过程是：过程参数由传感元件和变送器测量并转换为电压(或电流)形式后送至多路开关；在微机的控制下，由多路开关将各个过程参数依次地切换到后级进行放大、采样和 A/D 转换，实现过程参数的巡回检测。AI 通道的作用是实现 A/D 转换。

2. AI 通道中的信号变换

模拟信号到数字信号的转换包含信号采样和量化两个过程。

1) 信号采样

(1) 采样过程：模拟信号到采样信号的变换过程，也称为离散过程。

信号的采样过程如图 3-54 所示，由采样-保持器(S/H)完成。

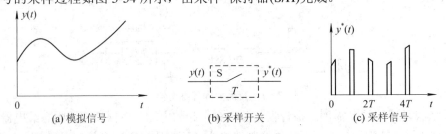

(a) 模拟信号　　　　　　(b) 采样开关　　　　　(c) 采样信号

图 3-54　信号的采样过程

模拟信号 $y(t)$：时间、幅值均连续的信号，如图 3-54(a)所示。

采样开关(采样器)：每隔一定时间闭合一次，如图 3-54(b)所示。

离散模拟信号 $y*(t)$(采样信号)：时间上离散，幅值上连续的信号，如图 3-54(c)所示。

采样周期：S 两次采样的时间间隔(T)。

采样时间/宽度：S 每次采样/闭合持续的时间(τ)。

采样时刻：一系列的时间点(0, T, $2T$, $3T$···)。

通常，连续函数的频带宽度是有限的，为一孤立的连续频谱，设其包括的最高频率为 f_{max}，采样频率为 f_s。

香农(Shannon)定理：如果随时间变化的模拟信号的最高频率为 f_{max}，只要按照采样频

率 $f_s \geqslant 2f_{max}$ 进行采样，那么取出的样品系列($f_1^*(t)$ ， $f_2^*(t)$ ，…)就足以代表(或恢复)$f(t)$。

(2) 采样方式。

周期采样——以相同的时间间隔进行采样，即 $t_{k+1} - t_k = T$。

多阶采样——$(t_{k+r} - t_k)$ 是周期性的重复，即$(t_{k+r} - t_k) =$ 常量，$r > 1$。

随机采样——没有固定的采样周期，是根据需要选择采样时刻。

2) 量化

量化过程中的信号变换如图 3-55 所示。

离散模拟信号 $y^*(t)$→ADC→数字信号 $y(nT)$

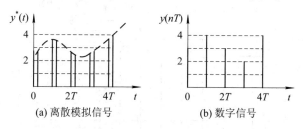

图 3-55 信号的量化过程

(1) 量化原理：用最基本的度量单位去度量某个采样时刻幅值的大小，然后进行小数归整，并且用一组二进制码表示的过程。

(2) 量化单位：指量化后二进制数的最低位(LSB)所对应的模拟量。

$$q = \frac{(y_{max} - y_{min})}{2^n} \tag{3-6}$$

式中：y_{max}、y_{min} 为要转换的采样信号的最大值、最小值；n 为 ADC 的字长。

若转换范围相同，$n \uparrow$，$q \downarrow$，则精确度↑，但量化误差不可避免。

(3) 量化误差(δ)：指某个采样时刻的幅值与其量化后所对应的数字量之间的差值。

四舍五入时，$-\frac{q}{2} \leqslant \delta \leqslant \frac{q}{2}$，即 $|\delta| \leqslant \frac{q}{2}$；截尾时，$0 \leqslant \delta \leqslant q$。

AI 通道中的信号变换过程如图 3-56 所示。

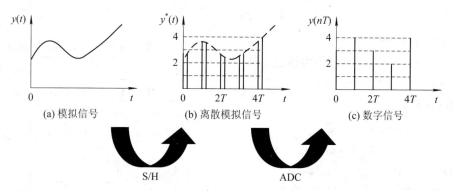

图 3-56 AI 通道中的信号变换过程

3. 多路开关(多路转换器)简介

一台微机可供十几到几十个回路使用，那么参数就需要分时采样和控制，因此出现了多路开关。多路开关的作用是将各输入信号依次或随机地连接到公用放大器或 ADC 上, 实现 n 选 1 操作; 或者把经计算机处理, 且由 D/A 转换器转换成的模拟信号按一定的顺序输出到不同的控制回路(或外部设备)中, 即完成一到多的转换。其具有断开电阻高、接通电阻低、切换速度快、噪音小、寿命长、无机械磨损、尺寸小、便于安装、使用方便、工作可靠等特点。

1) 常用芯片

(1) CD4051。CD4051 是单端 8 通道双向多路开关, 由逻辑电平转换电路、译码器和 8 个开关组成, 原理电路图如图 3-57 所示。

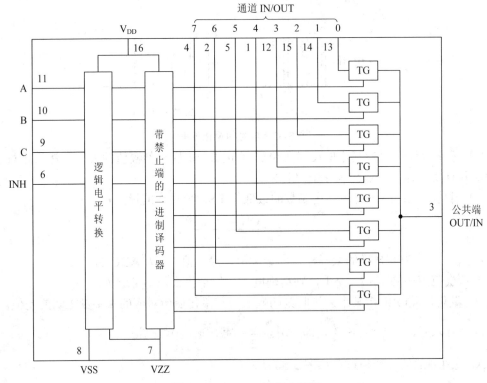

图 3-57　CD4051 原理电路图

引脚作用如下:

A、B、C——地址线, 作为通道选择。

INH——控制线, INH = 0 时, 选择一个通道与公共端接通。

0~7——输入/输出通道。

公共端——输出/输入通道。

VDD、VEE、VSS——电源端子。

CD4051 的真值表如表 3-18 所示。

(2) CD4097B。CD4097B 是双向双 8 通道多路模拟开关, 原理及引脚图如图 3-58 所示。

表 3-18　CD4051 的真值表

输 入 状 态				接通通道
INH	C	B	A	CD4051
0	0	0	0	0
0	0	0	1	1
0	0	1	0	2
0	0	1	1	3
0	1	0	0	4
0	1	0	1	5
0	1	1	0	6
0	1	1	1	7

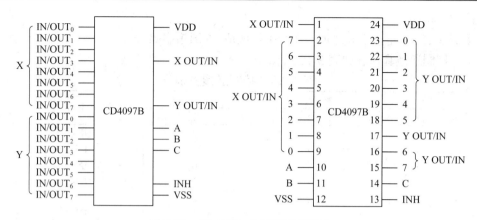

图 3-58　CD4097B 的原理及引脚图

引脚作用如下：

C、B、A——地址线，作为通道选择。

INH——控制线，INH = 0 时，选择一个通道与公共端接通。

0～7——输入/输出通道。

公共端——公用输出/输入通道。

VDD、VSS——电源端子。

CD4097B 的工作原理是每当接到选通信号时，X、Y 两通道同步切换，且两个通道均受同一组选择控制信号 C、B、A 的控制。

(3) 8816 芯片。8816 是 16 个输入端，8 个输出端的矩阵多路开关，原理电路图如图 3-59 所示。

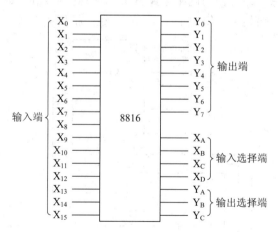

图 3-59　8816 的原理电路图

引脚功能如下：

Y_C、Y_B、Y_A——输出选择控制端，作为输出端选择。

X_D、X_C、X、X_A——输入选择控制端，作为输入端选择。

X_i 可以任选 Y_i。

2) 多路开关的扩展

多路开关的扩展方法是通过逻辑门和译码器等，将地址(或数据)总线与通道选择端和允许控制端相连。

【例 3-12】　将两个 8 通道 CD4051 扩展成 16 通道多路开关。

解　控制通道真值表如表 3-19 所示。

表 3-19　控制通道真值表

输 入 状 态				选中通道号
D_3	D_2	D_1	D_0	
0	0	0	0	IN_0
0	0	0	1	IN_1
0	0	1	0	IN_2
0	0	1	1	IN_3
0	1	0	0	IN_4
0	1	0	1	IN_5
0	1	1	0	IN_6
0	1	1	1	IN_7
1	0	0	0	IN_8
1	0	0	1	IN_9
1	0	1	0	IN_{10}
1	0	1	1	IN_{11}
1	1	0	0	IN_{12}
1	1	0	1	IIN_{13}
1	1	1	0	IN_{14}
1	1	1	1	IN_{15}

扩展方法如下：

由于两个多路开关只有两种状态，当 1# 多路开关工作时，2# 必须停止，或者相反。所以，只用一根地址总线即可作为两个多路开关的允许控制端的选择信号，而两个多路开关所对的通道选择输入端共用一组地址(或数据)总线。扩展电路如图 3-60 所示。

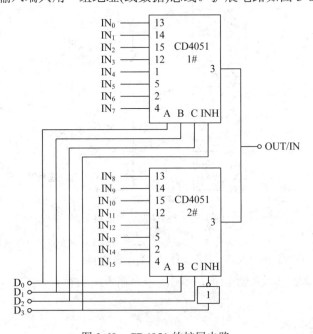

图 3-60　CD4051 的扩展电路

4．放大器

使用放大器的原因是传感器的输出信号是毫伏级(mV)的，而 ADC 需要的输入信号是 0～±5 V 或 10 V 的，所以必须先放大传感器的输出信号。

常见的是可编程放大器，它具有输入阻抗高、漂移低、增益可变、共模抑制能力强等优点。

5．采样-保持器(S/H)

由于 A/D 转换过程需要一定的时间，在 A/D 转换期间，如果输入信号变化较大，就会引起转换误差。为了保证 A/D 转换精度，保持待转换值不变，而在转换结束后又能跟随输入信号的变化，因此需要采样-保持器。另外，在模拟量输出通道中，为使各输出通道得到一个平滑的模拟量输出，必须保持一个恒定的值，这也需要采样-保持器。

采样-保持器的作用是：在 A/D 转换期间，保持采样信号不变；同时采样几个模拟量，以便进行数据处理和测量；减少 D/A 转换器的输出毛刺，从而消除输出电压的峰值及缩短稳定输出值的建立时间；把一个 D/A 转换器的输出分配到几个输出点，以保证输出的稳定性。

其工作方式如图 3-61 所示。

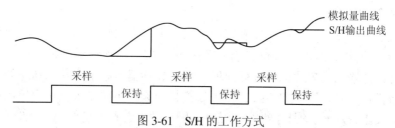

图 3-61　S/H 的工作方式

在采样方式中，采样-保持器的输出跟随模拟量输入电压。在保持状态时，采样-保持器的输出将保持命令发出时刻的模拟量输入值，直到保持命令取消(即再次接到采样命令)时为止。此时，采样-保持器的输出重新跟踪输入信号变化，直到下一个保持命令到来为止。采样时，S 闭合，充电；保持时，S 断开，量化，即 A/D 转换。

注意：S/H 一进入保持期，应立即启动 A/D 转换。

常用芯片有 LF198/298/398、AD582、AD585 等。

6．模拟量输出通道

模拟量输出通道的任务是把计算机处理后的数字量信号转换成模拟量电压或电流信号，去驱动相应的执行器，从而达到控制的目的。

模拟量输出通道(也称为 D/A 通道或 AO 通道)一般是由接口电路、数/模转换器(简称 D/A 或 DAC)和电压/电流变换器等构成。模拟量输出通道可分为多 D/A 结构和共享 D/A 结构，多 D/A 结构如图 3-62(a)所示，共享 D/A 结构如图 3-62(b)所示。

模拟量输出通道的优点是：

(1) 一路输出通道使用一个 D/A 转换器；

(2) D/A 转换器芯片内部一般都带有数据锁存器；

(3) D/A 转换器具有数字信号转换模拟信号、信号保持作用；

(4) 结构简单，转换速度快，工作可靠，精度较高，通道独立。

模拟量输出通道的缺点是所需 D/A 转换器芯片较多。

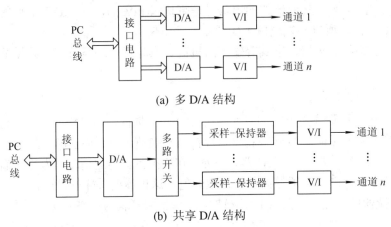

(a) 多 D/A 结构

(b) 共享 D/A 结构

图 3-62　模拟量输出通道基本构成

四、模/数(A/D)转换与数/模(D/A)转换

1. 模/数(A/D)转换

在单片机的实时测控和智能化仪表等应用系统中，常需将检测到的连续变化的模拟量(如温度、压力、流量、速度、液位和成分等)通过模拟量输入通道转换成单片机可以接收的数字量信号，并输入到单片机中进行处理。A/D 转换器是模拟量输入通道的主要组成部分，负责完成模拟量到数字量的转换。A/D 转换接口设计主要是根据用户提出的数据采集精度及速度等要求，按一定的技术准则和经济原因合理地选择通道结构和 A/D 转换器芯片，并配置多路模拟开关、前置放大器、采样-保持器、接口和控制电路等，实现模拟量到数字量的线性转换，从而对被测信号进行采集和处理。

1) A/D 转换器的分类

(1) 按转换输出数据的方式，A/D 转换器可分为串行与并行两种，其中并行 A/D 转换又可根据数据宽度分为 8 位、12 位、14 位、16 位等。

(2) 按输出数据类型，A/D 转换器可分为 BCD 码输出型和二进制输出型。

(3) 按转换原理，A/D 转换器可分为逐次逼近式、双积分式、计数器式和并行式。

2) A/D 转换的主要技术指标

(1) 分辨率：用数字量的位数来表示，位数越高，分辨率越高，对输入量的变化越灵敏。

(2) 量程：所能转换的电压范围。

(3) 转换精度：分为绝对精度和相对精度。它与分辨率不同。绝对精度指满刻度输出的实际电压与理想输出值之差；相对精度是指相对于转换器满刻度输出模拟电压的百分比。

(4) 转换时间：是指启动 A/D 转换到转换结束所需的时间。

(5) 工作温度范围：能够保证精度的工作温度范围。

(6) 对参考电压的要求：分为内部参考电压源和外部参考电压源。

3) 并行 A/D 转换及接口技术

ADC0809 的内部结构如图 3-63 所示。它与 8031 的接口电路如图 3-64 所示。

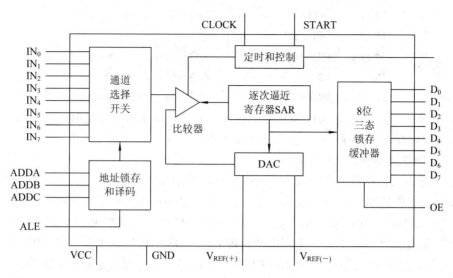

图 3-63　ADC0809 的内部结构

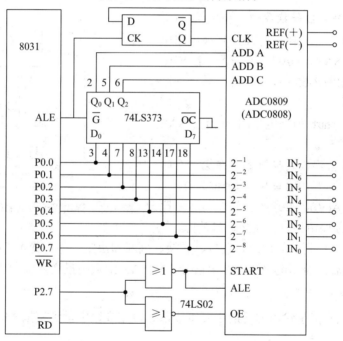

图 3-64　ADC0809 与 8031 的接口电路图

模数转换器与单片机接口的程序如下：

(1) 查询方式。

```
        STA2：    MOV     DPTR，#0F7FBH      ；指向 IN3 口的通道地址
                  MOVX    @DPTR，A           ；启动 IN3 口的 A/D 转换
                  MOV     R3，#20H           ；延时
        STA3：    DJNZ    R3，STA3
        STA4：    JB      P3.3，STA4         ；查询 A/D 转换是否结束，直至 P3.3=0
                  MOVX    A，@DPTR           ；读取 A/D 结果
```

MOV	DPH，R1	；DPTR 指向数据缓冲区地址
MOV	DPL，R2	
MOVX	@DPTR，A	；A/D 结果存入片外 RAM 中
INC	R2	；数据缓冲区地址更新
DJNZ	R7，STA2	；采样计数值减 1，循环 10 次

(2) 定时采样方式：向 A/D 发出启动脉冲信号后，先进行软件延时，延时时间取决于转换时间(例如 0809 为 100 μs)，延时结束后直接从 A/D 口读入转换结果。因此这种方式比查询方式转换速度更慢，故应用较少。

(3) 中断方式。在前两种方式中，A/D 采样过程中都要占用 CPU 大量的工作时间，降低了 CPU 的工作效率。在实时性要求高、控制口较多的情况下必须采用中断方式。在这种采样方式中，当启动 A/D 转换后，CPU 可处理其他事务，当 A/D 转换结束时，由 A/D 芯片向 CPU 发出 A/D 转换结束的中断申请，则 CPU 响应中断后，便进入中断服务程序，执行"读 A/D 转换结果"的操作。这样，CPU 和 A/D 芯片在时间上是并行工作的，所以提高了 CPU 的工作效率。

4) 逐次逼近型 A/D 转换原理

(1) 原理框图。逐次逼近型 A/D 转换电路由逐次逼近寄存器 SAR、DAC、比较器、LOGIC 及时钟等组成，如图 3-65 所示。

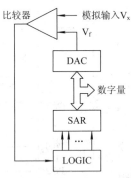

图 3-65　逐次逼近型 A/D 转换电路组成

(2) 工作过程。

① 启动信号 start 为高电平(上升沿)→SAR 清零。

② start 为下降沿，转换开始，在第一个时钟脉冲置 SAR 最高位 MSB = 1，其余位为 0。

③ 将该 D→A(V_f)，并送入比较器与 Vx 比较。若 $V_x \geq V_f$，则保留该位；反之，则清除。

④ 依次将次高位到最低位进行置位、转换、判断和决定，即可得 V_x 对应数字量。

⑤ 转换结束后，控制电路送出结束信号，将 SAR 中数字量送入缓冲寄存器。

2．数/模(D/A)转换

D/A 转换器是模拟量输出通道的主要组成部分，完成数字量到模拟量的转换。

1) D/A 转换器分类

(1) 根据输出是电流还是电压，D/A 转换器可以分为电压输出型和电流输出型。

(2) 根据输出端是串口还是并口，D/A 转换器可以分为串行输出型和并行输出型。

(3) 根据内部是否有锁存器，D/A 转换器可以分为无锁存器型和带锁存器型。

(4) 根据能否进行乘法运算，D/A 转换器可以分为乘算型和非乘算型。

2) D/A 转换的性能指标

(1) 分辨率：是指 D/A 转换器能分辨的最小输出模拟增量，即当输入数字发生单位数码变化时所对应输出模拟量的变化量，它取决于能转换的二进制位数，数字量位数越多，分辨率也就越高 。其分辨率与二进制位数 n 呈下列关系：

$$分辨率 = \frac{满刻度值}{2^n - 1} = \frac{V_{REF}}{2^n}$$

(2) 转换精度：是指转换后所得的实际值和理论值的接近程度，它和分辨率是两个不同的概念。例如，满量程时的理论输出值为 10 V，实际输出值是在 9.99～10.01 V 之间，其转换精度为 ±10 mV。对于分辨率很高的 D/A 转换器并不一定具有很高的精度。

(3) 非线性误差：是指输入数字量时，输出模拟量对于零的偏移值。此误差可通过 D/A 转换器的外接 V_{REF} 和电位器加以调整。

(4) 建立时间：是描述 D/A 转换速度快慢的一个参数，指从输入数字量变化到输出模拟量达到终值误差 1/2 LSB 时所需的时间。显然，稳定时间越大，转换速度越低。对于输出是电流的 D/A 转换器来说，稳定时间是很快的，约几微秒，而输出是电压的 D/A 转换器，其稳定时间主要取决于运算放大器的响应时间。

3) 并行 DAC 及接口技术

(1) 典型芯片 DAC0832 的内部结构如图 3-66 所示。

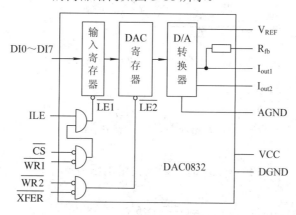

图 3-66　DAC0832 的内部结构图

① 组成：DAC0832 的原理及引脚如图 3-66 所示。DAC0832 主要由 8 位输入寄存器、8 位 DAC 寄存器、8 位 D/A 转换器以及输入控制电路四部分组成。8 位输入寄存器用于存放主机送来的数字量，使输入数字量得到缓冲和锁存，由 LE1 加以控制；8 位 DAC 寄存器用于存放待转换的数字量，由 LE2 加以控制；8 位 D/A 转换器输出与数字量成正比的模拟电流；由与门、非与门组成的输入控制电路来控制两个寄存器的选通或锁存状态。

② 主要引脚如下：

LE1、LE2——为 1 时，Q = D；为 0 时，数据锁存。

ILE、CS、WR1——同时有效，LE1 = 1，输入寄存器的 Q = D；反之，LE1 = 0，输入寄存器数据被锁存于 Q 端，D 的变化不影响 Q。

WR2、XFER——同时有效，LE2 = 1，DAC 寄存器的 Q = D；反之，LE2 = 0，DAC 寄存器数据被锁存于 Q 端。

V_{REF}——基准电压输入，一般与外部精确、稳定电压源相连。

I_{out1}、I_{out2}——DAC 电流输出 1、2，可作为运算放大器的两个差分输入信号，且 $I_{out1} + I_{out2} = C$(常数)。

R_{fb}——反馈电阻引出端(反馈电阻 R_{fb} 在芯片内部)

③ 工作方式有以下两种:

双缓冲工作方式:多个 DAC 同步输出,输出模拟量的同时采集下一个数字量。

单缓冲工作方式:两个寄存器之一直通或状态同时处于选通或锁存。

(2) DAC0832 的输出方式。多数 D/A 转换芯片输出的是弱电流信号,要驱动后面的自动化装置,需在电流输出端外接运算放大器。根据不同控制系统自动化装置需求的不同,输出方式可以分为电压输出、电流输出以及自动/手动切换输出等多种方式。下面主要介绍电压输出方式。

① 单极性电压输出方式的电路如图 3-67 所示。

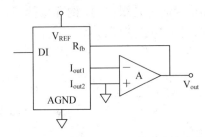

图 3-67　DAC0832 的单极性电压输出方式

输出电压的计算方法如下:

$$V_{out} = -I_{out1} \times R_{fb} = -\left(\frac{DI}{2^8}\right) \times V_{REF} \tag{3-7}$$

设 $V_{REF} = -5\ V$, $DI = FFH = 255$ 时,最大输出电压为

$$V_{max} = \left(\frac{255}{256}\right) \times 5\ V = 4.98\ V$$

$DI = 00H$ 时,最小输出电压为

$$V_{min} = \left(\frac{0}{256}\right) \times 5\ V = 0\ V$$

$DI = 01H$ 时,一个最低有效位(LSB)电压为

$$V_{LSB} = \left(\frac{1}{256}\right) \times 5\ V = 0.02\ V$$

② 双极性电压输出方式的电路如图 3-68 所示。图 3-68 中,运放 A2 的作用是将运放 A1 的单向输出变为双向输出。当输入数字量小于 80H 即 128 时,输出模拟电压为负;当输入数字量大于 80H 即 128 时,输出模拟电压为正。其他 n 位 D/A 转换器的输出电路与 DAC0832 相同,计算表达式中只要把 2^8-1 改为 2^n-1 即可。输出电压的计算式方法如下:

$$V_{out} = \left(\frac{DI - 2^7}{2^7}\right) \times V_{REF} \tag{3-8}$$

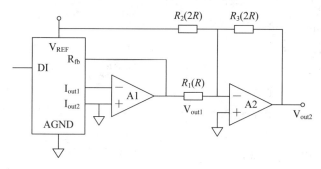

图 3-68 DAC0832 的双极性电压输出方式

设 $V_{REF} = 5\ V$，$DI = FFH = 255$ 时，最大输出电压为

$$V_{max} = \left(\frac{255 - 128}{128}\right) \times 5\ V = 4.96\ V$$

$DI = 00H$ 时，最小输出电压为

$$V_{min} = \left(\frac{0 - 128}{128}\right) \times 5\ V = -5\ V$$

$DI = 81H = 129$ 时，一个最低有效位电压为

$$V_{LSB} = \left(\frac{129 - 128}{128}\right) \times 5\ V = 0.04\ V$$

(3) DAC0832 的工作方式及与 MCS-51 的接口。

【例 3-6】 根据如图 3-69 所示，分别输出锯齿波、三角波及方波信号，并设选通地址为 FEH。

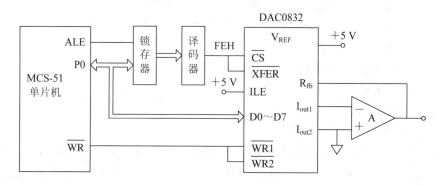

图 3-69 电路图

锯齿波程序如下：

```
        ORG    0100H
        MOV    R0, #0FEH
        CLR    A              ; 转换初值
LOOP:   MOVX   @R0, A         ; D/A 转换
```

```
        INC    A                    ；转换值增量
        NOP                         ；延时
        NOP
        NOP
        SJMP   LOOP
        END
```

三角波程序如下：

```
        ORG     0100H
        MOV     R0, #0FEH
        CLR    A
DOWN： MOVX    @R0, A               ；线性下降段
        INC     A
        JNZ     DOWN
        MOV     A, #0FEH ；
UP： MOVX     @R0, A               ；线性上升段
        DEC     A
        JNZ     UP
        SJMP    DOWN
        END
```

方波程序如下：

```
        ORG     0200H
        MOV     R0, #0FEH
LOOP： MOV     A, #00H             ；置上限电平
        MOVX    @R0, A
        ACALL   DELAY               ；形成方波顶宽
        MOV     A, #0FFH            ；置下限电平
        MOVX    @R0, A
        ACALL   DELAY               ；形成方波底宽
        SJMP    LOOP
        END
```

4) 串行 DAC 及接口技术

并行 D/A 转换芯片的转换时间短，通常不超过 10 μs，但它们的引脚较多，芯片体积大，与单片机连接时电路较复杂。因此，在有些远距离通信中，为节省连接导线，而且对转换速度要求不是很高的场合，可以选用串行 D/A 转换芯片。虽然输出建立时间较并行 D/A 转换芯片长，但是串行 D/A 转换芯片与单片机连接时所用引线少、电路简单，而且芯片体积小、价格低。AD7543 是美国 AD 公司生产的 12 位电流输出型串行输入的 D/A 转换器，建立时间为 2 μs，CMOS 工艺，功耗最大为 40 mW。其数字量由高位到低位逐次一位一位地输入。

(1) AD7543 结构及引脚功能如图 3-70 所示。

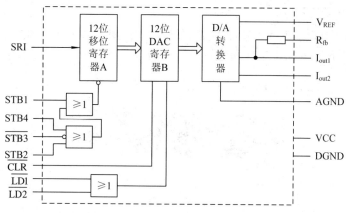

图 3-70 AD7543 结构及引脚功能

(2) AD7543 与 MCS-51 单片机的接口电路如图 3-71 所示。

注意：由于 AD7543 的 12 位数据是由高位至低位串行输入的，而 MCS-51 单片机串行口工作于方式 0 时，其数据是由低位至高位串行输出的。因此，在数据输出到 AD7543 之前必须对转换数据格式进行重新调整。

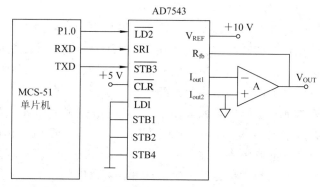

图 3-71 AD7543 与 MCS-51 单片机的接口电路

五、汽车常用显示器件简介

汽车电子仪表显示装置是用来向驾驶员显示汽车上各个主要系统工作情况的。目前，汽车电子仪表显示装置的显示方式主要有指针式、数字式、声光和图形辅助显示等。汽车常用电子显示器件要求显示器件能正确、清晰地显示。

常用电子显示器件的类型如图 3-72 所示。

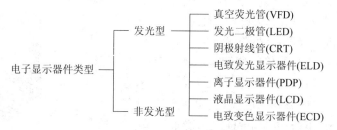

图 3-72 常用电子显示器件的类型

1. 阴极射线管(CRT)

阴极射线管(CRT)由英国人威廉·克鲁克斯首创，其可以发出射线，因此这种阴极射线管被称为克鲁克斯管，如图 3-73 所示。

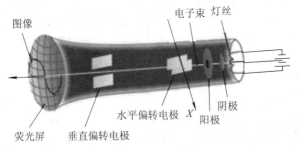

图 3-73　阴极射线管

阴极射线管是将电信号转变为光学图像的一类电子束管。人们熟悉的电视机显像管就是这样的一种电子束管，它主要由电子枪、偏转系统、管壳和荧光屏构成。

阴极射线管能提供聚集在荧光屏上的一束电子，以便形成直径略小于 1 mm 的光点。在电子束附近加上磁场或电场，电子束将会偏转，能显示出由电势差产生的静电场，或由电流产生的磁场。

一个阴极射线管的特征在于其具有真空管壳。该真空管壳的构成包括：面板部分，具有在内面上涂敷了荧光体的荧光面；管颈部分，收纳了具有旁热式阴极构体和控制电极以及加速电极的电子束产生部分，由聚焦电极和阳极电极构成并使电子束聚焦和加速的主透镜部分的电子枪；锥体部分，连接上述面板部分和上述管颈部分。其中，上述旁热式阴极构体具有热电子发射物质层的基底金属；在一个端部上保持基底金属，在内部设有收纳加热器的筒状套筒；在加热器的主要部分一侧具有大直径部分，在加热器的腿部一侧具有小直径部分，而且支承套筒的异形支承体；以及在加热器的腿部一侧具有大直径部分，在加热器的主要部分一侧具有小直径部分的阴极盘，并使套筒的另一端部分外面和支承体的小直径部分内面固定，从而使支承体的大直径部分外面和上述阴极盘的小直径部分内面固定。

阴极射线荧光粉有上百种，目前用于彩色显像管的典型发光粉是 ZnS、Ag(蓝色)、Zn、Cu、Al(黄绿色)等。若采用纳米发光材料则可提高 CRT 发光材料的发光率，可提高 CRT 显示屏的分辨率。ZnS、Mn 是目前较好的一种纳米级发光材料，可用于高清晰度索维电视显示。

阴极射线管显示器(CRT)是实现最早、应用最为广泛的一种显示技术，具有技术成熟、图像色彩丰富、还原性好、全彩色、高清晰度、较低成本和丰富的几何失真调整能力等优点，主要应用于电视、计算机显示器、工业监视器、投影仪等终端显示设备。

阴极射线管显示器是一种使用阴极射线管(Cathode Ray Tube)的显示器，主要由五部分组成：电子枪(Electron Gun)、偏转线圈(Deflection coils)、荫罩(Shadow mask)、荧光粉层(Phosphor)及玻璃外壳。阴极射线管显示器如图 3-74 所示。它是目前应用最广泛的显示器之一。CRT 纯平显示器具有可视角度大、无坏点、色彩还原度高、色度均匀、可调节的多分辨率模式、响应时间极短等 LCD 显示器难以超越的优点，而且现在的 CRT 显示器价格要比 LCD 显示器便宜不少。

图 3-74　阴极射线管显示器

CRT 常见种类如下：

(1) 磁场偏向型：以磁场令电子束产生偏向，产生磁场的偏向线圈附加在阴极射线管颈部外侧。电视机使用此种方式的显像管。

(2) 电场偏向型：以电场令电子束产生偏向，产生电场的偏向极板建在阴极射线管内部。示波器使用此种方式的显像管，以应付不同的扫描频率，但此方式需要较长的管身。

(3) 威廉士管：具有记忆保持功能的特殊阴极射线管。

2．真空荧光管(VFD)

真空荧光显示(Vacuum Fluorecent Display，VFD)是利用真空荧光管进行显示，简称 VFD。这是一种低能电子发光显示器件，它克服了 CRT 体积大、电压高的缺点，虽然是真空器件，但工作电压低、体积小和亮度高。其在环境亮度变化大和对低功耗无要求的场合有着优越性，所以在低中档显示领域，如计算器、汽车、仪器仪表方面有着广泛的应用。

VFD 根据结构一般可分为二极管和三极管两种；根据显示内容可分为数字显示、字符显示、图案显示、点阵显示；根据驱动方式可分为静态驱动(直流)和动态驱动(脉冲)。

3．发光二极管(LED)

50 年前人们已经了解半导体材料可产生光线的基本知识，第一个商用二极管产生于 1960 年。LED 是英文 Light Emitting Diode(发光二极管)的缩写。

它是半导体二极管的一种，可以把电能转化成光能。发光二极管与普通二极管一样是由一个 PN 结组成，具有单向导电性。当给发光二极管加上正向电压后，从 P 区注入 N 区的空穴和由 N 区注入 P 区的电子，在 PN 结附近数微米内分别与 N 区的电子和 P 区的空穴复合，产生自发辐射的荧光。不同的半导体材料中电子和空穴所处的能量状态不同。当电子和空穴复合时释放出的能量多少是不同的，释放出的能量越多，则发出的光的波长越短。常用的是发红光、绿光或黄光的二极管。

LED 只能往一个方向导通(通电)，叫做正向偏置(正向偏压)。当电流流过时，电子与空穴在其内复合而发出单色光，这叫电致发光效应。而光线的波长、颜色跟其所采用的半导体材料种类与掺入的元素杂质有关。其具有效率高、寿命长、不易破损、开关速度高、高可靠性等传统光源所不及的优点。白光 LED 的发光效率在近几年来已经有明显的提升，同时，在每千流明的购入价格上，也因为投入市场的厂商相互竞争的影响而明显下降。虽然越来越多人使用 LED 照明作办公室、家具、装饰、招牌甚至路灯用途，但在技术上，LED 在光电转换效率(有效照度对用电量的比值)上仍然低于新型的荧光灯，是国家以后发展民用的去向。常见发光二极管如图 3-75 所示。

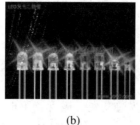

(a)　　　　　　　　　　　(b)　　　　　　　　　　　(c)

图 3-75　发光二极管

　　与小白炽灯泡和氖灯相比，发光二极管的特点是：工作电压很低(有的仅一点几伏)，工作电流很小(有的仅零点几毫安即可发光)，抗冲击和抗震性能好，可靠性高，寿命长，并通过调制通过的电流强弱可以方便地调制发光的强弱。由于有这些特点，发光二极管在一些光电控制设备中用作光源，在许多电子设备中用作信号显示器。把它的管心做成条状，用 7 条条状的发光管组成 7 段式半导体数码管，每个数码管可显示 0～9，10 个阿拉伯数字以及 A、b、C、d、E、F 等部分字母(必须区分大小写)。

　　发光二极管还可分为普通单色发光二极管、高亮度发光二极管、超高亮度发光二极管、变色发光二极管、闪烁发光二极管、电压控制型发光二极管、红外发光二极管和负阻发光二极管等。

　　LED 的控制模式有恒流和恒压两种，并有多种调光方式，比如模拟调光和 PWM 调光，大多数的 LED 都采用的是恒流控制，这样可以保持 LED 电流的稳定，不易受 VF 的变化，可以延长 LED 灯具的使用寿命。

　　(1) 普通单色发光二极管。普通单色发光二极管具有体积小、工作电压低、工作电流小、发光均匀稳定、响应速度快、寿命长等优点，可用各种直流、交流、脉冲等电源驱动点亮。它属于电流控制型半导体器件，使用时需串接合适的限流电阻。

　　普通单色发光二极管的发光颜色与发光的波长有关，而发光的波长又取决于制造二极管所用的半导体材料。红色发光二极管的波长一般为 650～700 nm；琥珀色发光二极管的波长一般为 630～650 nm；橙色发光二极管的波长一般为 610～630 nm 左右；黄色发光二极管的波长一般为 585 nm 左右；绿色发光二极管的波长一般为 555～570 nm。常用的国产普通单色发光二极管有 BT(厂标型号)系列、FG(部标型号)系列和 2EF 系列。

　　常用的进口普通单色发光二极管有 SLR 系列和 SLC 系列等。

　　(2) 高亮度单色发光二极管。高亮度单色发光二极管和超高亮度单色发光二极管使用的半导体材料与普通单色发光二极管不同，所以发光的强度也不同。

　　通常，高亮度单色发光二极管使用砷铝化镓(GaAlAs)等材料，超高亮度单色发光二极管使用磷铟砷化镓(GaAsInP)等材料，而普通单色发光二极管使用磷化镓(GaP)或磷砷化镓(GaAsP)等材料。

　　(3) 变色发光二极管。变色发光二极管是能变换发光颜色的发光二极管。变色发光二极管根据发光颜色种类可分为双色发光二极管、三色发光二极管和多色(有红、蓝、绿、白四种颜色)发光二极管。

　　变色发光二极管按引脚数量可分为二端变色发光二极管、三端变色发光二极管、四端变色发光二极管和六端变色发光二极管。常用的双色发光二极管有 2EF 系列和 TB 系列；常用的三色发光二极管有 2EF302、2EF312、2EF322 等型号。

　　(4) 闪烁发光二极管。闪烁发光二极管(BTS)是一种由 CMOS 集成电路和发光二极管组成的特殊发光器件，可用于报警指示及欠压、超压指示。

　　闪烁发光二极管在使用时，无需外接其他元件，只要在其引脚两端加上适当的直流工作电压(5 V)即可闪烁发光。

　　(5) 电压控制型发光二极管。普通发光二极管属于电流控制型器件，在使用时需串接适当阻值的限流电阻。电压控制型发光二极管(BTV)是将发光二极管和限流电阻集成制作为一体，使用时可直接并接在电源两端，使普通红光发光二极管电压可以工作在 3～10 V。

如 YX503URC、YX304URC、YX503BRC 电压型 LED 发光二极管，为工程技术开发人员提供更大的选择。

(6) 红外发光二极管。红外发光二极管也称红外线发射二极管，它是可以将电能直接转换成红外光(不可见光)并能辐射出去的发光器件，主要应用于各种光控及遥控发射电路中。

红外发光二极管的结构、原理与普通发光二极管相近，只是使用的半导体材料不同。红外发光二极管通常使用砷化镓(GaAs)、砷铝化镓(GaAlAs)等材料，采用全透明或浅蓝色、黑色的树脂封装。

常用的红外发光二极管有 SIR 系列、SIM 系列、PLT 系列、GL 系列、HIR 系列和 HG 系列等。

4．液晶显示器件(LCD)

1) 什么是液晶

液晶的发现可追溯到 19 世纪末，1888 年奥地利的植物学家 F.Reinitzer 在做加热胆甾醇的苯甲酸脂实验时发现，当加热使温度升高到一定程度后，结晶的固体开始溶解。但溶化后不是透明的液体，而是一种呈混浊态的黏稠液体，并发出多彩而美丽的珍珠光泽。当再进一步升温后，才变成透明的液体。这种混浊态黏稠的液体是什么呢？他把这种黏稠而混浊的液体放到偏光显微镜下观察，发现这种液体具有双折射性。于是德国物理学家 D.Leimann 将其命名为"液晶"，简称为"LC"。在这以后用它制成的液晶显示器件被称为 LCD。常见的 LCD 应用见图 3-76。

 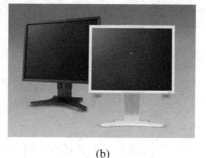

(a)   (b)

图 3-76 常见的 LCD 应用

液晶实际上是物质的一种形态，也有人称其为物质的第四态。

液晶分为两大类：溶致液晶和热致液晶。前者要溶解在水或有机溶剂中才显示出液晶态，后者则要在一定的温度范围内才呈现出液晶状态。

作为显示技术应用的液晶都是热致液晶。

2) 液晶显示器件的基本结构及分类

液晶显示器件的基本结构如图 3-77 所示。

液晶显示器按照控制方式不同可分为被动矩阵式 LCD 与主动矩阵式 LCD 两种。LCD 主要是段码式显示和点阵式显示。段码是最早最普通的显示方式，如计算器、电子表等。自从有了 MP3，就开发了点阵式，如 MP3、手机屏、数码相框这些高档消费品。

(1) 被动矩阵式。被动矩阵式 LCD 在亮度及可视角方面受到较大的限制，反应速度也较慢。由于画面质量方面的问题，使这种显示设备不利于发展为桌面型显示器，但由于成本低廉的因素，市场上仍有部分的显示器采用被动矩阵式 LCD。被动矩阵式 LCD 又可分为 TN-LCD(Twisted Nematic-LCD，扭曲向列 LCD)、HTN-LCD (High Twisted Netamic-LCD，高扭曲向列 LCD) 、STN-LCD(Super TN-LCD，超扭曲向列 LCD)和 DSTN-LCD(Double layer STN-LCD，双层超扭曲向列 LCD)。

　　(2) 主动矩阵式。目前应用比较广泛的主动矩阵式 LCD，也称为 TFT-LCD(Thin Film Transistor-LCD，薄膜晶体管 LCD)。TFT 液晶显示器是在画面中的每个像素内建晶体管，可使亮度更明亮、色彩更丰富及更宽广的可视面积。与 CRT 显示器相比，LCD 显示器的平面显示技术体现为较少的零件、占据较少的桌面及耗电量较小，但 CRT 技术较为稳定成熟。

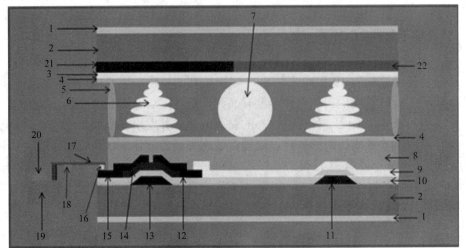

1—偏振片；2—玻璃基板；3—公共电极；4—取向层；5—封框胶；6—液晶；7—隔垫物；
8—保护层；9—ITO像素电极；10—栅绝缘层；11—存贮电容底电极；12—TFT漏电极；
13—TFT栅电极；14—有机半导体有源层；15—TFT源电极及引线；16—各向异性导电胶(ACF)；
17—TCP；18—驱动IC；19—印刷电路板(PCB)；20—控制IC；21—黑矩阵(BM)；22—彩膜(CF)

图 3-77　液晶显示器件的基本结构

　　3) LCD 的优点

　　(1) 由于 CRT 显示器是靠偏转线圈产生的电磁场来控制电子束的，而由于电子束在屏幕上又不可能绝对定位，所以 CRT 显示器往往会存在不同程度的几何失真、线性失真情况。而 LCD 由于其原理问题不会出现任何的几何失真、线性失真，这也是一大优点。

　　(2) 与传统 CRT 相比液晶在环保方面也表现得不错，这是因为 LCD 内部不存在像 CRT 那样的高压元器件，所以其不至于出现由于高压导致的 X 射线超标的情况，所以其辐射指标普遍比 CRT 要低一些。

　　(3) LCD 与传统 CRT 相比最大的优点还是在于耗电量和体积，对于传统 17 寸 CRT 来讲，其功耗几乎都在 80 W 以上，而 17 寸液晶的功耗大多数都在 40 W 上下，这样算下来，液晶在节能方面可谓优势明显。

六、LED 数码显示器概述

　　LED 数码管是单片机控制系统中最常用的显示器件之一，LED 数码管在单片机应用系统中的地位类似于 CRT(阴极射线管)显示器在台式微机系统中的地位。在单片机系统中，常用一只到数只，甚至十几只 LED 数码管显示 CPU 的处理结果、输入/输出信号的状态或大小。

1. LED 数码管

LED 数码管的外观如图 3-78(a)所示，笔段及其对应引脚排列如图 3-78(b)所示，其中 a～g 段用于显示数字或字符的笔画，dp 显示小数点，而 3、8 引脚连通，作为公共端。一英寸以下的 LED 数码管内，每一笔段含有 1 只 LED 发光二极管，导通压降为 1.2～2.5 V；而一英寸及以上 LED 数码管的每一笔段由多只 LED 发光二极管以串、并联方式连接而成，笔段导通电压与笔段内包含的 LED 发光二极管的数目、连接方式有关。

在串联方式中，确定电源电压 VCC 时，每只 LED 工作电压通常以 2.0 V 计算。例如，4 英寸七段 LED 数码显示器 LC4141 的每一笔段由四只 LED 发光二极管按串联方式连接而成，因此导通电压应在 7～8 V 之间，电源电压 VCC 必须取 9 V 以上。

根据 LED 数码管内各笔段 LED 发光二极管的连接方式，可以将 LED 数码管分为共阴极和共阳极两大类。在共阴极 LED 数码管中，所有笔段的 LED 发光二极管的负极连在一起，如图 3-78(c)所示；而在共阳极 LED 数码管中，所有笔段的 LED 发光二极管的正极连在一起，如图 3-78(d)所示。

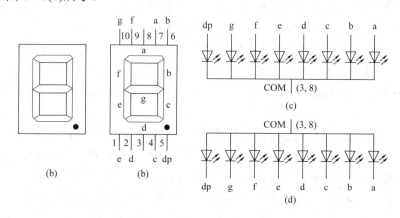

图 3-78   LED 数码显示管

2. LED 数码显示器接口电路

从 LED 数码管结构可以看出，点亮不同笔段就可以显示出不同的字符。例如，笔段 a、b、c、d、e、f 被点亮时，就可以显示数字"0"；又如笔段 a、b、c、d、g 被点亮时，就显示数字"3"。理论上，七个笔段可以显示 128 种不同的字符，扣除其中没有意义的组合状态后，七段 LED 数码管可以显示的字符如表 3-20 所示。

表 3-20   七段 LED 数码管可以显示的字符及字型代码

字型	共阴极字形代码	字型	共阴极字形代码	字型	共阴极字形代码
0	3FH	6	7DH	C	39H
1	06H	7	07H	d	5EH
2	5BH	8	7FH	E	79H
3	4FH	9	6FH	F	71H
4	66H	A	77H	灭	00H
5	6DH	b	7CH		

【实践活动】

1. I/O 端口与存储器地址常有_____和_____两种编排方式，8088/8086 处理器支持后者，设计有专门的 I/O 指令。其中指令 IN 是将数据从_____传输到_____，执行该指令时 8088/8086 处理器引脚产生_____总线周期。指令"OUT DX，AL"的目的操作数是_____寻址方式，源操作数是_____寻址方式。

2. DMA 的意思是_____，主要用于高速外设和内存间的数据传送。进行 DMA 传送的一般过程是：外设先向 DMA 控制器提出_____，DMA 控制器通过_____信号有效向 CPU 提出总线请求，CPU 回以_____信号有效表示响应。此时 CPU 的三态信号线将输出_____状态，即将它们交由_____进行控制，完成外设和内存间的直接数据传送。

3. 请描述采用查询方式进行 CPU 与外设间传送数据的过程。如果有一个输入设备，其数据口地址为 FFE0H，状态口地址为 FFE2H，当状态标志 $D_0=1$ 时，表明一个字节的输入数据就绪，请编写利用查询方式进行数据传送的程序段。要求从该设备读取 100 个字节并写到从 2000H:2000H 开始的内存中。(注意在程序中添加注释。)

4. 某字符输出设备，其数据口和状态口的地址均为 80H。在读取状态时，当标志位 D7＝0 时，表明该设备闲，可以接收一个字符，请编写利用查询方式进行数据传送的程序段。要求将存放于符号地址 ADDR 处的一串字符(以$为结束标志)输出给该设备。(注意在程序中添加注释。)

5. 结合中断传送的工作过程，简述有关概念：中断请求、中断响应、中断关闭、断点保护、中断源识别、现场保护、现场恢复、中断开放、中断返回以及中断优先权和中断嵌套。

6. 简述 CPU 与外设传送数据时为什么需要 I/O 接口？I/O 接口的基本功能有哪些？

7. 简述 I/O 接口传送的信息分为哪几类？传送的数据信息分为哪几种？

8. 简述统一编址方式和独立编址方式各有什么特点和优缺点？

9. 简述 CPU 与外设之间进行数据传送的几种常用形式，各有何优缺点？

10. 试画出 8 个 I/O 端口地址为 650H～657H 的译码电路(译码电路有 8 个输出端)。

任务五　认知串行通信与 CAN 总线

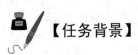【任务背景】

随着汽车电子技术的不断发展，汽车上各种电子控制单元的数目不断增加，并且连接导线也在显著增加，因而提高控制单元间通信可靠性和降低导线成本已成为迫切需要解决的问题。为此，以研发和生产汽车电子产品著称的德国 BOSCH 公司开发了 CAN(Controller

Area Network)总线协议，并使其成为国际标准(ISO11898)。本任务是让读者学习串行通信的基本概念，理解 MCS-51 单片机串行接口及工作方式，理解 CAN 总线的基础知识。

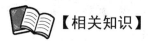【相关知识】

一、概述

1989 年，Intel 公司率先开发出 CAN 总线协议控制器芯片，到目前为止，世界上已经拥有 20 多家 CAN 总线控制器芯片生产商，110 多种 CAN 总线协议控制器芯片和集成 CAN 总线协议控制器的微处理器芯片。在北美和西欧，CAN 总线协议已经成为汽车计算机控制系统和嵌入式工业控制局域网的标准总线，并且拥有以 CAN 为底层协议专为大型货车和重工机械车辆设计的 J1939 协议。我国的汽车 CAN 总线技术起步较晚，但随着现代汽车电子的不断进步发展，其研究和应用正如火如荼地进行中。

CAN 总线就是一种微控制器间的串行通信技术。控制器局域网(CAN)是一种有效支持分布式控制或实时控制的现场总线，具有高性能和高可靠性的特点。随着现代汽车技术的发展，CAN 技术在汽车电子领域应用日益广泛。现代汽车典型的控制单元有电控燃油喷射系统、电控传动系统、防抱死制动系统(ABS)、防滑控制系统(ASR)、废气再循环系统、巡航系统、空调系统和车身电子控制系统(包括照明指示和车窗，刮雨器等)。完善的汽车 CAN 总线网络系统架构如图 3-79 所示。

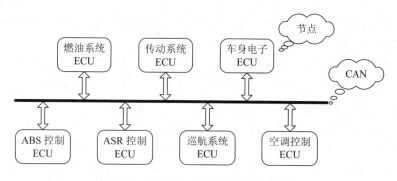

图 3-79 汽车 CAN 总线网络系统架构

二、串行通信的基本概念

计算机与外设或计算机之间的通信通常有两种方式：并行通信和串行通信。并行通信指数据的各位同时传送。并行方式传输数据速度快，但占用的通信线多，传输数据的可靠性随距离的增加而下降，只适用于近距离的数据传送。串行通信是指在单根数据线上将数据一位一位地依次传送。发送过程中，每发送完一个数据，再发送第二个，依此类推；接收数据时，每次从单根数据线上一位一位地依次接收，再把它们拼成一个完整的数据。串行通信与并行通信的区别如图 3-80 所示。在远距离数据通信中，一般采用串行通信方式，它具有占用通信线少、成本低等优点。

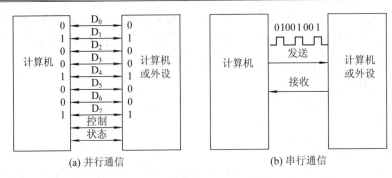

(a) 并行通信　　　　　　　　(b) 串行通信

图 3-80　串行通信与并行通信的区别

1. 基本概念

1) 数据传送方式

在串行通信中，数据在通信线路上的传送有三种方式：

(1) 单工(Simplex)方式：数据只能按一个固定的方向传送，如图 3-81(a)所示。

(2) 半双工(Half-duplex)方式：数据可以分时在两个方向传输，但是不能同时双向传输。若使用同一根传输线既作接收又作发送，虽然数据可以在两个方向上传送，但通信双方不能同时收发数据，这样的传送方式就是半双工制，如图 3-81(b)所示。采用半双工方式时，通信系统每一端的发送器和接收器，通过收/发开关转接到通信线上，进行方向的切换，因此会产生时间延迟。收/发开关实际上是由软件控制的电子开关。

当计算机主机用串行接口连接显示终端时，在半双工方式中，输入过程和输出过程使用同一通路。有些计算机和显示终端之间采用半双工方式工作，这时，从键盘打入的字符在发送到主机的同时就被送到终端上显示出来，而不是用回送的办法，所以避免了接收过程和发送过程同时进行的情况。

目前，多数终端和串行接口都为半双工方式提供了换向能力，也为全双工方式提供了两条独立的引脚。在实际使用时，一般并不需要通信双方同时既发送又接收，像打印机这类的单向传送设备，半双工甚至单工就能胜任，也无需倒向。

(3) 全双工(Full-duplex)方式：数据可以同时在两个方向上传输。当数据的发送和接收分流，分别由两根不同的传输线传送时，通信双方都能在同一时刻进行发送和接收操作，这样的传送方式就是全双工制，如图 3-81(c)所示。在全双工方式下，通信系统的每一端都设置了发送器和接收器，因此能控制数据同时在两个方向上传送。全双工方式无需进行方向的切换，因此没有切换操作所产生的时间延迟，这对那些不能有时间延误的交互式应用(如远程监测和控制系统)十分有利。这种方式要求通信双方均有发送器和接收器，同时需要两根数据线传送数据信号。(可能还需要控制线和状态线以及地线。)

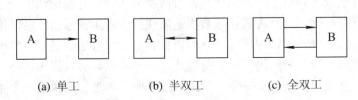

(a) 单工　　　　　　　　(b) 半双工　　　　　　　　(c) 全双工

图 3-81　数据传送方式

比如，计算机主机用串行接口连接显示终端，而显示终端带有键盘。这样，一方面键盘上输入的字符送到主机内存；另一方面，主机内存的信息可以送到屏幕显示。通常，往键盘上打入一个字符以后先不显示，计算机主机收到字符后，立即回送到终端，然后终端再把这个字符显示出来。这样，前一个字符的回送过程和后一个字符的输入过程是同时进行的，即工作于全双工方式。

2) 波特率和收/发时钟

• 波特率。所谓波特率，是指单位时间内传送的二进制数据的位数，以位/秒为单位，所以有时也叫数据位率。它是衡量串行数据传送速度快慢的重要指标和参量。

• 收/发时钟。在串行通信中，无论是发送还是接收，都必须有时钟信号对传送的数据进行定位和同步控制。通常收/发时钟频率与波特率之间有下列关系：

$$收/发时钟频率 = n × 波特率$$

一般 n 取 1、16、32、64 等。对于异步通信，常采用 $n = 16$；对于同步通信，则必须取 $n = 1$。

3) 误码率和串行通信中的差错控制

• 误码率。所谓误码率，是指数据经过传输后发生错误的位数(码元数)与总传输位数(总码元数)之比。其与通信线路质量、干扰大小及波特率等因素有关，一般要求误码率达到 10^{-6} 数量级。

• 差错控制。为了减小误码率，一方面要从硬件和软件两个方面对通信系统进行可靠性设计，以达到尽量少出错的目的；另一方面就是对传输的信息采用一定的检错、纠错编码技术，以便发现和纠正传输过程中可能出现的差错。常用的编码技术有奇偶校验、循环冗余码校验、海明码校验、交叉奇偶校验等。

4) 串行通信的基本方式

(1) 异步串行通信方式：通信的数据流中，字符间异步，字符内部各位间同步。异步通信以一个字符为传输单位，通信中两个字符间的时间间隔是不固定的，然而在同一个字符中的两个相邻位代码间的时间间隔是固定的。异步串行通信方式如图 3-82 所示。

图 3-82　异步串行通信方式

(2) 同步串行通信方式：通信的数据流中，字符间以及字符内部各位间都同步。以一个帧为传输单位，每个帧中包含有多个字符，前面附加一个或两个同步字符，最后以校验字符结束。在通信过程中，每个字符间的时间间隔是相等的，而且每个字符中各相邻位代码间的时间间隔也是固定的。同步串行通信方式如图 3-83 所示。

图 3-83　同步串行通信方式

目前，PC 机的串行接口基本上都是采用异步通信方式。

2. 异步串行通信标准接口

1) 通信协议

通信协议也叫通信规程，是指通信双方在信息传输格式上的一种约定。数据通信中，在接收/发送器之间传送的是一组二进制的"0"、"1"位串，但它们在不同的位置可能有不同的含义，有的只是用于同步，有的代表了通信双方的地址，有的是一些控制信息，有的则是通信中真正要传输的数据，还有的是为了差错控制而附加上去的冗余位。这些都需要在通信协议中事先约定好，以形成一种收/发双方共同遵守的格式。

在逐位传送的串行通信中，接收端必须能识别每个二进制位从什么时刻开始，即位定时。通信中一般以若干位表示一个字符，除了位定时外，还需要在接收端能识别每个字符从哪位开始，即字符定时。

异步串行通信时，每个字符作为一帧独立的信息，可以随机出现在数据流中，即每个字符出现在数据流中的相对时间是任意的。然而，一个字符一旦开始出现，字符中各位就以预先固定的时钟频率传送。因此，异步通信方式的"异步"主要体现在字符与字符之间，至于同一字符内部的位与位间却是同步的。可见，为了确保异步通信的正确性，必须找到一种方法，使收发双方在随机传送的字符与字符间实现同步。这种方法就是在字符格式中设置起始位和停止位。

异步通信的传输格式如图 3-82 所示。每帧信息(即每个字符)由起始位、数据位、奇偶校验位、停止位四部分组成，如图 3-84 所示。

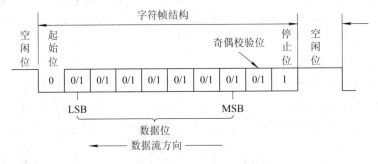

图 3-84　字符帧格式

起始位：用逻辑"0"表示传输字符的开始。

数据位：紧跟起始位之后，数据位长度可以是 4、5、6、7 或 8 位，构成一个字符，通常低位在前，高位在后。

奇偶校验位：数据位加上这一位后，使"1"的位数应为偶数(偶校验)或奇数(奇校验)，以此来校验数据传送的正确性。

停止位：一个字符数据的结束标志，可以是 1 位、1.5 位、2 位的高电平。

空闲位：处于逻辑"1"状态，表示当前线路上没有数据传送。

异步通信格式中起始位和停止位起着至关重要的作用。起始位标志每个字符的开始，通知接收器开始装置一个字符，以便和发送器取得同步；停止位标志每个字符的结束。通过起始位和停止位的巧妙结合，实现异步字符传输的同步。由于这种同步只需在一个字符期间保持，下一个字符又将包含新的起始位和停止位，所以发送器和接收器不必使用同一个时钟，只需分别使用两个频率相同的局部时钟，使它们在一个字符时间内收发双方的串行位流能保持同步，即可做到正确可靠地传送。关键是接收器必须准确地发现每个字符开始出现的时刻，为此，协议规定起始位和停止位必须采用相反的极性，前者为低电平"0"，后者为高电平"1"。利用前一个字符的高电平停止位到后一个字符的低电平起始位的负跳变，接收器便知道这是一个字符的开始，可以以此作为新字符内，位检测与采样的时间基准。正是为了保证这种从一个字符到另一个字符的转换必须以负跳变开始，通信协议规定在字符与字符之间出现空闲状态时，空闲位也一律用停止位的"1"填充。

停止位长度规定可以取 1 位、1.5 位或 2 位。一般有效数据为 5 位(称为五单位字符码)时停止位取 1 位或 1.5 位，其他单位的字符码停止位取 1 位或 2 位。至于有效数据位后面的奇偶校验位，协议规定可以有，也可以没有。

在数据通信中，按照"国际电报电话咨询委员会"(CCITT)的建议，通常将逻辑"0"称为"空号"(Space)，而将逻辑"1"称为"传号"(Mark)。按这种定义，在异步通信中，每个字符的传送都必须以"空号"开始，以"传号"结束和填充空闲位。

由于异步通信系统中接收器和发送器使用的是各自独立的控制时钟，尽管它们的频率要求选的相同，但实际上总不可能真正严格相同，两者的上下边沿不可避免地会出现一定的时间偏移。为了保证数据的正确传送，不致因收/发双方时钟的相对误差而导致接收端的采样错误，除了上述的采用相反极性的起始位和停止位/空闲位提供准确的时间基准外，通常还采用一些另外的措施。如接收器在每位码元的中心采样，以获得最大的收/发时钟频率偏差容限；或者，接收器采用比传送波特率更高频率的时钟来控制采样时间，以提高采样的分辨能力和抗干扰能力。

2) 串行接口标准

串行接口标准指的是计算机或终端(数据终端设备 DTE)的串行接口电路与调制解调器MODEM 等(数据通信设备 DCE)之间的连接标准。

应用最广泛的是 EIA RS-232C 接口标准。RS-232C 是 EIA(美国电子工业协会)1969 年修订的 RS-232C 标准。RS-232C 定义了数据终端设备(DTE)与数据通信设备(DCE)之间的物理接口标准。

(1) RS-232C 接口特点。RS-232C 接口规定使用 25 针连接器，如图 3-85 所示，只有 9个信号经常使用。连接器的尺寸及每个插针的排列位置都有明确的定义(阳头)。

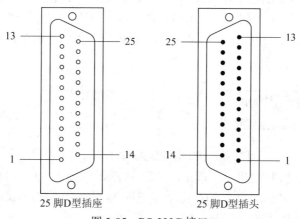

25 脚D型插座　　　　　　25 脚D型插头

图 3-85　RS-232C 接口

(2) RS-232C 的信号定义及说明。

DB-9 型 RS-232 串口连接器引脚如图 3-86 所示。

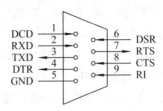

图 3-86　DB-9 型 RS-232 串口连接器引脚图

DSR(Data Set Ready，数据通信设备就绪)——有效时(ON 状态)，表明 MODEM 处于可以使用的状态。

DTR(Data Terminal Ready，数据终端就绪)——有效时(ON 状态)，表明数据终端可以使用。

RTS(Request To Send，请求发送)——有效时(ON 状态)，表明数据终端要发送数据，向 MODEM 请求发送，常用来控制 MODEM 是否要进入发送状态。

CTS(Clear To Send，允许发送)——有效时(ON 状态)，表示 DCE 准备好接收 DTE 发来的数据，是对 RTS 的响应信号。

DCD(Data Carrier Detection，载波检出)——有效时(ON 状态)，表明 DCE 已接通通信链路，告知 DTE 准备接收数据。此线也叫接收线信号检出(Received Line Signal Detection-RLSD)。

RI(Ringing，振铃指示)——有效时(ON 状态)，表明 MODEM 收到交换台送来的振铃呼叫信号时，通知终端，已被呼叫。

TXD(Transmitted Data，发送数据线)——数据终端通过 TXD 线将串行数据发送到通信线路。

RXD(Received Data，接收数据线)——数据终端通过 RXD 线接收通信线送来的串行数据。

GND——地线。

在单片机与上位机给出的 RS-232 口之间，通过电平转换电路(如 Max232 芯片)实现 TTL 电平与 RS-232 电平之间的转换。PC 串口与单片机串口连接方式如图 3-87 所示。交叉连接的意思是 PC 机的 DB9 的 RXD 连着单片机的 DB92 的 TXD，而单片机的 DB9 的 RXD 则连着 PC 机的 DB9 的 TXD。

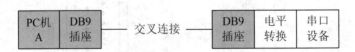

图 3-87　PC 串口与单片机串口连接方式

RS-232C 标准采用 EIA 电平，规定："1"的逻辑电平在 −3～−15 V 之间，"0"的逻辑电平在 +3～+15 V 之间。由于 EIA 电平与 TTL 电平完全不同，如图 3-88 所示，因此必须进行相应的电平转换。

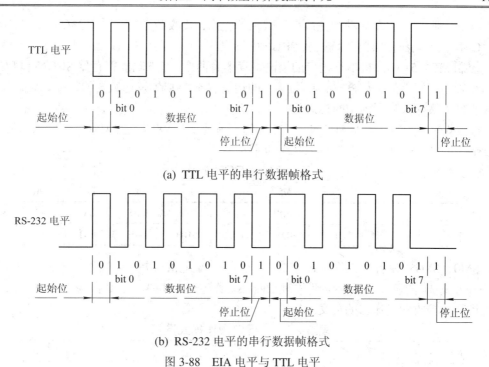

(a) TTL 电平的串行数据帧格式

(b) RS-232 电平的串行数据帧格式

图 3-88　EIA 电平与 TTL 电平

三、MCS-51 单片机串行接口及工作方式

1. 串行口基本结构

MCS-51 有一个可编程的全双工串行通信接口，可作为通用异步接收/发送器 UART，也可作为同步移位寄存器。它的帧格式有 8 位、10 位和 11 位，可以设置为固定波特率和可变波特率，给使用者带来很大的灵活性。其基本结构如图 3-89 所示。

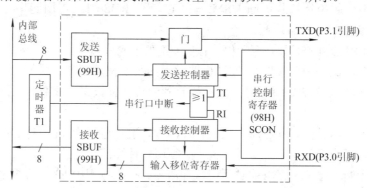

图 3-89　串行口基本结构

由图 3-89 可见，MCS-51 单片机的串行口有两个物理上独立的接收、发送缓冲器 SBUF(属于特殊功能寄存器)，可同时发送、接收数据。发送缓冲器只能写入不能读出，接收缓冲器只能读出不能写入，两个缓冲器共用一个特殊功能寄存器字节地址(99H)。

2. MCS-51 的串行口控制寄存器

在完成串行口初始化后，发送数据时，采用 MOV SBUF, A 指令，将要发送的数据写入 SBUF，则 CPU 自动启动和完成串行数据的输出；接收数据时，采用 MOV A，SBUF 指令，CPU 就自动将接收到的数据从 SBUF 中读出。

控制 MCS-51 单片机串行接口的控制寄存器有两个：特殊功能寄存器 SCON 和 PCON，用以设置串行端口的工作方式、接收/发送的运行状态、接收/发送数据的特征、数据传输率的大小，以及作为运行的中断标志等。

(1) 串行口控制寄存器 SCON。SCON 的字节地址是 98H，位地址(由低位到高位)分别是 98H~9FH。SCON 的格式如表 3-21 所示。

表 3-21　SCON 的格式

	D7	D6	D5	D4	D3	D2	D1	D0	
SCON	SM0	SM1	SM2	REN	TB8	RB8	TI	RI	98H
位地址	9FH	9EH	9DH	9CH	9BH	9AH	99H	98H	

SM0、SM1：串行口工作方式控制位，00——方式 0；01——方式 1；10——方式 2；11——方式 3，如表 3-22 所示。两位对应四种工作方式，其中，f_{osc} 是振荡器的频率，UART 为通用异步接收和发送器的英文缩写。

表 3-22　串行口操作模式选择

SM0　SM1	模　式	功　能	波　特　率
0　　0	0	同步移位寄存器	$f_{osc}/12$
0　　1	1	8 位 UART	可变(T1 溢出率)
1　　0	0	9 位 UART	$f_{osc}/64$ 或 $f_{osc}/32$
1　　1	1	9 位 UART	可变(T1 溢出率)

SM2：仅用于方式 2 和方式 3 的多机通信控制位。其中发送机 SM2=1(要求程控设置)。接收机的串行口工作于方式 2 或方式 3：SM2=1 时，若 RB8=1，可引起串行接收中断；若 RB8=0，不引起串行接收中断。SM2=0 时，若 RB8=1，可引起串行接收中断；若 RB8=0，亦可引起串行接收中断。

REN：串行接收允许位，0 表示停止接收，1 表示允许接收。

TB8：在方式 2、3 中，TB8 是发送机要发送的第 9 位数据。

RB8：在方式 2、3 中，RB8 是接收机接收到的第 9 位数据，该数据正好来自发送机的 TB8。

TI：发送中断标志位。发送前必须用软件清零，发送过程中 TI 保持零电平，发送完一帧数据后，由硬件自动置 1。如要再发送，必须用软件再清零。

RI：接收中断标志位。接收前必须用软件清零，接收过程中 RI 保持零电平，接收完一帧数据后，由片内硬件自动置 1。如要再接收，必须用软件再清零。

(2) 电源控制寄存器 PCON。PCON 的字节地址为 87H，无位地址，其格式如表 3-23 所示。

表 3-23　电源控制寄存器 PCON 格式

D7	D6	D5	D4	D3	D2	D1	D0
SMOD	SMOD	LVDF	POF	GF1	GF0	PD	IDL

PCON 是为在 CMOS 结构的 MCS-51 单片机上实现电源控制而附加的，对于 HMOS 结构的 MCS-51 系列单片机，除了第 7 位外，其余都是虚设的。与串行通信有关的也就是第 7 位，称做 SMOD，它的用处是使数据传输率加倍。

SMOD：数据传输率加倍位。在计算串行方式 1、2、3 的数据传输率时，0 表示不加倍，1 表示加倍。

其余有效位说明如下。

GF1、GF2：通用标志位。

PD：掉电控制位，0 表示正常方式，1 表示掉电方式。

IDL：空闲控制位，0 表示正常方式，1 表示空闲方式。

除了以上两个控制寄存器外，中断允许寄存器 IE 中的 ES 位也用来作为串行 I/O 中断允许位。当 ES＝1，允许串行 I/O 中断；当 ES＝0，禁止串行 I/O 中断。中断优先级寄存器 IP 的 PS 位则用作串行 I/O 中断优先级控制位。当 PS＝1，设定为高优先级；当 PS＝0，设定为低优先级。

3．工作方式

MCS-51 单片机可以通过软件设置串行口控制寄存器 SCON 中 SM0(SCON.7)和 SM1(SCON.6)来指定串行口的四种工作方式。串行口操作模式选择如表 3-22 所示。下面对这四种工作模式作进一步介绍。

1）方式 0

当设定 SM1、SM0 为 00 时，串行口工作于方式 0，它又叫同步移位寄存器输出方式。在方式 0 下，数据从 RXD(P3.0)端串行输出或输入，同步信号从 TXD(P3.1)端输出，发送或接收的数据为 8 位，低位在前，高位在后，没有起始位和停止位。数据传输率固定为振荡器的频率 1/12，也就是每一机器周期传送一位数据。方式 0 可以外接移位寄存器，将串行口扩展为并行口，也可以外接同步输入/输出设备。并且执行任何一条以 SBUF 为目的的寄存器指令时，就开始发送。

方式 0 的时序图如图 3-90 所示。

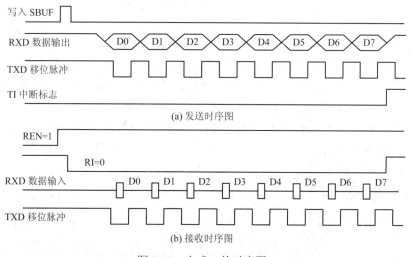

图 3-90 方式 0 的时序图

2) 方式 1

当设定 SM1、SM0 为 01 时，串行口工作于方式 1。方式 1 为数据传输率可变的 8 位异步通信方式，由 TXD 发送，RXD 接收，一帧数据为 10 位，1 位起始位(低电平)，8 位数据位(低位在前)和 1 位停止位(高电平)。数据传输率取决于定时器 1 或 2 的溢出速率(1/溢出周期)和数据传输率是否加倍的选择位 SMOD。

对于有定时器/计数器 2 的单片机，当 T2CON 寄存器中 RCLK 和 TCLK 置位时，用定时器 2 作为接收和发送的数据传输率发生器；而 RCLK = TCLK = 0 时，用定时器 1 作为接收和发送的数据传输率发生器。两者还可以交叉使用，即发送和接收采用不同的数据传输率。类似于方式 0，发送过程是由执行任何一条以 SBUF 为目的的寄存器指令引起的。

方式 1 的时序图如图 3-91 所示。

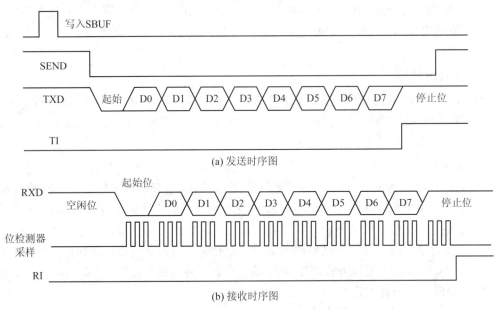

(a) 发送时序图

(b) 接收时序图

图 3-91　方式 1 的时序图

3) 方式 2

当设定 SM0、SM1 为 10 时，串行口工作于方式 2，此时串行口被定义为 9 位异步通信接口。采用这种方式可接收或发送 11 位数据，以 11 位为一帧，比方式 1 增加了一个数据位，其余相同。第 9 个数据即 D8 位用作奇偶校验或地址/数据选择，可以通过软件来控制它，再加上特殊功能寄存器 SCON 中的 SM2 位的配合，可使 MCS-51 单片机串行口适用于多机通信。发送时，第 9 位数据为 TB8；接收时，第 9 位数据送入 RB8。方式 2 的数据传输率固定，只有两种选择，为振荡率的 1/64 或 1/32，可由 PCON 的最高位选择。

4) 方式 3

当设定 SM0、SM1 为 11 时，串行口工作于方式 3。方式 3 与方式 2 类似，唯一的区别是方式 3 的数据传输率是可变的。而方式 3 的帧格式与方式 2 一样为 11 位一帧，所以方式 3 也适合于多机通信。

方式 2 和方式 3 均为 11 位异步通信接口，它们的时序图如图 3-92 所示。

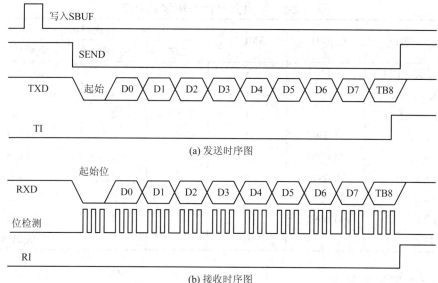

(a) 发送时序图

(b) 接收时序图

图 3-92 方式 2 和方式 3 的时序图

4. 数据传输率的确定

串行口每秒钟发送(或接收)的位数就是数据传输率。

对方式 0 来说,数据传输率已固定成 $f_{osc}/12$,随着外部晶振的频率不同,数据传输率亦不相同。常用的 f_{osc} 有 12 MHz 和 6 MHz,所以数据传输率相应为 1000×10^3 和 500×10^3 bit/s。在此方式下,数据将自动地按固定的数据传输率发送/接收,完全不用设置。

对方式 2 而言,数据传输率的计算式为 $2^{SMOD} \times f_{osc}/64$。当 SMOD=0 时,数据传输率为 $f_{osc}/64$;当 SMOD=1 时,数据传输率为 $f_{osc}/32$。在此方式下,程控设置 SMOD 位的状态后,数据传输率就确定了,不需要再作其他设置。

对方式 1 和方式 3 来说,数据传输率和定时器 1 的溢出率有关,定时器 1 的溢出率为

$$定时器 1 的溢出率 = 定时器 1 的溢出次数/秒$$

方式 1 和方式 3 的数据传输率计算式为

$$数据传输率 = \frac{2^{SMOD}}{32} \times T1 溢出率 \tag{3-9}$$

根据 SMOD 状态位的不同,数据传输率有 T1/32 溢出率和 T1/16 溢出率两种。由于 T1 溢出率的设置是方便的,因而数据传输率的选择将十分灵活。前已叙及,定时器 T1 有四种工作方式,为了得到其溢出率,而又不必进入中断服务程序,往往使 T1 设置在工作方式 2 的运行状态,也就是 8 位自动加入时间常数的方式。

常用数据传输率的设置方法如表 3-24 所示。

综上所述,串行口的四种工作方式对应三种波特率:

$$方式 0 的波特率 = \frac{f_{osc}}{12};\quad 方式 0 的波特率 = \frac{2^{SMOD}}{32} \times T 溢出率$$

$$方式 2 的波特率 = \frac{2^{SMOD}}{64} \times f_{osc};\quad 方式 2 的波特率 = \frac{2^{SMOD}}{32} \times T 溢出率$$

表 3-24　常用数据传输率设置方法

数据传输率/Hz	f_{osc}/MHz	SMOD	定时器 1		
			C/T	方式	重新装入值
方式 0 最大：1 M	12	X	X	X	X
方式 2 最大：375 k	12	1	X	X	X
方式 1、3：62.5 k	12	1	0	2	FFH
19.2 k	11.0592	1	0	2	FDH
9.6 k	11.0592	0	0	2	FDH
4.8 k	11.0592	0	0	2	FAH
2.4 k	11.0592	0	0	2	F4H
1.2 k	11.0592	0	0	2	E8H
110	12	0	0	1	0FEEH

四、CAN 总线基础知识

1. CAN 总线简介

就像汽车电子技术在 20 世纪 70 年代引入集成电路、80 年代引入微处理器一样，现在数据 CAN 总线技术的引入也将是汽车电子技术发展的一个里程碑。CAN 总线是为解决现代汽车中众多的控制与测试仪器之间的数据交换而推出的一种串行数据通信协议。由于 CAN 总线具有很高的网络安全性、通信可靠性和实时性，简单实用，网络成本低，特别适用于现场干扰大、信息复杂、数量大的汽车控制系统。

CAN 总线又称做汽车总线，全称为"控制器局域网(Controller Area Network)"，意思是区域网络控制器，它将各个单一的控制单元以某种形式(多为星形)连接起来，形成一个完整的系统。在该系统中，各控制单元都以相同的规则进行数据传输交换和共享，所以又称为数据传输协议。CAN 总线最早是德国 Bosch 公司为解决现代汽车中众多的电控模块(ECU)之间的数据交换而开发的一种串行通信协议。

在工程实际中，CAN 总线是对汽车中标准的串行数据传输系统的习惯叫法。随着车用电气设备越来越多，从发动机控制到传动系统控制，从行驶、制动、转向系统控制到安全保证系统及仪表报警系统，使汽车电子系统形成一个复杂的大系统，并且都集中在驾驶室控制。另外，随着近年来智能运输系统(ITS)的发展，以 3G(GPS、GIS 和 GSM)为代表的新型电子通信产品的出现，它对汽车的综合布线和信息的共享交互提出了更高的要求。CAN 总线正是为满足这些要求而设计的。

CAN 总线主要由四部分组成：导线、控制器、收发器和终端电阻。其中导线是由两根普通铜导线绞在一起的双绞线。控制器的作用是对收到和发送的信号进行翻译。收发器负责接收和发送网络上共享的信息。电阻是阻止 CAN 总线信号产生变化电压的反射，当电阻出现故障，则控制单元的信号无效。

CAN 总线基本特点如下：

(1) 废除传统的站地址编码，代之以对通信数据块进行编码，可以多种方式工作。

(2) 采用非破坏性仲裁技术。当两个节点同时向网络上传送数据时，优先级低的节点主动停止数据发送；而优先级高的节点可不受影响继续传输数据，有效避免了总线冲突。

(3) 采用短帧结构。每一帧的有效字节数为 8 个，数据传输时间短，受干扰的概率就低，重新发送的时间也就短。

(4) 每帧数据都有 CRC 校验及其他检错措施，保证了数据传输的高可靠性，适于在高干扰环境下使用。

(5) 节点在错误严重的情况下，具有自动关闭总线的功能，即切断它与总线的联系，以使总线上其他操作不受影响。

可以点对点、一对多及广播集中方式传送和接收数据，如图 3-79 所示。

2．CAN 网络结构

应用 CAN 总线技术将一系列智能模块通过通信介质构成实用的 CAN 网络，系统的结构如图 3-93 所示。智能模块作为智能节点，又分为上位节点和下位节点两种。上位节点主要由 PC 机、连接至 PC 机内部的 CAN 总线通信接口适配卡组成；下位节点主要由 MCU(微控制器)、CANCONTROU 点 R(CAN 控制器)、CANTRANCEIVER(CAN 收发器)组成。上位节点负责对整个系统的管理和调度、发送控制指令、请求传输数据，以及对下位节点采集的数据进行分析等；而下位节点负责完成各个控制器、执行机构、监测仪器、传感器等 ECU(电子控制装置)之间的数据交换。

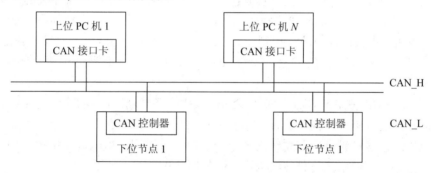

图 3-93　CAN 网络系统结构

3．基于 CAN 总线的汽车控制系统

1) 汽车控制系统

21 世纪以来，汽车上的部件越来越多的由电子控制单元(ECU)控制，如电子燃油喷射装置、防抱制动装置、安全气囊装置等。随着集成电路及单片机在汽车上的广泛应用，车上的 ECU 数量也随之增多。因此，若采用传统布线方式，即电线一端与开关相接，另一端与用电设备相通，将导致车上电线数目急剧增加，其质量将会占到总车质量的 4% 左右。而且，随之增加的复杂电路也会降低车辆的可靠性。为此，一种新的概念——车用控制器局域网络 CAN(Controller Area Network)应运而生。系统总体结构如图 3-94 所示。

图 3-94 采用双绞线连接车身电脑、汽车仪表、ABS、电喷、故障诊断仪等五个下位节点。其中，车身电脑(ECU1)为主控节点，其他节点(ECU2~ECU5)为从节点。主控节点监督和管理所有从节点，从节点负责测量和控制生产过程参数。此外，为了实现人机交互操作，我们在系统中增加了一个上位机节点，以便实现系统的实时监测与调试、请求上传故障诊断仪记录的数据、分析上传数据等功能。

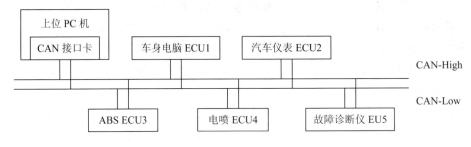

图 3-94　网络系统总体结构

2) 汽车上的 CAN 总线

由于汽车的很多部分都由独立的电子控制器进行控制，为了将整个电动汽车内各系统统一管理，实现数据共享和相互之间协同工作，利用 CAN 总线进行数据传递是一个必然的趋势。目前汽车上的网络连接方式主要采用 2 条 CAN，一条用于驱动系统的高速 CAN，速率一般可达到 500 kb/s，最高可达 1000 kb/s；另一条用于车身系统低速 CAN，速率是 100 kb/s。

驱动系统 CAN(CAN-High，也称动力主线)主要连接对象是发动机控制器(ECU)、ABS 控制器、安全气囊控制器等，它们的基本特征都是控制与汽车行驶直接相关的系统。

车身系统 CAN(CAN-Low，也称舒适总线)主要连接和控制汽车内外部照明、灯光信号、空调、刮水电机、中央门锁与防盗控制开关、故障诊断系统、组合仪表及其他辅助电器等。

有些高档车辆还有第 3 条 CAN 总线，即信息娱乐总线，主要用于卫星导航及智能通信系统。

当两条 CAN 总线(CAN-High 和 CAN-Low)其中一条线断路时，整个动力系统将无法正常工作，即不能进行单线传输，只有 CAN-Low 线出现对地断路时还能正常工作。而由于舒适和信息娱乐总线都设有位于系统内各个控制单元中不同阻值的终端电阻，因此可实现单线传输。其整车管理系统的总体结构示意图如图 3-94。

汽车总线系统的研究与发展可以分为三个阶段：研究汽车的基本控制系统，如照明、电动车窗、中央集控锁等；研究汽车的主要控制系统，如电喷 ECU 控制系统、ABS 系统、自动变速器等；研究汽车各电子控制系统之间的综合、实时控制和信息反馈。

利用 CAN 总线构建一个车内网络，需要解决的关键技术包括：总线传输信息的速率、容量、优先等级、节点容量等技术问题，高电磁干扰环境下的可靠数据传输，确定最大传输时的延时大小，网络的容错技术，网络的监控和故障诊断功能。

4. 车用 CAN 未来发展趋势

技术的先进性是 CAN 总线在汽车上应用的最大动力，也是汽车生产商竞相应用 CAN 总线的主要原因。在现代轿车的设计中，CAN 已经成为必须采用的装置，奔驰、宝马、大众、沃尔沃、雷诺等汽车都采用了 CAN 作为控制器联网的手段。据相关报道，中国首辆 CAN 网络系统混合动力轿车已在奇瑞公司装配成功并进行运行。上海大众的帕萨特和 POLO 汽车上也开始引用了 CAN 总线技术。CAN 总线控制技术是提高汽车性能的一条很好途径。但总的来说，目前 CAN 总线技术在我国汽车工业总的应用尚处于试验和起步阶段，绝大部分的汽车还没有采用汽车总线的设计，因而存在着不少弊端。

【实践活动】

1. 在串行通信中，把每秒钟传送的二进制数的位数叫做_____。

2. 当 SCON 中的 M0M1 = 10 时，表示串口工作于方式_____，波特率为_____。SCON 中的 REN = 1 表示_____。PCON 中的 SMOD = 1 表示_____。SCON 中的 TI = 1 表示_____。

3. MCS-51 单片机串行通信时，先发送_____位，后发送_____位。MCS-51 单片机方式 2 串行通信时，一帧信息位数为_____位。

4. 设 T1 工作于定时方式 2，作波特率发生器，时钟频率为 11.0592 MHz，SMOD = 0，波特率为 2.4 k 时，T1 的初值为_____。

5. MCS-51 单片机串行通信时，通常用指令_____启动串行发送。MCS-51 单片机串行方式 0 通信时，数据从_____引脚发送/接收。

6. 串行口设有几个控制寄存器？它们的作用是什么？

7. MCS-51 单片机串行口有几种工作方式？各自的特点是什么？

8. MCS-51 单片机串行口各种工作方式的波特率如何设置，怎样计算定时器的初值？

9. 若 f_{osc} = 6 MHz，波特率为 2400 波特，设 SMOD = 1，则定时/计数器 T1 的计数初值为多少？并进行初始化编程。

知识拓展

一、键盘/显示器接口扩展技术

如前所述，显示器的作用是显示单片机的运行结果与运行状态，LED 的数码显示方法分为静态和动态两种。下面分别介绍静态显示法接口设计和动态显示法接口设计。

1. 显示器静态显示法接口设计

每个显示器各笔画段都独占具有锁存功能的输出口线，因为各笔画段接口具有锁存功能，CPU 不再去访问它，显示的内容也不会消失。优点是程序简单，显示亮度大，节约了 CPU 时间；缺点是占用的 I/O 口线较多，成本较高。

【例 3-7】　静态显示一位十进制数，电路如图 3-95 所示。

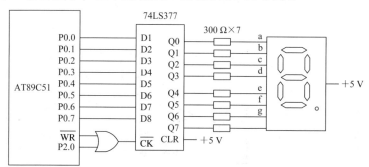

图 3-95　静态显示一位十进制数电路图

程序如下：

MOV	A，#0C0H	；将显示数的 BCD 码送累加器 A
MOV	DPTR，#0FEFFH	；取显示口地址
MOVX	@DPTR，A	；送显示数

2．键盘接口工作原理

键盘在单片机应用系统中能实现向单片机输入数据、传送命令等功能，是人工干预单片机的主要手段。下面介绍键盘的工作原理、键盘按键的识别过程及识别方法、键盘与单片机的接口和编程。

(1) 键盘输入的特点。键盘实质上是一组按键开关的集合。通常，键盘所用开关为机械弹性开关，均利用了机械触点的合、断作用。一个电压信号通过机械触点的断开、闭合的过程如图 3-96 所示，其行线电压输出波形如图 3-97 所示。

图 3-96　按键开关　　　　　　　　　　图 3-97　行线电压输出波形

图中，t_1 和 t_3 分别为键的闭合和断开过程中的抖动期(呈现一串负脉冲)，抖动时间长短和开关的机械特性有关，一般为 5～10 ms；t_2 为稳定的闭合期，其时间由按键动作所确定，一般为十分之几秒到几秒；t_0、t_4 为断开期。

(2) 按键的确认。按键的闭合与否，反映在行线输出电压上就是呈现出高电平或低电平。如果高电平表示断开的话，那么低电平就表示闭合，所以通过对行线电平的高低状态的检测，便可确认按键是否按下。为了确保 CPU 对一次按键动作只确认一次按键，必须消除抖动的影响。下面介绍如何消除抖动，分为软件消抖和硬件消抖两种。

硬件消除抖动一般采用双稳态消抖电路，如图 3-98 所示。图中，用两个与非门构成一个 RS 触发器。当按键未按下时(开关位于 a 点)，输出为 1；当按下(开关打向 b 点)时，输出为 0。此时即使因按键的机械性能，使按键因弹性抖动而产生瞬时不闭合(抖动跳开 b)，只要按键不返回原始状态 a，双稳态电路的状态不改变，输出保持为 0，不会产生抖动的波形输出。也就是说，即使 b 点的电压波形是抖动的，但经双稳态电路之后，其输出仍为正常的矩形波，这一点很容易通过分析 RS 触发器的工作过程得到验证。

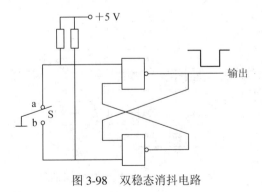

图 3-98　双稳态消抖电路

如果按键较多，硬件消抖将无法胜任，因此采用软件的方法进行消抖。在第一次检测到有键按下时，可执行一段延时 10 ms 的子程序后再确认该键电平是否仍保持闭合状态电平，如果保持，则确认为真正有键按下，从而消除抖动的影响。

二、脉冲宽度调制(PWM)技术简介

脉冲宽度调制是一种模拟控制方式，其根据相应载荷的变化来调制晶体管基极或 MOS 管栅极的偏置，以实现晶体管或 MOS 管导通时间的改变，从而实现开关稳压电源输出的改变。这种方式能使电源的输出电压在工作条件变化时保持恒定，是利用微控制器的数字信号对模拟电路进行控制的一种非常有效的技术。

随着电子技术的发展，出现了多种 PWM 技术，其中包括相电压控制 PWM，脉宽 PWM 法，随机 PWM、SPWM 法，线电压控制 PWM 等。而在镍氢电池智能充电器中采用的脉宽 PWM 法，是把每一脉冲宽度均相等的脉冲列作为 PWM 波形，并通过改变脉冲列的周期进行调频，改变脉冲的宽度或占空比进行调压，即采用适当控制方法即可使电压与频率协调变化。也就是可以通过调整 PWM 的周期、占空比来达到控制充电电流的目的。

模拟信号的值可以连续变化，其时间和幅度的分辨率都没有限制。9 V 电池就是一种模拟器件，因为它的输出电压并不精确地等于 9 V，而是随时间发生变化，并可取任何实数值。与此类似，从电池吸收的电流也不限定在一组可能的取值范围之内。模拟信号与数字信号的区别在于，后者的取值通常只能属于预先确定的可能取值集合之内，例如在(0 V，5 V)这一集合中取值。

模拟电压和电流可直接用来进行控制，如对汽车收音机的音量进行控制。在简单的模拟收音机中，音量旋钮被连接到一个可变电阻。拧动旋钮时，电阻值变大或变小，则流经这个电阻的电流也随之减少或增加，从而改变了驱动扬声器的电流值，使音量相应改变。与收音机一样，模拟电路的输出与输入成线性比例。

尽管模拟控制看起来可能直观而简单，但它并不总是非常经济或可行的。其中一点就是，模拟电路容易随时间漂移，因而难以调节。能够解决这个问题的精密模拟电路可能非常庞大、笨重(如老式的家庭立体声设备)和昂贵。模拟电路还有可能严重发热，其功耗相对于工作元件两端电压与电流的乘积成正比。模拟电路还可能对噪声很敏感，任何扰动或噪声都肯定会改变电流值的大小。

通过以数字方式控制模拟电路，可以大幅度降低系统的成本和功耗。此外，许多微控制器和 DSP 已经在芯片上包含了 PWM 控制器，这使数字控制的实现变得更加容易。

能力鉴定与信息反馈

能力鉴定与信息反馈是为了更好地了解学生掌握知识及技能的情况。因此学习完本章后，请完成下面表格。

能力鉴定表和信息反馈表分别见表 3-25 和表 3-26。

表 3-25 能 力 鉴 定 表

学习项目		项目 3　汽车微型计算机控制单元			
姓名		学号		日　期	
组号		组长		其他成员	
序号	能力目标	鉴定内容	时间 (80 分钟)	鉴定结果	鉴定方式
1	专业技能	微控制器认识能力	60 分钟	□具备 □不具备	教师评估 小组评估
2		微控制器的中断与定时系统分析能力		□具备 □不具备	
3		微控制器系统扩展及输入/输出接口电路分析能力	10 分钟	□具备 □不具备	
4		串行通信及 CAN 总线认识能力	10 分钟	□具备 □不具备	
5	学习方法	是否主动进行任务实施	全过程记录	□具备 □不具备	小组评估 自我评估 教师评估
6		能否使用各种媒介完成任务		□具备 □不具备	
7		是否具备相应的信息收集能力		□具备 □不具备	
8	能力拓展	团队是否配合	全过程记录	□具备 □不具备	
9		调试方法是否具有创新		□具备 □不具备	
10		是否具有责任意识		□具备 □不具备	
11		是否具有沟通能力		□具备 □不具备	
12		总结与建议		□具备 □不具备	
鉴定结果	合格　□ 不合格　□	教师意见		教师签字 学生签名	

备注：① 请根据结果在相关的□内画√;

② 请指导教师重点对相关鉴定结果不合格的同学给予指导意见。

表 3-26 信 息 反 馈 表

实训项目： <u>汽车微型计算机控制单元</u>　　　　组号：＿＿＿＿＿＿＿

姓　　名：＿＿＿＿＿＿＿＿＿＿＿　　　　日期：＿＿＿＿＿＿

请你在相应栏内打钩	非常同意	同意	没有意见	不同意	非常不同意
(1) 这一项目为我很好地提供了微控制器的基础知识					
(2) 这一项目帮助我掌握了微控制器的中断与定时系统的分析方法					
(3) 这一项目帮助我掌握了微控制器系统扩展及输入/输出接口电路的分析方法					
(4) 这一项目帮助我熟悉了串行通信及 CAN 总线的相关知识					
(5) 该项目的内容适合我的需求					
(6) 该项目在实施中举办了各种活动					
(7) 该项目中不同部分融合得很好					
(8) 实训中教师待人友善愿意帮忙					
(9) 项目学习让我做好了参加鉴定的准备					
(10) 该项目中所有的教学方法对我学习起到了帮助的作用					
(11) 该项目提供的信息量适当					
(12) 该实训项目鉴定是公平、适当的					
你对改善本科目后面单元教学的建议：					

项目四　汽车执行器单元

项目描述

执行器(Final Controlling Element)是电子控制技术中接收控制信息并对受控对象施加控制作用的装置。它以调节仪表或其他控制装置的信号为输入信号，是按一定调节规律调节被控对象输入量的装置，其主要由执行机构和调节机构组成。本项目主要是认知执行器的作用及分类，分析直流电动机、步进电动机、继电器、电磁阀和其他执行元件的作用及分类，并了解各种执行元件在汽车上的应用。

任务一　执行器作用及分类认知

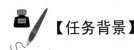

【任务背景】

现代汽车的电控系统中，接收信息的元件是传感器，而接收控制信息产生作用的则是由执行器来完成。执行器是命令的执行者，主要是各类继电器、直流电机、步进电机、电磁阀和控制阀等执行元件。随着电子技术的高速发展，发动机控制系统、底盘控制系统广泛采用了这些执行元件来提高汽车性能，而自动空调、电动车窗等系统也都采用了诸如电动机、电磁线圈、继电器之类的电磁执行元件来提高舒适性和方便性。因此，本任务是让读者理解执行器的作用，了解执行器的分类，从而对执行器有初步的认识。

【相关知识】

一、执行器的作用

执行器是一种能量转换部件，在电子控制单元的控制下，将输入的各种形式的能量转换为机械动作，如电机、离合器阀、气门机构、电磁阀、电磁膜片等。执行器的作用是根据控制信号去执行规定运作以完成控制目标，如电磁阀的电流信号、指示灯或警告灯的亮/灭信号、规定的周期脉冲信号、驱动步进电动机的一系列固定周期的脉冲信号和控制的电压信号等。执行器件与执行机构配合，就能完成控制所需的机械动作。

二、执行器的分类

1. 按工作能源分类

按工作能源不同，执行器可分为电动式、气动式、液动式和电液复合式。

(1) 电动式执行器。该执行器是通过电源(即蓄电池或发电机)将电能转化为机械能，以驱动执行器转动和移动。这种执行器具有响应快、信号传输速度快、便于 ECU 驱动、体积小等优点，所以在汽车上得到广泛的应用。电动式执行器又分为电机、电磁阀、继电器等。其中电机又有直流电机、伺服电机和步进电机。电动式执行器受汽车电源功率的限制，用于执行功率不大的场合。

(2) 气动式执行器。该执行器是以压缩空气或真空度为动力，来驱动执行器工作，通常采用膜片式执行器。气动执行器结构较简单，防爆性能好，主要用于执行功率较大，且对于执行元件尺寸要求不严的场合。

(3) 液动式执行器。该执行器是以液压油为动力，即在压力作用下通过液压油来传递能量，从而驱动执行器工作。当流体压力作用于处在受限密闭空间的活塞时，活塞将受到致使其运动的力。如果活塞上的压力差值大于总负荷与摩擦力之和，活塞将会移动。因此，产生的净压力能成比例地加速负载运动。

(4) 电液复合式执行器。该执行器是能接受电信号控制的液动执行机构。输入信号通过直线力电机驱动伺服阀，使压力油经伺服阀进入油缸的某一端，在活塞上产生推力。然后此力经活塞杆推动调节机构。活塞的位移同时通过凸轮和弹簧在伺服阀的活塞杆上产生反馈力，与力电机产生的信号力相平衡。因此，执行机构输出位移与输入信号成正比。

汽车上不同的电控系统所用的执行器类型也不同。电子控制燃油喷射系统中通常应用电磁线圈和电机作为执行元件；电子控制自动变速器和四轮驱动控制系统中通常应用液压式的气门机构离合器阀作为执行元件；在车速控制系统中常应用气压式的电磁膜片作为执行元件；电控动力转向与四轮转向系统中应用电机作为执行元件；防抱死制动系统、电子控制悬架应用车轮、气门机构、电磁阀、气缸等液压式执行元件；车身控制系统中的中央控制门锁、自动调节座椅、电动车窗、自动空调等系统通常应用电磁线圈和电机作为执行元件。

2．按输入信号分类

按输入信号不同，执行器可分为模拟量式和数字量式。模拟量执行器如控制怠速转速的旁通阀执行器，就是将 CPU 送来的信号通过步进电动机变成机械阀门直线位移的模拟量输出；数字量执行器如发动机喷油器电磁线圈、电子点火的点火线圈等。

 【实践活动】

1．说明汽车用执行器的作用是什么。

2．查找资料并阐述目前有哪些执行器可以用在汽车上。

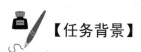 ## 任务二　直流电动机分析

【任务背景】

直流电动机是依靠直流电驱动的电动机，是用途最多的执行器，它有时候被称为旋转

电机。直流电动机具有良好的调速特性、较大的启动转矩和较大的相对功率及响应快速等优点。尽管直流电动机结构复杂、成本较高，但其在汽车控制系统中作为执行器得到广泛的应用。本任务是让读者认识直流电动机的结构，理解它的工作原理、调速控制，并了解直流电动机在汽车上的应用。

 【相关知识】

一、直流电动机的结构

直流电动机一般由机壳、磁极、电枢、电刷、换向器及其他附件组成，如图4-1所示。

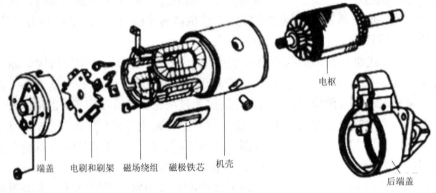

端盖　　电刷和刷架　磁场绕组　磁极铁芯　　机壳　　　　　电枢　　　　后端盖

图 4-1　直流电动机结构

1. 机壳

机壳一般由低碳钢卷制而成，或由铸铁铸造而成。电动机的磁极和电枢的安装机体、机壳上有电流输入接线柱，壳内装有磁极。

2. 磁极

磁极由铁芯和励磁绕组构成，用于产生磁场。磁极 N、S 是电机的定子，可以由永久磁铁构成，也可以由绕在磁极上的励磁线圈构成。励磁绕组一端接在外壳的绝缘接线柱上，另一端与两个非搭铁电刷相连。

3. 电枢

直流电动机的转动部分称为电枢，又称转子。电枢由若干薄的、外圆带槽的硅钢片叠成的铁芯、电枢绕组线圈和电枢轴组成，如图 4-2 所示。铁芯的叠片结构可以减小涡流电流。电枢绕组在叠片外径边缘的槽内，绕组线匝分别接到换向器铜片上，电枢安装在电枢轴上。

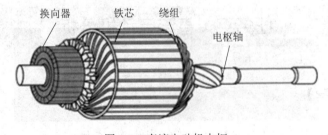

换向器　　　　铁芯　　　绕组

电枢轴

图 4-2　直流电动机电枢

电枢绕组有两种绕法：叠绕法和波绕法。叠绕法绕组的两端线头分别接相邻的两个换向器铜片，此种绕法，在一对正负电刷之间的导线电流方向一致。波绕法绕组的一端线头接的换向器铜片与另一端线头接的换向器铜片相隔90°或180°，此种绕法，电枢转到某一位置时，因为某些绕组两端线头接到同极性电刷上，会造成一些绕组没有电流。由于波绕法的绕组电阻较小，所以经常使用。

4．换向器

换向器由许多换向片组成，换向片的内侧制成燕尾形，嵌装在轴套上，其外圆车成圆形，如图4-3所示。它由许多截面呈燕尾形的铜片围合而成，铜片之间由云母绝缘。

图 4-3　换向器

5．电刷和电刷架

由铜粉与石墨粉压制而成，装在电刷架中，如图 4-4 所示。电刷和装在电枢轴上的换向器用来连接励磁绕组和电枢绕组的电路，并使电枢轴上产生的电磁力矩保持固定的方向。电刷架一般为框式结构，其中正极刷架与端盖绝缘安装，负极刷架直接搭铁。刷架上装有弹性较好的盘形弹簧。

图 4-4　电刷和电刷架

二、直流电动机的工作原理

1．电磁转矩的产生

图 4.5 是直流电动机工作原理的示意图。在电刷 A 和 B 之间外加一个直流电压，直流电通过电刷和换向铜片引入绕组，则线圈中便有电流流过。当换向片 A 与正电刷接触，换向片 B 与负电刷接触时，绕组中的电流 I 从 a 到 d，按左手定则判定，磁极产生的磁场方向如图 4-5(a)所示，形成了一个逆时针方向的电磁转矩 M 而使电枢转动。当电枢转动至换向片 A 与负电刷接触，换向片 B 与正电刷接触时，电流改由 d 到 a，如图 4-5(b)所示，使电磁转矩 M 的方向不变，电枢仍按逆时针方向继续转动。

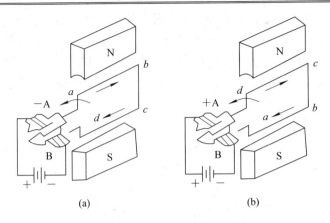

图 4-5　直流电动机工作原理示意图

以上是单匝电枢绕组的直流电机，实际电动机是由很多匝线圈组成的，所以换向器的铜片也会随其相应增加。换向器将电源提供的直流电转换成电枢绕组需要的交流电，保证电枢所产生的电磁力矩的方向不变，使其产生定向转动。

2．直流电动机中的电磁转矩

直流电机的电磁转矩可表示为

$$M = K_T \Phi I_a \tag{4-1}$$

式中：K_T 为转矩常数；Φ 为磁通量；I_a 为电枢电流。

直流电动机的电磁转矩 M 是驱动转矩，与机械负载的阻转矩 M_2 及空载损耗转矩 M_0 相平衡。当轴上的机械负载发生变化时，则电动机的转速、电动势、电流及电磁转矩将自动进行调整，以适应负载的变化，保持新的平衡。例如当负载增加时，轴上的机械转矩增大，平衡被打破，动力矩小于阻力矩，于是电动机转速下降，转速下降会导致切割速度减小，反电动势减小，而电枢电流增大，电磁转矩也增大，直至达到新的平衡，从而电动机的转速重新稳定。

3．直流电动机的励磁方式

直流电动机的励磁方式是指直流电动机励磁绕组和电枢绕组之间的连接方式。不同励磁方式的直流电动机，其特性有很大差异。因此，励磁方式是选择直流电动机的重要依据。直流电动机的励磁方式可分为他励、并励、串励、复励四种类型。

他励电动机是电枢与励磁绕组分别用不同的电源供电，如图 4-6(a)。励磁电流的大小只取决于励磁电源的电压和励磁回路的电阻，而与电机的电枢电压大小及负载无关。永磁直流电机也属于这一类。

并励电动机的励磁绕组与电枢绕组相并联。励磁电流一般为额定电流的5%，要产生足够大的磁通，需要有较多的匝数。所以，并励绕组匝数多，导线较细。并励发电机电压建立的首要条件就是其磁极必须有剩磁串励电动机的励磁绕组与电枢绕组相串联，如图 4-6(b) 所示。采用并励方式的直流电机，电机的转速随负载变化不大，但是可随电压变化，所以可通过调节电压来调整转速，旋转方向的改变靠改变电枢或磁场绕组的电流方向来实现。

图 4-6(c)所示为串励方式。串励电机的励磁绕组和电枢绕组相串联，串励绕组中通过的电流和电枢绕组的电流大小相等，数值较大，因此串励绕组匝数很少，导线较粗。采用

串励方式的直流电机，旋转速度主要由负载决定，电机具有很高的启动转矩，负载一般与电机刚性连接，通过改变电枢或磁场绕组的电流方向来改变电机的旋转方向。这种电机可作为驱动电机，如汽车的发动机可使用这种类型的电机。

复励电机至少有两个励磁绕组，一个是串励绕组，另一个是并励或他励绕组，如图 4-6(d)所示。并励绕组起主要作用，匝数多，导线细；串励绕组起辅助作用，匝数少，导线粗。

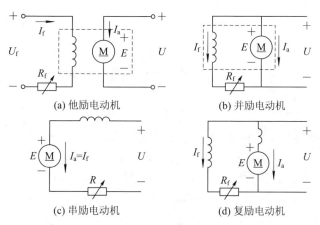

(a) 他励电动机　　　　　　　　　　　　　　(b) 并励电动机

(c) 串励电动机　　　　　　　　　　　　　　(d) 复励电动机

图 4-6　电动机的励磁方式

三、直流电动机的调速控制

直流电动机的调速是在一定的负载条件下，人为地改变电动机的电路参数，以改变电动机的稳定转速。

直流电动机的转速 n 和其他参量的关系可表示为

$$n = \frac{U_a}{C_e \Phi} - \frac{R_a}{C_e \Phi} I_a \tag{4-2}$$

式中：U_a 为电枢供电电压(V)；I_a 为电枢电流(A)；Φ 为励磁磁通(Wb)；R_a 为电枢回路总电阻(Ω)；C_e 为电势系数，$C_e = \dfrac{PN}{60a}$ (P 为电磁对数，a 为电枢并联支路数，N 为导体数)。

由式(4-2)可以看出，式中 U_a、R_a、Φ 三个参量都可以成为变量，只要改变其中一个参量，就可以改变电动机的转速，所以直流电动机有三种基本调速方法：改变电枢回路总电阻 R_a，改变电枢供电电压 U_a，改变励磁磁通 Φ。

1. 改变电枢回路总电阻 R_a

通过改变电枢回路中的电阻来实现调速。这种方法简单易行、设备制造方便、价格低廉，但缺点是效率低、机械特性软，不能得到较宽和平滑的调速性能。该法只适用在一些小功率且调速范围要求不大的场合。尤其在空载或轻载时，调速范围不大，而且在调速电阻上将消耗大量电能等，所以目前已很少采用。

2. 改变电动机电枢供电电压 U_a

连续改变电枢供电电压，可以使直流电动机在很宽的范围内实现无级调速。由于电动机电枢绕组绝缘耐压强度的限制，电枢电压只允许在其额定值以下调节。

改变电枢外加电压调速有以下特点：

(1) 当电源电压连续变化时，转速可以平滑无级调节，一般只能在额定转速以下调节。

(2) 调速特性与固有特性互相平行，机械特性硬度不变，调速的稳定度较高，调速范围较大。

(3) 调速时，因电枢电流与电压 U 无关，且 $\Phi = \Phi_N$，$T = K_m\Phi_N$，因而 I_a 不变。具有恒转矩调速特性的调速方法适合于对恒转矩型负载进行调速。

(4) 可以靠调节电枢电压来启动电机，而不用其他启动设备(可与电机降压启动共用一套调压设备)。

电压调速幅度大、性能好，这种调速方法应用最广泛。

3. 改变电动机主磁通 Φ

当电枢电压恒定时，改变电动机的励磁电流也能实现调速。由式(4-2)可看出，电动机的转速与磁通 Φ (也就是励磁电流)成反比，即当磁通减小时，转速 n 升高；反之，则 n 降低。与此同时，由于电动机的转矩 T_e 是磁通 Φ 和电枢电流 I_a 的乘积(即 $T_e = C_T\Phi I_a$)，电枢电流不变时，随着磁通 Φ 的减小，其转速升高，转矩也会相应地减小。所以，在这种调速方法中，随着电动机磁通 Φ 的减小，其转速升高，转矩也会相应地降低。在额定电压和额定电流下，不同转速时，电动机始终可以输出额定功率，因此这种调速方法称为恒功率调速。为了使电动机的容量能得到充分利用，通常只是在电动机基速以上调速时才采用这种调速方法。

调励磁的特点：

(1) 可以平滑无级调速，但只能弱磁调速，即在额定转速以上调节。

(2) 调速特性较软，且受电动机换向条件等的限制，普通他励电动机的最高转速不得超过额定转速的 1.2 倍，所以调速范围不大。

(3) 调速时维持电枢电压 U 和电枢电流 I_a 不变，则电动机的输出功率 $P = UI_a$ 不变，属恒功率调速，适合于对恒功率型负载进行调速。

这种调速电路的实现很简单，只要在励磁绕组上加一个独立可调的电源供电即可实现。

四、直流电动机在汽车中的应用

随着电机及其相关技术的发展，汽车也在不断地追求驾驶舒适性和自动操纵性，微型直流电机已成为现代汽车不可缺少的部件。轿车上的微型电机多达几十个，可活动的设备无论是做圆周运动，或做横向摆动，或做直线移动，一般都有微型电机作为动力源。例如电动座椅坐垫的位置移动、靠背和头枕角度的变化、后视镜的摆动、照明灯的洗涤、玻璃窗的开启关闭、电动车门锁的操纵、散热器冷却风扇的转动等。其中，刮水器电机的驱动机构是采用蜗杆传动形式，将电机输出轴转动减速和变向；中控门锁的电机采用齿轮齿条传动形式，起到减速并将旋转改变为直线移动。下面介绍几个直流电动机在汽车上应用的实例。

1. 电动车窗

现在轿车的车窗基本上都采用了电动车窗。电动车窗主要由车窗玻璃、车窗玻璃升降器、电动机和控制开关等组成。电动机是用来为车窗的升降提供动力的装置。电动车窗升降系统的电机采用双向转动的电动机,广泛采用的是永磁电动机。永磁电动机具有结构简单、重量轻、噪声低、扭矩大、可靠性强等优点。永磁电动机通过改变电枢电流的方向来改变电机的旋转方向,使车窗玻璃上升或下降。图4-7所示为电动车窗的结构。

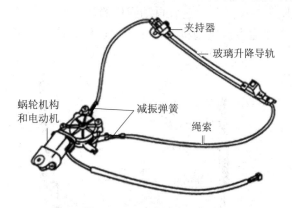

图 4-7　电动车窗结构

　　由于车窗的动作是双向(升降)的,所以采用直流双向电动机,即工作电流方向不同,电动机的转向也不同。每个车门各有一个电动机,通过开关控制电动机的电流方向,从而控制玻璃的升降。

2. 电动座椅

　　电动座椅由若干个双向直流电动机、传动装置和座椅调节器等组成,如图4-8所示。

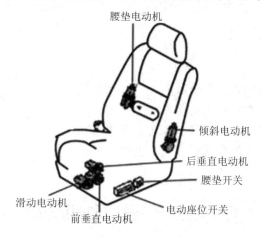

图 4-8　电动座椅结构

　　双向直流电动机的作用是为电动座椅的调节机构提供动力。双向电动机电枢的旋转方向随电流的方向改变而改变,使电动机按不同的电流方向进行正转或反转,以达到座椅调节的目的。电动机的数量取决于电动座椅的类型,通常六向调节的电动座椅装有三个电动机。为防止电动机过载,电动机内装有熔断丝,以确保电器设备的安全。传动装置将电动机的动力传给座椅调节装置,使座椅按驾驶员或乘员的理想位置进行调节。

3. 电动刮水器

　　刮水器用于清扫风窗玻璃上的雨水、雪或尘土,保证汽车在雨天或雪天时驾驶员有良好的视线，以确保行驶安全。一般汽车的前风窗上装有两个刮水片，有些汽车后窗也装有一个刮水片。目前在汽车上广泛采用的电动刮水器，大多数都是使用永磁三刷直流电机，通过一个蜗轮蜗杆减速器增加转矩。三刷电机可以实现双速摆动，实现高速、低速及间歇三个工作挡位，而且除了变速之外，还有自动回位的功能。

　　电动风窗刮水器主要由直流电动机、蜗轮箱、曲柄、连杆、摆杆、刮(水)片等组成，如图 4-9 所示。

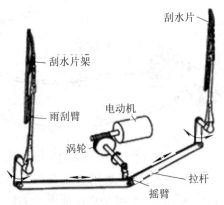

刮水片

刮水片架

雨刮臂

电动机

涡轮

拉杆

摇臂

图 4-9　风窗刮水器结构

　　永磁式刮水器电动机电流由车辆电源提供，磁场由永久磁铁提供。电动机轴端的蜗杆驱动涡轮，涡轮带动摇臂旋转，摇臂使拉杆往复运动，从而带动刮水片左右摆动。永磁式刮水器电动机具有体积小、重量轻、结构简单等优点，因此目前在国内外汽车广泛应用。

 【实践活动】

1. 说出直流电动机由哪几部分组成。
2. 阐明直流电动机在汽车上的作用。
3. 直流电动机的转速如何计算？怎么实现调速？
4. 查找资料并列举直流电动机在汽车上的应用有哪些。

任务三　步进电动机分析

 【任务背景】

　　步进电动机是将电脉冲信号转变为角位移或线位移的开环控制元件。电动机的转速、停止的位置只取决于脉冲信号的频率和脉冲数，而不受负载变化的影响，即给电机加一个脉冲信号，电机则转过一个角度(俗称"步距角")。本任务是分析步进电动机的作用及工作原理，让读者了解步进电动机的分类以及步进电动机在汽车上的应用。

**【相关知识】**

一、步进电动机的作用及基本原理

一般电动机都是连续旋转，而步进电动机却是一步一步转动的，故叫步进电动机。步进电动机是用脉冲信号控制转子转动一定角度的电动机。

1. 步进电动机的作用

汽车上很多应用场合需要准确的定位控制，之前通常会选择微型的直流电机来实现这一功能。不过，小的直流电机的加速和减速非常缓慢，提供的稳定性不足，不能达到准确的定位控制。若要用直流电机来达到精确定位控制，则需要与具有反馈控制的伺服机构一起来完成。但此种控制方式在低速时输出力矩效率较低。

步进电动机是将电脉冲信号转变为角位移或线位移的开环控制元件。电机的转速、停止的位置只取决于脉冲信号的频率和脉冲数，而不受负载变化的影响，即给电机加一个脉冲信号，电机则转过一个角度(俗称"步距角")。这一线性关系的存在，加上步进电动机只有周期性的误差而无累积误差等特点，于是使用步进电动机来控制速度、位置等就变得非常简单。在速度和位置控制系统中，步进电动机驱动系统具有运行可靠、结构简单、成本低、维修方便等优点，所以已被广泛地应用于汽车控制系统中。在汽车上常常是一种将电脉冲信号转变为角位移或线位移的控制元件。

步进电动机并不能像普通的直流电机、交流电机那样使用普通电源，它必须在由脉冲信号发生器和功率驱动电路等组成的控制系统驱动下使用。

2. 步进电动机的基本原理

通常电机的转子为永磁体，当电流流过定子绕组时，定子绕组产生一矢量磁场，该磁场会带动转子旋转一角度，使转子的一对磁场方向与定子的磁场方向一致。当定子的矢量磁场旋转一个角度，转子也随着该磁场转一个角度。每输入一个电脉冲，电动机转动一个角度前进一步。它输出的角位移与输入的脉冲数成正比，转速与脉冲频率成正比。改变绕组通电的顺序，电机就会反转。所以，可用控制脉冲数量、频率及电动机各相绕组的通电顺序来控制步进电机的转动。

两相步进电动机的工作顺序模型如图 4-10 所示。因为其定子上有两个绕组，而且其转子有两个磁极，所以称为双相双极电机。

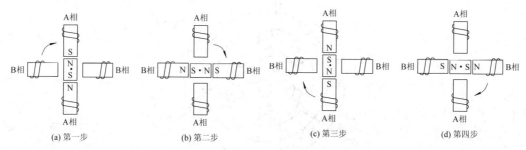

图 4-10　两相步进电动机的工作顺序

在第一步中，两相定子的 A 相通电，B 相关闭，因异性相吸，其磁场将转子固定在如

图 4.10(a)所示位置；在第二步中，A 相关闭，B 相通电，转子顺时针旋转 90°，如图 4.10(b))所示；在第三步中，B 相关闭，A 相通电，但极性与第一步相反，这促使转子再次旋转 90°，如图 4.10(c)所示；在第四步中，A 相关闭、B 相通电，极性与第二步相反，如图 4.10(d)所示。重复该顺序促使转子按 90° 的步距角顺时针旋转。

3. 步进电动机的静态指标术语

(1) 相数：产生不同对极 N，S 磁场的励磁绕组对数，常用 m 表示。

(2) 拍数：完成一个磁场周期性变化所需脉冲数或导电状态，用 n 表示。或指电机转过一个齿距角所需脉冲数，以四相电机为例，有四相四拍运行方式，即 AB→BC→CD→DA→AB；四相八拍运行方式，即 A→AB→B→BC→C→CD→D→DA→A。

(3) 步距角：对应一个脉冲信号，电机转子转过的角位移用 θ 表示，$\theta = 360°$ /(转子齿数×运行拍数)。以常规四相、转子齿为 50 齿电机为例，四拍运行时步距角为 $\theta = 360°/(50 \times 4) = 1.8°$ (俗称整步)；八拍运行时步距角为 $\theta = 360°/(50 \times 8) = 0.9°$ (俗称半步)。

(4) 极数：指定子某个通电瞬间在转子表面或定子内表面形成的磁场磁极数。

二、步进电动机的分类

步进电动机分为三种：永磁式(PM)、反应式(VR)和混合式(HB)。永磁式步进电动机一般为两相，转矩和体积较小，步进角一般为 7.5°或 15°；反应式步进电动机一般为三相，可实现大转矩输出，步进角一般为 1.5°，但噪声和振动都很大，在欧美等发达国家上世纪 80 年代已被淘汰；混合式步进电动机是指混合了永磁式和反应式的优点，这种步进电动机的应用最为广泛。

1. 反应式步进电机

反应式步进电机是由磁性转子铁芯通过与由定子产生的脉冲电磁场相互作用而产生转动。转子上均匀分布着很多小齿，定子齿有三个励磁绕阻，其几何轴线依次分别与转子齿轴线错开。电机的位置和速度由导电次数(脉冲数)和频率成一一对应关系，而方向由导电顺序决定。一般以二、三、四、五相的反应式步进电动机居多。

三相反应式步进电动机如图 4-11 所示。反应式步进电动机分成定子和转子两大部分。定子内圆周上均匀分布着 6 个磁极，磁极上有励磁绕组，每两个相对的绕组组成一相；转子有 4 个齿，定子齿有三个励磁绕阻，其几何轴线依次分别与转子齿轴线错开。

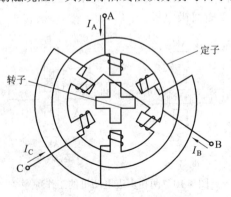

图 4-11　反应式步进电动机结构

1) 三相单三拍

三相单三拍工作方式如图 4-12 所示。当 A 相绕组通电，B、C 相不通电，由于在磁场作用下，转子总是力图旋转到磁阻最小的位置，故在这种情况下，转子必然转到如图 4-12(a)所示位置：1、3 齿与 A、A′ 极对齐。同理，B 通电时，转子会转过 30°，2、4 齿和 B、B′ 磁极轴线对齐，如图 4-12(b)所示；当 C 相通电时，转子再转过 30°，1、3 齿和 C′、C 磁极轴线对齐，如图 4-12(c)所示。

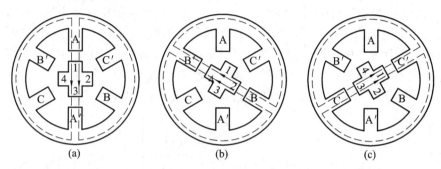

图 4-12　三相单三拍工作方式

这种工作方式下，三个绕组依次通电一次为一个循环周期，一个循环周期包括三个工作脉冲，所以称为三相单三拍工作方式。按 A→B→C→A… 的顺序给三相绕组轮流通电，转子便一步一步转动起来。每一拍转过 30°(步距角)，每个通电循环周期(3 拍)转过 90°(齿距角)。

2) 三相六拍

三相六拍工作方式如图 4-13 所示，按 A→AB→B→BC→C→CA 的顺序给三相绕组轮流通电，这种方式可以获得更精确的控制特性。

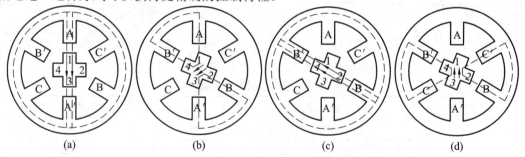

图 4-13　三相六拍工作方式

A 相通电，转子 1、3 齿与 A、A′ 对齐，如图 4-13(a)所示位置。

A、B 相同时通电，A、A′ 磁极拉住转子 1、3 齿，B、B′ 磁极拉住 2、4 齿，转子转过 15°，如图 4-13(b)所示位置。

B 相通电，转子 2、4 齿与 B、B′ 对齐，又转过 15°，如图 4-13(c)所示。

B、C 相同时通电，C′、C 磁极拉住 1、3 齿，B、B′ 磁极拉住 2、4 齿，转子再转过 15°，如图 4-13(d)所示。

三相反应式步进电动机的一个通电循环周期为：A→AB→B→BC→C→CA，每个循环周期分为六拍。每拍转子转过 15°(步距角)，一个通电循环周期(六拍)转子转过 90°(齿距角)。

与单三拍相比，六拍驱动方式的步进角更小，更适用于需要精确定位的控制系统。

实用的三相反应式步进电动机结构及控制电路如图 4.14 所示。微控制器对输入信号进行处理，计算出步进电机需要的步进量，通过 P1.0、P1.1 和 P1.2 提供控制步进电机的时序脉冲，从而控制步进电机的运行。控制硬件电路主要由缓冲驱动器、光隔离器和达林顿管组成。由于步进电机的每相绕组在工作时所需电流较大，单片机输出脉冲无法直接驱动，P1 口输出信号经过驱动器 7407 和光隔离器控制达林顿管的基极，从而实现电流放大和对步进电机的驱动。控制系统采用软件来完成脉冲分配，这样可根据应用系统的需要，方便、灵活地改变步进电机的控制方式，步进一步的时间可由两个控制字的送出时间间隔决定。由驱动系统的硬件控制图可以看出，单片机只是根据需要轮流给 P1.0、P1.1、P1.2 端口发送步进脉冲来控制电机运行，三相六拍的系统控制顺序如表 4-1 所示。在程序中，只要依次将 6 个控制字送到 P1 口，每送一个控制字，就完成一拍，步进电机就转过一个步距角。

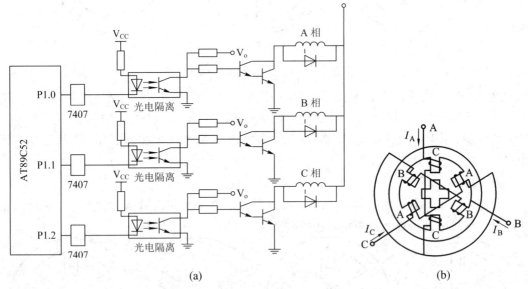

图 4-14 三相反应式步进电动机控制电路

表 4-1 三相六拍控制顺序

步序号	P1 口输出状态	绕组	单片机控制字
1	00000001	A	01H
2	00000011	AB	03H
3	00000010	B	02H
4	00000110	BC	06H
5	00000100	C	04H
6	00000101	CA	05H

2. 永磁式步进电机

1) 结构特点

永磁式步进电机的转子加有永磁体，而定子激磁只需提供变化的磁场而不必提供磁材料工作点的耗能，因此该电机效率高，电流小，发热低。因永磁体的存在，该电机具有较强的反电势，其自身阻尼作用比较好，使其在运转过程中比较平稳，噪音低，低频振动小。永磁式步进电机的结构如图 4-15 所示。电机的定子上有两相或多相绕组，转子为一对或几对极的星形磁钢，转子的极数与定子每相的极数相同，图中的定子为两相集中绕组(AO，BO)，每相为两对极，转子磁钢也是两对极。从图中可以看出，当定子绕组按 A→B→(-A)→(-B)→A…轮流通电时，转子将按顺时针方向转动，每次转过 45°空间角度，也就是步距角为 45°。

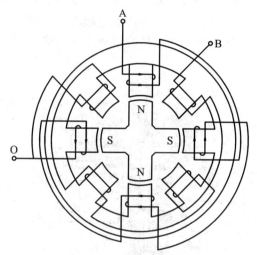

图 4-15　永磁式步进电机的结构

永磁式步进电机有以下特点：

(1) 大步距角，如 15°、22.5°、30°、45°、90°等。

(2) 启动频率较低，通常为几十到几百赫兹。

(3) 控制功率较小。

(4) 在断电情况下有定位转矩。

(5) 有较强的内阻尼力矩。

2) 控制原理

步进电机必须由环形脉冲发生电路、功率放大电路等环节组成控制系统进行驱动与控制。其控制系统如图 4-16 所示。

(1) 脉冲信号的产生。脉冲信号一般由单片机或其他控制器 CPU 产生，一般脉冲信号的占空比为 0.3～0.4。电机转速越高，需要的脉冲信号占空比越大。

(2) 功率放大。功率放大是驱动系统最为重要

图 4-16　步进电机控制系统

的部分。步进电机在一定转速下的转矩取决于它的动态平均电流而非静态电流(样本上的电流均为静态电流)。平均电流越大，则电机力矩越大，要达到平均电流大就需要驱动系统尽量克服电机的反电动势。因而不同的场合采取不同的驱动方式。到目前为止，驱动方式一般有以下几种：恒压、恒压串电阻、高低压驱动、恒流、细分数等。为尽量提高电机的动态性能，将信号分配、功率放大组成步进电机的驱动电源。

三、步进电动机在汽车上的应用

1. 步进电机式怠速控制阀

汽车发动机怠速控制就是对怠速工况下的进气量进行控制。怠速调节阀采用双极永磁步进电机，用来调节怠速旁通道通气断面的大小，调节范围较宽。丰田和三菱公司的步进电机式怠速电控阀结构如图 4-17 所示，螺杆端部装有锥芯。步进电机转动时，螺杆带动锥芯向前或向后移动来关小或开大旁通空气道的流通截面，电控发动机 ECU 通过控制步进电机的转动方向和转动角度(步级)来控制螺杆的移动方向和移动距离，从而达到控制怠速进气量的目的。

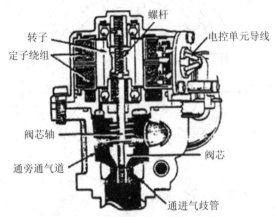

图 4-17　步进电机式怠速电控阀结构

步进电机控制电路如图 4-18 所示。当 ECU 控制 4 个线圈按 $S_1 \rightarrow S_2 \rightarrow S_3 \rightarrow S_4$ 的顺序依次通电励磁时，步进电机顺时针旋转一步，阀芯伸出；当 ECU 控制 4 个线圈按 $S_4 \rightarrow S_3 \rightarrow S_2 \rightarrow S1$ 的顺序依次通电励磁时，步进电机顺时针旋转一步，阀芯缩回。

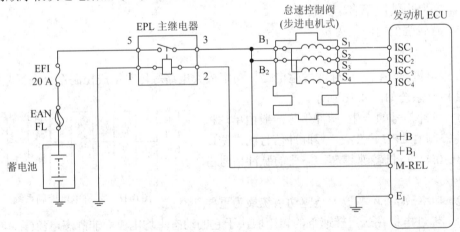

图 4-18　步进电机控制电路

2. 步进电机在悬架控制中的应用

在无级式半主动悬架系统中，要求其阻尼按照行驶状态的动力学要求作无级调节，并在几毫秒内由最小变到最大。为此，采用步进电机来调节阻尼孔的开度，实现减振器阻尼力无级调节。减振器阻尼力的控制是通过减振器控制杆旋转一定的角度，改变控制阀节流孔的流通面积，从而实现阻尼值的无级变化。

该控制系统由 ECU、传感器和执行器组成，如图 4-19 所示。ECU 接受传感器的汽车起步、加速和转向等信号，计算出相应的阻尼值，并发出控制信号到执行器，经控制杆调节控制阀，使节流孔阻尼变化。步进电机装在减振器上部，由直流电机、小齿轮和扇形齿轮组成。得到控制信号后，步进电机通过扇形齿轮驱动控制杆转动。

这种电子控制悬架具有正常、运动和自动三种模式，可通过转换开关进行选择。只有在自动位置时，各个减振器才在 ECU 自动控制下工作。

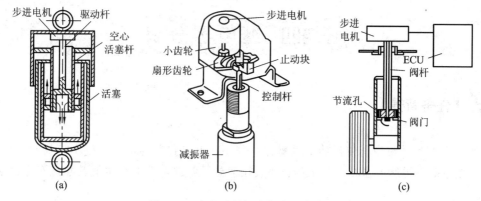

图 4-19　半主动悬架中的步进电动机

3．步进电机在巡航控制系统中的应用

LS400 轿车巡航控制系统(CCS)的节气门执行器也采用了步进电机，它接受该系统 ECU 发出的指令调节节气门的开度大小，改变进入发动机的进气量，从而使发动机的输出功率和转速发生改变，最终使车速保持恒定。如图 4-20 所示，节气门执行器由直流永磁式双向步进电机、一套减速机构、电磁离合器、控制臂和电位计等组成。

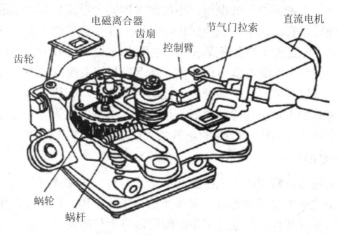

图 4-20　节气门执行器

当接通巡航控制开关时，电磁线圈通电，电磁离合器吸合，巡航控制系统在规定的车速范围内开始起作用。汽车行驶速度大于或小于设定速度时，巡航控制系统 ECU 向步进电机发出控制指令，步进电机开始反转或正转，并带动涡轮蜗杆和齿轮齿扇，使控制臂摆动。

控制臂通过拉索改变节气门开度大小，从而使发动机的输出功率和转速减小或增大，最终使车速保持恒定。当解除巡航控制功能时，电磁离合器脱开，节气门只受驾驶员控制。

【实践活动】

1. 简要说明步进电动机的作用。
2. 阐述步进电动机的特点。
3. 查找资料并列举步进电动机在汽车上的应用有哪些。

任务四　继电器分析

【任务背景】

在汽车电气系统中所使用的继电器体积较小，触点控制的电流也较小，属于小型继电器。本任务是分析继电器在汽车上的作用，让读者了解继电器的分类及其在汽车上的应用。

【相关知识】

一、继电器的作用及分类

1. 继电器的作用

继电器是自动控制电路中常用的一种元件，是自动控制电路中起控制与隔离作用的执行部件。它实际上是一种可以用低电压、小电流来控制大电流、高电压的自动开关，并在电路中起着自动操作、自动调节、安全保护等作用。在工业控制中使用的中间继电器、热继电器等体积较大，线圈通过的电流或承受的电压也较大，从而触点允许通过的电流较大。在汽车电气系统中所使用的继电器体积较小，触点控制的电流也较小，属于小型继电器。

继电器是一种通过晶体管或手动开关遥控的电磁开关。它通常用于承受较强电流的电路，如起动机、喇叭和电热车窗除霜器等。这些电路所需的电流大小超过了手动开关的控制容量，因此需要在蓄电池和工作部件(电气负载)之间安装继电器。

2. 继电器的类型

继电器的种类很多，常用的有电磁式和干簧式两种。电磁式继电器成本较低，便于控制电路采用；干簧式继电器反应灵敏，多作为信号采集使用。汽车控制电路大多采用电磁式继电器作为控制执行部件，而采用干簧式继电器作为传感器。

1) 电磁式继电器

电磁式继电器是以电磁系统为主体构成的,电磁式继电器的结构和符号如图4-21所示。当继电器线圈通以电流时，在铁芯、轭铁、衔铁和工作气隙中形成磁通回路，从而使衔铁受到电磁吸力的作用而吸向铁芯，此时衔铁带动支杆而将板簧推开，使一组或几组动断触点断开(也可以使动合触点接通)。

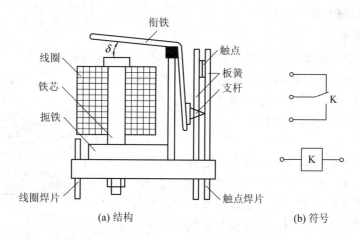

(a) 结构　　　　　　　　　　　　　　　(b) 符号

图 4-21　电磁式继电器的结构和符号

当切断继电器线圈的电流时，电磁力失去，衔铁在板簧的作用下恢复原位，触点又闭合。

根据继电器用途的不同，电磁式继电器可分为电流继电器、电压继电器、中间继电器和热继电器等。

(1) 电流继电器。电流继电器是根据电流信号而动作的。如在直流并励电机的励磁线圈里串联一电流继电器，当励磁电流过小时，它的触头便打开，从而控制接触器以切除电机的电源，防止电机因转速过高或电枢电流过大而损坏，具有这种性质的继电器叫欠电流继电器。反之，为了防止电机短路或过大的电枢电流(如严重过载)而损坏电机，就要采用过电流继电器。

电流继电器的特点是匝数少、线径较粗、能通过较大电流。电流继电器适用于电动机的过载及短路保护、直流电动机磁极控制或者失磁保护。

(2) 电压继电器。电压继电器是根据电压信号动作的。如果把上述电流继电器的线圈改用细线绕成，并增加匝数，就成了电压继电器，它的线圈是与电源并联的。电压继电器也可分为过电压继电器和欠电压继电器两种。

当控制线路出现超过所允许的正常电压时，继电器动作而控制切换电器，使电机等停止工作，以保护电气设备避免因过高的电压而损坏；当控制线圈电压过低，使控制系统不能正常工作，此时利用欠电压继电器电压过低时动作，使控制系统或电机脱离不正常的工作状态，这种保护称欠压保护。

电压继电器适用于电动机过电压或者欠电压保护，以及制动和反转控制等。

(3) 中间继电器。中间继电器本质上是电压继电器，但还具有触头多(多至六对或更多)、触头能承受的电流较大(额定电流 5～10 A)、动作灵敏等特点。中间继电器适用于多回路多触点的控制，它的控制容量较大，通过它增加控制回路数或者信号放大。

(4) 热继电器。热继电器是根据控制对象的温度变化来控制电流流通的继电器，即是利用电流的热效应原理切断电路以起过载保护的电器。热继电器的发热元件绕在双金属片上，当电动机过载时，过大的电流产生热量，使双金属片弯曲推动连锁机构动作，使常闭触点打开，导致控制电路断电，电动机主电路随之也断电，达到过载保护的目的。它主要用来保护电机的过载、断相运转及电流不平衡，如汽车门窗玻璃升降电机在玻璃升降至极限位置时的过载保护。

2) 干簧式继电器

干簧式继电器与电磁式继电器的主要区别就是，干簧式继电器的触点是一个或几个干簧管，干簧式继电器的结构如图 4-22 所示。它的符号与电磁式继电器一样。当继电器线圈通以电流时，在线圈中心工作气隙中形成磁通回路，从而使干簧管的一对触点吸合。

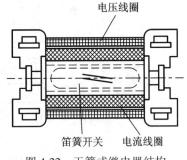

图 4-22　干簧式继电器结构

除了电磁式继电器和干簧式继电器之外，随着电子技术的不断发展，电子继电器越来越多地应用到汽车上，电子继电器相当于一个大电流的开关管。另外在有些汽车电路中还应用到一些结构和原理比较简单的双金属继电器。

二、继电器在汽车上的应用

1. 汽车常见的继电器图形符号及接线柱标记

汽车上采用的继电器有几种不同的类型，有常开继电器、常闭继电器和混合式继电器。图 4.23 为汽车常见的继电器图形符号及接线柱标记。

1) 常开继电器

继电器线圈有电流通过时，触点闭合；而线圈没有电流通过时，触点在其弹簧力的作用下保持张开，触点断开，如图 4-23(a)、(c)所示。

2) 常闭继电器

继电器线圈不通电时，继电器触点在其弹簧力作用下保持闭合的位置，继电器线圈通电后触点张开，如图 4-23(b)所示。

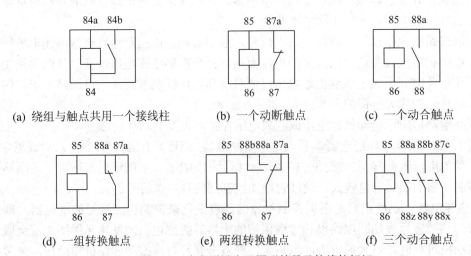

(a) 绕组与触点共用一个接线柱　　(b) 一个动断触点　　(c) 一个动合触点

(d) 一组转换触点　　(e) 两组转换触点　　(f) 三个动合触点

图 4-23　汽车用继电器图形符号及接线柱标记

3) 混合式继电器

继电器有动合触点和动断触点，继电器线圈通电后常开触点闭合，常闭触点张开，如图 4-23(d)、(e)所示。

2．继电器在汽车上的应用

由于汽车电气系统电压较低，具有一定功率的电器部件的工作电流较大，一般在几十安以上，这样大的电流如果直接用开关或按键进行通断控制，开关或按键的触点将因无法承受大电流的通过而烧毁。继电器是一种通过晶体管或手动开关遥控的电磁开关。它通常用于承受较强电流的电路，如启动机、喇叭和电热车窗除霜器等。这些电路所需的电流大小超过了手动开关的控制容量，因此需要在蓄电池和工作部件(电气负载)之间安装继电器。在汽车上经常利用开关控制继电器的启合与断开，再利用继电器的触点控制电器部件的通断。在汽车上常用的继电器有启动继电器、汽油泵继电器、喇叭继电器、电动门锁继电器、闪光(转向)继电器、刮水继电器等。

1) 喇叭继电器

图 4-24 所示的喇叭继电器电路就是继电器应用的一个例子。电路中的继电器线圈中有电流通过时，继电器活动触点闭合，接通蓄电池和喇叭部件中的电路。

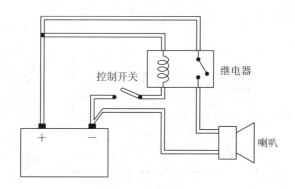

图 4-24　喇叭继电器电路

2) 启动继电器

在汽车上，启动开关常与点火开关制成一体，由于发动机电磁开关的电流很大，所以在点火开关和发动机电磁开关之间装有启动继电器，以防止点火开关过早损坏。带启动继电器的控制电路，通过启动继电器触点接通和切断启动机电磁开关的电路控制启动机的工作，以保护启动开关。图 4-25 所示为 CA1090 型汽车启动系使用的 JD171 型组合继电器。它由两部分构成，一部分是启动继电器，另一部分是保护继电器。它的作用是与启动继电器配合，使启动电路具有自动保护功能，防止发动机启动以后启动电路再次接通。

组合继电器中的启动继电器、保护继电器都由铁芯、线圈、磁轭、动铁、弹簧触点组成，其中启动继电器触点 K_1 为常开式，保护继电器触点 K_2 为常闭式。由于启动继电器线圈与保护继电器触点 K_2 串联，因此，当 K_2 打开时，K_1 不可能闭合。组合继电器共有六个接线柱分别为 B、S、SW、L、E、N，分别接电源、启动机电磁开关、点火开关启动挡、充电指示灯、搭铁和发电机中性点。

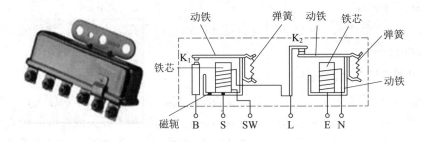

图 4-25 JD171 型组合继电器

启动系的工作过程如图 4-26 所示。

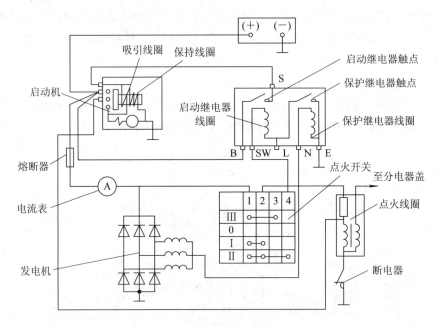

图 4-26 CA1091 型汽车启动系电路图

当点火开关置于启动挡时，启动继电器线圈通电，电流回路为蓄电池正极→熔断器→电流表→点火开关启动触点Ⅱ→启动继电器线圈→保护继电器常闭触点→搭铁→蓄电池负极。启动继电器线圈通电使启动继电器的常开触点闭合，接通了启动机电磁开关电路，使启动机进入启动状态。

发动机启动后，松开点火开关，钥匙自动返回点火挡，启动继电器触点打开，切断了启动机电磁开关电路，电磁开关复位，停止启动机工作。

发动机启动后，如果点火开关没能及时返回Ⅰ挡，这时组合继电器中保护继电器线圈由于承受交流发电机中性点的电压，使常闭触点断开，自动切断了启动继电器线圈的电路，触点断开，使启动机电磁开关断电，启动机便自动停止工作。发动机启动后，由于触点断开，也切断了充电指示灯的搭铁电路，于是充电指示灯也熄灭。

在发动机运行时，如果误将点火开关置于启动挡，由于在此控制电路中，保护继电器的线圈总加有交流发电机中性点电压，常闭触点处于断开状态，启动继电器线圈不能通电，启动机电磁开关也不能动作，避免了发动机在运行中使启动机的驱动齿轮进入与飞轮齿圈的啮合而产生的冲击，起到了保护作用。

【实践活动】

1. 简要说明继电器的作用。
2. 查找资料并列举继电器在汽车上的应用有哪些。

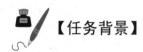

任务五　电磁阀分析

【任务背景】

电磁阀(Electromagnetic Valve)是用电磁控制的设备，也是用来控制流体的自动化基础元件，是汽车常用的一种执行器。电磁阀用在控制系统中调整介质的方向、流量、速度和其他的参数。电磁阀可以配合不同的电路来实现预期的控制，而控制的精度和灵活性都能够保证。本任务是分析电磁阀的作用，让读者了解电磁阀的分类，着重分析开关型电磁阀和占空比型电磁阀的结构原理及应用。

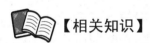

【相关知识】

一、电磁阀的作用及分类

1. 电磁阀的作用

电磁阀作为汽车电控系统中最常用的执行器之一，主要用来驱动阀门，控制流体(如燃油、机油、变速器油、制动液、转向液压油)或气体(如真空)的流量和方向。电磁阀操作的阀门可以控制液态燃油(喷油器)、燃油蒸气(碳罐清污电磁阀)、空气流量(怠速空气控制电磁阀)、真空(真空电磁阀，控制发送给真空控制部件的真空信号，如废气再循环阀)、废气(废气再循环电磁阀，直接控制废气流量，不使用真空)、制动液(防抱死制动电磁阀)，甚至机油或发动机冷却液等。

2. 电磁阀的工作原理

电磁阀的工作原理如图 4-27 所示。电磁阀主要由阀座、电磁组件、阀芯、弹簧及密封结构等部件组成，阀芯底部的密封块借助弹簧的压力将进口关闭。通电后，电磁铁吸合，阀芯上的密封圈向上把出口打开，气体或液体从进口进入，由出口排出。当失电时，电磁力消失，阀芯在弹簧力作用下向下移动，将出口封闭，堵住出口，中断气流经出口排出。

电磁阀在弹簧负载下可以是常开状态或常闭状态(如图 4-27 所示)。如果电磁阀在弹簧负载下常开，则在断电时阀门开启，允许介质流通，而在通电时则阻断流通。如果电磁阀在弹簧负载下常闭，则在断电时阀门关闭，阻断介质流通，而在通电时则允许流通。

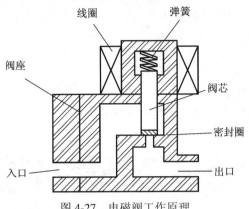

图 4-27　电磁阀工作原理

3．电磁阀的分类

1）按工作原理分类

根据电磁阀的工作原理不同，电磁阀可分为直动式电磁阀、先导式电磁阀和分布直动式电磁阀。

(1) 直动式电磁阀。

特点：在真空、负压、零压时能正常工作，但通径一般不超过 25 mm。

原理：通电时，电磁线圈产生电磁力把关闭件从阀座上提起，阀门打开；断电时，电磁力消失，弹簧把关闭件压在阀座上，阀门关闭。

(2) 先导式电磁阀。

特点：流体压力范围上限较高，可任意安装，但必须满足流体压差条件。

原理：通电时，电磁力把先导孔打开，上腔室压力迅速下降，在关闭件周围形成上低下高的压差，流体压力推动关闭件向上移动，阀门打开；断电时，弹簧力把先导孔关闭，入口压力通过旁通孔迅速在关闭件周围形成下低上高的压差，流体压力推动关闭件向下移动，关闭阀门。

(3) 分布直动式电磁阀。

特点：在零压差或真空、高压时亦能动作，但功率较大，要求必须水平安装。

原理：它采用直动和先导式相结合的原理。当入口与出口没有压差时，通电后，电磁力直接把先导小阀和主阀关闭件依次向上提起，阀门打开。当入口与出口达到启动压差时，通电后，电磁力先导小阀，主阀下腔压力上升，上腔压力下降，从而利用压差把主阀向上推开；断电时，先导阀利用弹簧力或介质压力推动关闭件向下移动，使阀门关闭。

2）按驱动方式分类

根据电磁阀的驱动方式不同，电磁阀可分为开关型电磁阀、快速开关型电磁阀和占空比型电磁阀。

3）按照功能分类

根据电磁阀的功能不同，电磁阀分为水用电磁阀、蒸汽电磁阀、制冷电磁阀、低温电磁阀、燃气电磁阀、消防电磁阀、氨用电磁阀、气体电磁阀、液体电磁阀、微型电磁阀、脉冲电磁阀、液压电磁阀、常开电磁阀、油用电磁阀、直流电磁阀、高压电磁阀、防爆电磁阀等。

二、开关型电磁阀

1．开关型电磁阀的结构

开关型电磁阀通常由电磁线圈、衔铁及阀芯等组成，如图4-28所示。它只有两种工作状态：全开或全关。当线圈不通电时，阀芯被油压推开，打开泄油孔，该油路的压力油经电磁阀泄荷，油路压力为零；当线圈通电时，电磁力使阀芯移动，关闭泄油孔，油路压力上升。

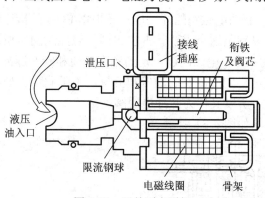

图4-28　开关型电磁阀

开关型电磁阀在汽车电子控制系统中应用较广，主要用在控制响应要求不高的场合，如活性炭罐电磁阀、曲轴箱通风电磁阀、进气歧管电磁阀、变矩器锁止电磁阀等。

2．曲轴箱通风电磁阀

汽车发动机工作时，在进气管真空度的作用下，窜入曲轴箱的气体经曲轴箱通气管被抽到进气管进入气缸燃烧。新鲜空气经空气滤清器、空气软管进入到曲轴箱内而造成曲轴箱漏油。为了防止在发动机低速小负荷时，进气管的真空度太大而将机油从曲轴箱内吸出，在曲轴箱通气软管上装有单向阀(PCV阀)。曲轴箱强制通风系统如图4-29所示。

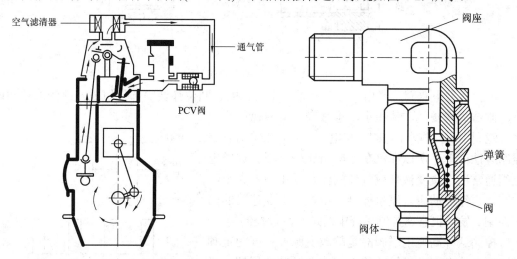

图4-29　曲轴箱强制通风系统　　　　　　　图4-30　PCV阀结构

PCV阀结构如图4-30所示。当发动机在小负荷低转速运转时，进气管真空度较大。此时，阀克服弹簧的压力被吸靠在阀座上，曲轴箱内的废气经阀的中心小孔进入进气管。由于节流作用，防止了曲轴箱内的机油被吸出。当负荷加大时，进气管真空度降低，阀在弹簧张力的作用下离开阀座而打开。当发动机在大负荷时，阀全开。因此既更新了曲轴箱内的气体，又使机油消耗降低到最低限度。

三、占空比型电磁阀

1. 占空比型电磁阀的结构

在汽车电控系统中，驱动电磁阀的开关电路要根据 ECU 的指令快速地接通和断开电磁阀，占空比型电磁阀可以满足这个需要。占空比型电磁控制阀实质是一种由脉冲信号控制的电磁阀。根据 ECU 的指令，电磁阀以一定的频率接通和断开脉冲，通过改变一定周期内的导通与截止之比，就可得到所需要的油压和流量。由于此种类型电磁阀是采用不断的脉冲循环的快速工作方式，所以又称为脉冲电磁阀。

占空比型电磁阀结构如图 4-31 所示。

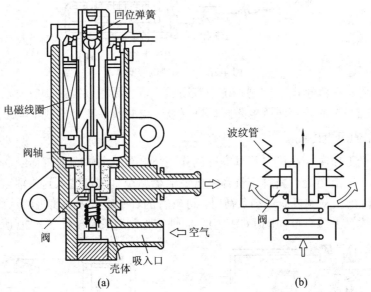

图 4-31　占空比型电磁阀结构

占空比型电磁阀主要由阀心、阀轴、电磁线圈、回位弹簧等部件组成。此阀的结构简单，制造成本较低，体积小，重量轻，响应速度快，并且能利用现代汽车的 ECU 和电子技术，安装方便，控制方法简单，所以在汽车上应用比较广泛。这类电磁阀通常用于改变液体或气体的流量或压力的大小，如废气再循环的废气流量控制、电控自动变速器的油压控制、发动机怠速控制系统中的进气流量控制等。

控制这种高速电磁阀的是能改变脉冲宽度的定频电脉冲源，在汽车电控系统中，这个脉冲的周期一般在 10～33 ms 的范围内。电脉冲信号的占空比如图 4-32 所示。

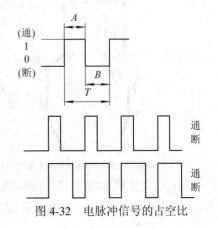

图 4-32　电脉冲信号的占空比

所谓占空比，就是在一个信号脉冲的周期中，高电平出现的时间宽度占整个脉冲周期的百分数，即如图 4-32 所示中高电平宽度与周期之比，占空比的表达式如下：

$$D = \frac{A}{T} \tag{4-3}$$

占空比的数值反映了电磁阀中通过电流的平均数，占空比越大，电磁线圈中的平均电流就越大，线圈的电磁吸力随之也越强，阀门的升程也越高，开度也就越大。

2．占空比型电磁阀在汽车上的应用

1）怠速旁通控制阀

发动机怠速控制的旁通气道中的控制阀结构如图 4-33 所示。该阀可以调节进气量的大小，将怠速转速控制在最佳状态。当线圈通电时，电磁线圈产生磁场将阀轴和阀吸起，空气旁通道打开，阀门升起得越高，空气流通面积则越大，通过发动机旁通气道的进气流量也就越多，怠速转速也就越高。工作时 ECU 输出占空比可调的脉冲信号，线圈中的平均电流大小决定于控制信号的占空比，最后决定电磁阀的开度和发动机怠速转速的高低。

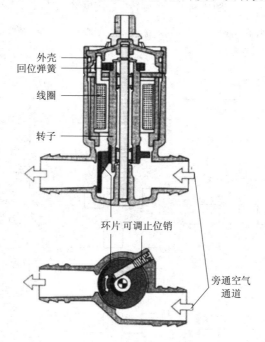

图 4-33　怠速控制阀结构

怠速旋转电磁阀的电路原理如图 4-34 所示。此电磁阀的转子为永久磁铁。对称布置的定子通入相同的电流时，两线圈 A、B 产生的磁场对转子的作用力使转子的转动方向相反。由于 ECU 产生的控制信号到 V_1 基极，或经反向器反相到 V_2 基极，因此从晶体管 V_1、V_2 集电极输出的是相位相反的控制脉冲。当控制信号占空比为 50% 时，一个信号周期中 V_1、V_2 的导通相位相反，但导通时间相同。A、B 的通电时间各占一半，两线圈的平均电流相同，产生的磁场强度也相同，对转子的作用力将相互抵消，故转子保持在原来的位置，如图 4-35(a)所示。当控制信号占空比大于 50% 时，B 通电时间大于 A，两线圈产生的磁场合力使转子逆时针转动，如图 4-35(b)所示。当控制信号占空比小于 50% 时，A 通电时间大于

B，两线圈产生的磁场合力使转子顺时针转动，如图 4-35(c)所示。如上所述，ECU 通过输出不同占空比的控制信号来控制电磁阀转子的转角和转动方向。

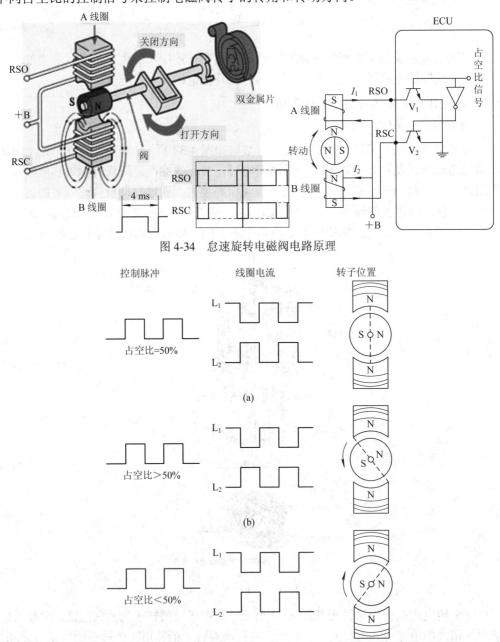

图 4-34　怠速旋转电磁阀电路原理

图 4-35　电磁阀工作过程

2) 废气再循环阀(EGR 阀)

废气再循环是指把发动机排出的部分废气回送到进气歧管，并与新鲜混合气一起再次进入气缸。由于废气中含有大量的 CO_2，而 CO_2 不能燃烧却吸收大量的热，使气缸中混合气的燃烧温度降低，从而减少了 NO_x 的生成量。膜片式废气再循环阀如图 4-36 所示，发动机控制电脑即 ECU 根据发动机的转速、负荷(节气门开度)、温度、进气流量、排气温度控制电磁阀适时地打开,进气管真空度经电磁阀进入 EGR 阀真空膜室,膜片拉杆将 EGR 阀门打开,排气中的少部分废气经 EGR 阀进入进气系统,与混合气混合后再进入气缸参与燃烧。

目前,越来越多的汽车采用电磁式废气再循环系统。与真空膜片式废气再循环阀相比,电磁式废气再循环阀在工作可靠性与控制方式上有了很大的提高,它的控制与真空度无关,可以连续、线性地调节废气再循环量。线性电磁式废气再循环阀能够快速响应,具有高可靠性和更为精确的控制能力,其结构如图 4-37 所示。当废气再循环电控单元发送命令使电磁线圈导通时,线圈产生磁力作用于衔铁,带动枢轴上移,打开阀门,使废气流入进气管中。废气流量可以通过电控单元提供不同占空比的电压信号,在发动机各种工况下进行精确的控制。

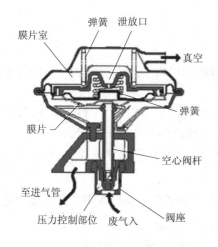

图 4-36　膜片式废气再循环阀

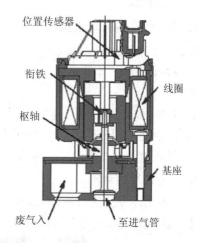

图 4-37　电磁式废气再循环阀

【实践活动】

1. 简要说明电磁阀的作用及种类。
2. 列举开关型电磁阀和占空比型电磁阀的主要区别。
3. 查找资料并列举电磁阀在汽车上的应用有哪些。

任务六　其他执行元件认知

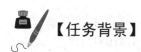【任务背景】

在汽车电子控制系统中,除了以上主要的执行元件以外,还有如点火线圈、火花塞与高压线、液压和气压执行元件等。本任务是让读者了解点火线圈、火花塞与高压线、液压和气压执行元件的作用、结构、种类、特点及工作原理。

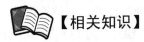【相关知识】

一、点火线圈

在汽油发动机中，气缸内的混合气是由高压电火花点燃的，而产生电火花的功能是由点火系来完成的。点火系将电源的低电压变成高电压，再按照发动机点火顺序轮流送至各气缸，点燃压缩混合气。

点火线圈是将低压电变为高压电的主要部件，是汽车点火系的高压电源。初级电路接通，点火线圈积蓄能量；初级电路切断，点火线圈产生次级高压，次级高压加到火花塞上，击穿火花塞间隙，点燃混合气。

1．点火线圈的分类及结构

1）点火线圈的类型

(1) 按有无附加电阻分类，点火线圈可分为带附加电阻型点火线圈和不带附加电阻型点火线圈。

(2) 按接线柱数量不同分类，点火线圈可分为两柱式点火线圈和三柱式点火线圈。

(3) 按性能不同分类，点火线圈可分为普通点火线圈和高能点火线圈。

(4) 按磁路结构不同分类，点火线圈可分为开磁路点火线圈和闭磁路点火线圈。

2）点火线圈的结构

图 4-38 所示是点火线圈的实物。点火线圈的上端装有胶木盖，其中央突出部分为高压接线柱，其他的接线柱为低压接线柱。

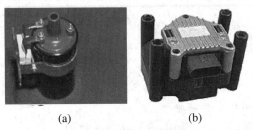

(a)　　　　　　　　　(b)

图 4-38　点火线圈

根据低压接线柱的数目不同，点火线圈有两接线柱式和三接线柱式之分。两接线柱式点火线圈的低压接线柱上分别标有"+"、"−"的标记，如图 4-39(a)所示。三接线柱式点火线圈与两接线柱式点火线圈的主要区别是外壳上装有一个附加电阻，为固定该电阻，又增加了一个低压接线柱。附加电阻就接在标有"开关"和"+"的两接线柱间，如图 4-39(b)所示。

为了减少涡流和磁滞损耗，铁芯由硅钢片叠成，包在硬纸板套内，其上绕有二次绕组。它用直径为 0.06～0.10 mm 的漆包线绕 11 000～26 000 匝(如东风 EQ1090 型汽车用 DQ125 型点火线圈，为线径是 0.08 mm 的漆包线，绕 23 200 匝)。一次绕组绕在二次绕组的外边，以利于散热；一次绕组用直径为 0.5～1.0 mm 的漆包线，绕 230～370 匝(DQ125 型点火线圈一次绕组是直径为 0.75 mm 漆包线，绕 290 匝)。绕组绕好后，在真空中浸以石蜡和松香的混合物，以增强绝缘。绕组和外壳之间，装有导磁用的钢片，用来加强磁通，外壳的底部有瓷杯，以防高压电击穿二次绕组的绝缘向铁芯和外壳放电。为加强绝缘和防止潮气侵入，在外壳内填满沥青或变压器油，前者称为干式点火线圈，后者称为油浸式点火线圈。

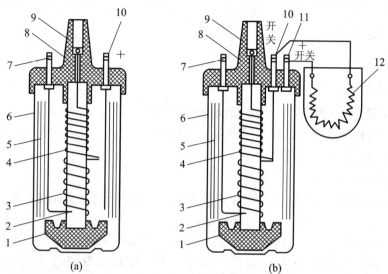

1—瓷杯；2—铁芯；3—初级绕组；4—次级绕组；5—钢片；6—外壳；7—"－"接线柱；8—胶木盖；9—高压线插座；10—"＋"或"开关"接线柱；11—"开关"接线柱；12—附加电阻

图 4-39　两接线柱和三接线柱点火线圈结构

2. 点火线圈的型号

根据 QC/T73—93《汽车电气设备产品型号编制方法》的规定，点火线圈的型号组成如图 4-40 所示。

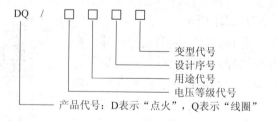

图 4-40　点火线圈的型号组成

各部分含义如下：

产品代号：D 表示"点火"，Q 表示"线圈"；如果 DQ 后面还有字母，则 G 表示干式点火线圈，D 表示电子点火系统用点火线圈。

电压等级代号：用数字表示点火线圈的额定电压，即 1 表示 12 V，2 表示 24 V；6 表示 6 V。

用途代号：用数字表示点火线圈的用途。其含义如下：1—单、双缸发动机；2—四、六缸发动机；3—四、六缸发动机(带附加电阻)；4—六、八缸发动机(带附加电阻)；5—六、八缸发动机；6—八缸以上的发动机；7—无触点分电器；8—高能；9—其他(包括三、五、七缸)。

设计序号：以数字表示。

变型代号：以 A/B/C……顺序表示。

例如：DQ1244 表示电压为 12 V，用于 4～6 缸发动机，设计序号为 4 的点火线圈。

二、火花塞与高压线

1．火花塞

1) 火花塞的作用

将高压电引进发动机燃烧室，在电极间形成电火花，以点燃可燃混合气。火花塞装于气缸盖的火花塞孔内，下端电极伸入燃烧室，上端连接分缸高压线。火花塞是点火系中工作条件最恶劣、要求最高的部件。

2) 对火花塞的要求

(1) 混合气燃烧时，火花塞下部将承受高压燃气的冲击，要求火花塞必须有足够的机械强度。

(2) 火花塞承受着交变的高电压，要求它应有足够的绝缘强度，能承受 30 kV 高压。

(3) 混合气燃烧时，燃烧室内温度很高，可达 1500～2200℃，进气时又突然冷却至 50～60℃，因此要求火花塞不但耐高温，而且能承受温度剧变，不能出现局部过冷或过热现象。

(4) 混合气燃烧产物很复杂，含有多种活性物质，如臭氧、一氧化碳和氧化硫等，易使电极腐蚀，因此要求火花塞要耐腐蚀。

(5) 火花塞的电极间隙影响击穿电压，所以要有合适的电极间隙。火花塞安装位置要合适，以保证有合理的着火点；火花塞气密性应该良好，以保证燃烧室不漏气。

3) 火花塞的结构

火花塞主要由接触头、瓷绝缘体、中心电极、侧电极和壳体等部分组成，如图 4-41 所示。

在钢质外壳的内部固定有高氧化铝陶瓷绝缘体，在绝缘体中心孔的上部有金属杆，杆的上端有接线螺母，用来接高压导线，下部装有中心电极。金属杆与中心电极之间用导体玻璃密封，铜质内垫圈起密封和导热作用。钢质外壳的上部有便于拆装的六角平面，下部有螺纹以便旋装在发动机气缸盖内，外壳下端固定有弯曲的侧电极。电极一般采用耐高温、耐腐蚀的镍锰合金钢或铬锰氮、钨、镍锰硅等合金制成，也有采用镍包铜材料制成，以提高散热性能。火花塞电极间隙多为 0.6～0.7 mm，电子点火间隙可增大至 1.0～1.2 mm。

4) 火花塞热特性

火花塞热特性常用热值表示。国产火花塞热值分别用 1、2、3、4、5、6、7、8、9、10、11 等阿拉伯数字表示。1、2、3 为低热值火花塞；4、5、6 为中热值火花

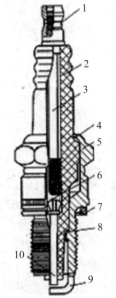

1—插线螺母；
2—瓷绝缘体；
3—金属杆；
4、8—内电圈；
5—壳体；
6—导体玻璃；
7—密封垫圈；
9—侧电极；
10—中心电极

图 4-41　火花塞结构

塞；7、8、9 及以上为高热值火花塞。热值数越高，表示散热性越好。因而，小数字为热型火花塞，大数字为冷型火花塞。

2. 高压线

高压线安装在分电器与火花塞之间(分缸高压线)和点火线圈与分电器之间(中央高压线)，如图 4-42 所示。在汽油发动机中，高压线将点火线圈的高压送到分电器盖的中央插孔，再从分电器盖传到火花塞。高压线给汽车发动机输送 15 000～30 000 V 的高压电。一般导线绝缘程度不够，必须用一种特制的高压线。它的外皮是高绝缘度橡胶，内芯多采用碳素原料做导体。

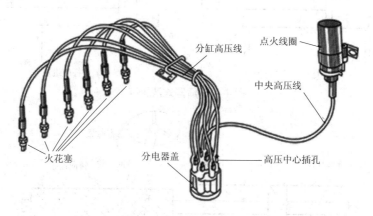

图 4-42　高压线安装位置

高压线用来将点火线圈产生的高压电传输到各个火花塞，在现代电子点火系统中高压往往能达到数万伏，高电压在产生电火花的同时会形成电磁波(无线电波)向附近散播，因而形成无线电干扰。因此要使用耐受高电压和抑制干扰的专用导线。图 4-43 所示的是控制无线电干扰的高压线——磁场抑制线。这个抑制线缠绕在火花塞线中心的导体之上，屏蔽了因电流流过高压线而产生的磁场，因此抑制了无线电射频干扰。电磁抑制线看起来与高压线一样，但是电阻的规格不同，对于好的电磁抑制线，其两端的电阻读数应为零欧姆。

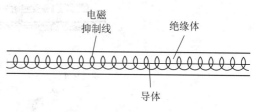

图 4-43　磁场抑制高压线

三、液压和气压执行元件

1. 液压执行元件

液压执行器是把液压油的压力能转变成机械能的执行元件。液压执行元件主要包括执行往复运动的液压缸、回转液压缸、液压马达等。在汽车中多采用电控液压执行系统，即电子控制系统发出指令，由液压系统来执行。液压执行机构是借助流体介质的压力能来传递压力和进行运动控制的，其特点是响应快、动作准确，尤其广泛应用在需要精确控制离合器压力的场合。在这种情况下压力控制可由高速开关采用脉宽调制信号(PWM)实现直接控制。

1) 应用在转向装置中的液压执行器

汽车齿轮齿条式转向装置的助力缸为活塞式液压缸。活塞式液压缸由活塞与缸内壁之间形成密封，活塞杆向外伸出传递动力与运动，如图 4-44 所示。活塞式液压缸大多为双油管供油的双作用式活塞缸，只有一个活塞杆伸出。图 4-45 所示为汽车齿轮齿条式转向装置的助力缸。活塞安装在转向齿条上，转向齿条的壳体相当于动力缸，动力缸活塞是齿条的一部分，齿条活塞两边的套管被密封形成两个油液腔，连接左右转向回路。其工作原理如图 4-46 所示，转动方向盘时，旋转阀改变油液流量，在转向齿条两端形成压力差，使齿条向压力低的方向移动，齿条相当于动力缸的推杆，从而减轻驾驶员加在方向盘上的力。

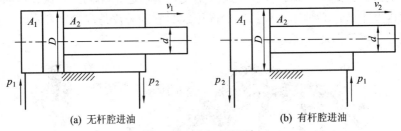

(a) 无杆腔进油　　　　　　　　　　　(b) 有杆腔进油

图 4-44　活塞式液压缸

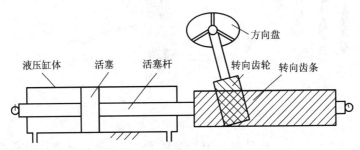

图 4-45　齿轮齿条式转向装置的助力缸

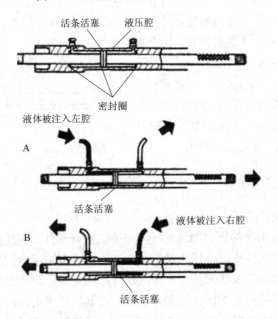

图 4-46　转向助力缸工作原理

2) 应用在制动器上的液压执行器

汽车车轮制动器上的制动轮缸是一种复合式液压缸，它由一个缸体、两个活塞组成，如图 4-47 所示，这种液压缸的两个活塞及活塞杆是各自独立的，所以它的作用力可以双向输出。制动时，踩下制动踏板，推杆推动主缸活塞，使主缸活塞的油液以一定压力流入制动轮缸，通过轮缸活塞使制动蹄的上端张开，从而使摩擦片压紧在制动鼓内的圆面上。

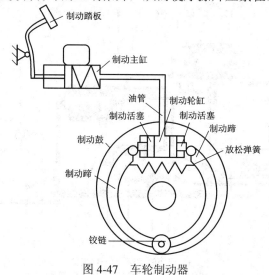

图 4-47　车轮制动器

2. 气压执行元件

气压执行元件是以压缩空气作为工作介质的，具有代表性的有气缸、气压马达等。气压驱动虽然可以得到较大的驱动力、行程和速度，但由于空气黏度性差，具有可压缩性，所以不能在定位精度高的场合使用。

气压执行元件主要应用于汽车空气悬架系统、电子气压制动系统、气动巡航系统、气动换挡等系统中。

1) 制动系统中的气压执行元件

气缸是气动系统中使用最多的执行元件，它以压缩空气为驱动机构作直线往复运动。车上常用气动气缸作为制动系统的动力源。在大客车和大货车上通常采用电子气压制动系统(ABS/ASR)。

汽车上常用的一种气压制动装置的工作原理如图 4-48 所示。制动装置有两个工作状态，活塞杆向左运动的自由状态和向右运动的制动状态。

(1) 自由状态如图 4-48 所示，当 A 口不接通压缩空气时，在弹簧作用下，活塞向右运动，制动装置处于放松状态，被制动的机构(如车轮)可以自由转动。

(2) 当 A 口接通压缩空气时，与膜片相连接的推杆在活塞推动下向右运动，活塞杆复位，弹簧被压缩，为恢复储备了能量。

图 4-49 所示为一典型气压制动系统。由发动机驱动的空气压缩机 1 将压缩空气经单向阀 4 首先输入湿储气罐 6，压缩空气在湿储气罐内冷却并进行油水分离之后，分成两个回路：一个回路经储气罐 14、双腔制动阀 3 的后腔通向前制动气室 2；

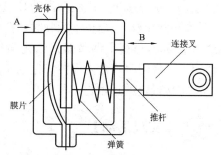

图 4-48　汽车制动气缸

另一个回路经储气罐 17、双腔制动阀 3 的前腔和快放阀 13 通向后制动气室 10。当其中一个回路发生故障失效时，另一个回路仍能继续工作，以维持汽车具有一定的制动能力，从而提高汽车行驶的安全性。

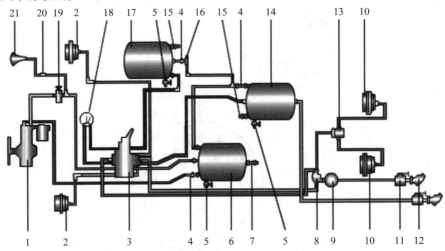

1—空气压缩机；2—前制动气室；3—双腔制动阀；4—储气罐单向阀；5—放水阀；
6—湿储气罐；7—安全阀；8—梭阀；9—挂车制动阀；10—后制动气室；11—挂车分离开关；
12—接头；13—快放阀；14—主储气罐(供前制动器)；15—低压报警器；16—取气阀；
17—主储气罐(供后制动器)；18—双针气压表；19—调压器；20—气喇叭开关；21—气喇叭

图 4-49　气压制动系统

2) 巡航控制系统中的气压执行元件

气动式巡航系统中的气压执行元件是真空驱动的执行器。气动膜片式巡航控制执行元件如图 4-50 所示，系统由真空调节器、节气门驱动伺服膜、控制单元、传感器和控制开关等部分组成。

当车速低时，真空调节器供给的空气量减少，使伺服膜盒内的真空度增加，通过膜片的移动，使节气门开大；反之，当车速高于控制车速时，真空调节器供给的空气量就会增加，从而减小伺服膜盒内的真空度，使节气门开度减小。当正常行驶时，在发动机进气管负压和真空调节器供给定量空气的作用下，使伺服膜盒内保持一定的负压，控制汽车按预定的速度稳定行驶。

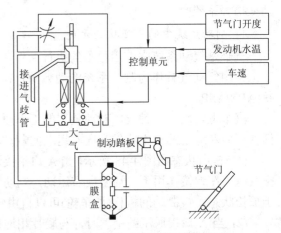

图 4-50　气动式巡航控制执行元件

【实践活动】

1. 简要说明点火线圈的作用。
2. 简要说明火花塞和高压线的作用。
3. 查找资料并列举液压和气压执行元件在汽车上的应用有哪些。

知识拓展

电子点火系统的执行元件

随着电子技术的发展，电子点火系统取代了断电器触发点火的传统点火系统。电子点火系统是利用半导体替代传统点火系统中的机械开关，接通或者断开初级电流。在电子点火系统中，由蓄电池或发电机向点火系提供电能，晶体管控制点火时刻。电子点火系统的点火电压和点火能量高，受发动机工况和使用条件的影响就小，并且结构简单，工作可靠，应用较为广泛。

1. 电子点火系统的组成

电子点火系统一般由电源、点火开关、点火线圈、电子点火器、点火信号发生器、高压线及火花塞等组成，如图4-51所示。

发动机工作时，点火信号发生器代替传统点火系统中的断电器凸轮产生脉冲信号输送给电子点火器，脉冲信号控制点火器内晶体管的导通与截止，完全取代了断电器的触点。当输入点火器的脉冲信号使晶体管导通时，点火线圈一次绕组回路接通，储存点火所需的能量；当输入点火器的脉冲信号使晶体管截止时，点火线圈一次绕组回路断开，二次绕组便产生高压，此高压经配电器和高压线送至火花塞，以便完成点火。普通电子点火系统能根据发动机转速控制点火系统闭合角，以适应发动机不同

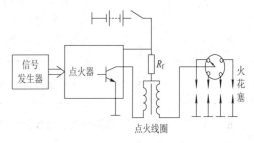

图4-51　电子点火系统组成

转速时需要，并能限制初级断电电流，使点火系统能量保持恒定及防止点火线圈过热等。

2. 点火控制器

点火控制器是电子点火系统的核心部件，又称为点火电子组件或点火器。点火控制器的性能高低和技术状态好坏，直接影响点火系统的工作性能和工作状态。

点火控制器的功用是控制点火线圈一次绕组回路的接通或断开。电子点火器组装在一个小盒内，安装在分电器外部，目前点火控制器普遍采用混合集成电路制成，并用导热树脂封装在铸铝散热板上以利散热。不同公司设计思路不同，所设计的控制器电路也不相同，图4-52所示为桑塔纳轿车点火控制器。

图4-52　桑塔纳轿车点火控制器

能力鉴定与信息反馈

能力鉴定与信息反馈是为了更好地了解学生掌握知识及技能的情况。因此学习完本章后，请完成下面表格。

能力鉴定表和信息反馈表分别见表4-2和表4-3。

表4-2 能力鉴定表

学习项目	项目4 汽车执行器单元					
姓名		学号		日 期		
组号		组长		其他成员		
序号	能力目标	鉴定内容		时间(总时间80分钟)	鉴定结果	鉴定方式
1	专业技能	执行器作用分类认知能力		60分钟	□具备 □不具备	教师评估 小组评估
2		直流电动机及步进电动机认识能力				
3		继电器及电磁阀认识能力		10分钟	□具备 □不具备	
4		阐述职场安全规范		10分钟	□具备 □不具备	
5	学习方法	是否主动进行任务实施		全过程记录	□具备 □不具备	小组评估 自我评估 教师评估
6		能否使用各种媒介完成任务			□具备 □不具备	
7		是否具备相应的信息收集能力			□具备 □不具备	
8	能力拓展	团队是否配合		全过程记录	□具备 □不具备	
9		调试方法是否具有创新			□具备 □不具备	
10		是否具有责任意识			□具备 □不具备	
11		是否具有沟通能力			□具备 □不具备	
12		总结与建议			□具备 □不具备	
鉴定结果	合格 □	教师意见			教师签字	
	不合格 □				学生签名	

备注：① 请根据结果在相关的□内画√；

② 请指导教师重点对相关鉴定结果不合格的同学给予指导意见。

表 4-3　信息反馈表

项目四：<u>汽车执行器单元</u>　　　　　　组号：<u>　　　　　　</u>

姓　　名：<u>　　　　　　　　　</u>　　　日期：<u>　　　　　</u>

请你在相应栏内打钩	非常同意	同意	没有意见	不同意	非常不同意
(1) 这一项目为我很好地提供了汽车执行器作用及分类知识					
(2) 这一项目帮助我熟悉了直流电动机及步进电动机工作原理及在汽车上的应用					
(3) 这一项目帮助我熟悉了继电器的分类及在汽车上的应用					
(4) 这一项目帮助我熟悉了电磁阀的分类及在汽车上的应用					
(5) 该项目的内容适合我的需求					
(6) 该项目在实施中举办了各种活动					
(7) 该项目中不同部分融合得很好					
(8) 实训中教师待人友善愿意帮忙					
(9) 项目学习让我做好了参加鉴定的准备					
(10) 该项目中所有的教学方法对我学习起到了帮助的作用					
(11) 该项目提供的信息量适当					
(12) 该实训项目鉴定是公平、适当的					
你对改善本科目后面单元教学的建议：					

项目五 技能实训

实训一 认知 Keil 软件及基本操作

【实训内容】

本实训是让读者认识 Keil 应用软件，学会初步操作；输入指定的程序，学习程序的编辑、连接和运行的基本操作方法。

【实训目的】

(1) 认识 Keil uVersion2 应用软件，学会初步操作。
(2) 输入指定的程序，学习程序的编辑、编译、连接、调试和运行的基本操作方法。

【实训所需仪器及设备条件】

计算机(装有 Keil 软件)。

【实训方法与步骤】

(1) 双击计算机桌面图标 ，打开 Keil 应用软件，主要学习以下几方面操作：

① 在自己的文件夹内建立项目文件(*.uv2)和汇编程序文件(*.asm)，学习建立、保存和管理方法。(可参考有关说明书)首先，新建一个项目(Project)，点击如图 5-1 所示的菜单栏。于是在自己的文件夹内，创建一个新的项目，后缀名默认，如图 5-2 所示。

图 5-1 菜单栏

图 5-2 创建一个新的项目

② 然后，选择 Generic 的器件 8051，单击"确定"，如图 5-3 所示。

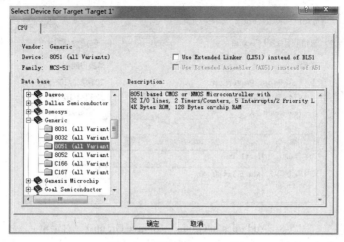

图 5-3 选择 Generic 器件

于是新建一个源文件，单击快捷图标 _[File]，再单击"保存"按钮，出现如图 5-4 所示的对话框。保存文件名时，后缀为".asm"。

图 5-4 Save As 对话框

③ 保存完毕之后，右键单击"Project Workspace 项目空间"的"Source Group1"，出现如图 5-5 所示的右下方的下拉菜单，选择"Add Files to Group'Source Group 1'"栏。

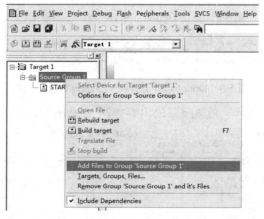

图 5-5 "Source Group 1"下拉菜单

于是显示如图 5-6 所示的对话框，从文件类型中选择如图 5-6 所示的文件类型。

图 5-6　Add Files to Group　'Source Group 1'对话框

④ 此时，出现刚才保存的.asm 文件，选择该文件，点击"Add"按钮。这时如图 5-7 所示，.asm 文件已经加入 Source Group 1 中。

图 5-7　Text1.asm 加入 Source Group 1 中

(2) 基本设置包括微控制器器件选择、硬件仿真和计算机模拟仿真选择、硬件仿真的程序和数据地址范围等。

点击如图 5-8 所示的选项，出现如图 5-9 所示的对话框。

图 5-8　点击 Options for Target　'Target 1'

图 5-9　Options for Target　'Target 1'对话框

我们配置 Target 选项卡，必须配置的内容如图 5-10 所示，其余部分不作修改。

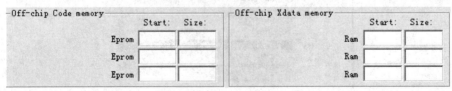

图 5-10　配置选项卡

选择 Debug 选项卡，在如图 5-11 所示的单选项中，选中右边的选择框，其余不变，单击"确定"。

图 5-11　单选项

(3) 学习程序的编辑、连接和调试初步操作。

① 采用软件仿真模式。(具体操作参考有关说明书)

② 进入程序编辑画面，参照说明书输入一个实验板上 LED 灯闪亮的程序。

注意：程序输入完成后一定要存储到指定文件夹，并添加到自己所建立的项目文件内。

③ 点击 📥 进行程序编译，并检查指令输入中有无错误，如图 5-12 所示的对话框。

④ 点击 📖 进行程序连接，则生成目标文件(机器码)。若连接无错，则显示如图 5-13 所示的对话框。

```
MODULE:   .\STARTUP.obj (?C_STARTUP)
ADDRESS: 000DH
Program Size: data=9.0 xdata=0 code=15
"aa" - 0 Error(s), 3 Warning(s).
```

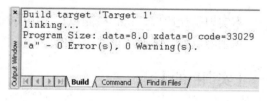

图 5-12　程序编译对话框　　　　　　图 5-13　程序连接对话框

⑤ 进入程序调试前，先检查实验板上与 P1 口相连的跳线全部接到右侧(靠近微控制器芯片一侧)。进入程序调试运行：按红色"Debug"按钮 🔍 进入调试状态，再按两次"Run"按钮 📊 (中间要间隔一定时间)进入程序运行。检查运行状态是否正常。

⑥ 退出程序运行：先按实验板上"Reset"按钮，再按红色"Debug"按钮。

(4) 继续反复练习文件的建立、打开、修改、保存、添加等操作。

(5) 修改汇编程序，例如改变闪亮的频率，继续调试。

【实训注意事项】

(1) 实验接线及实验步骤：EL-MUT-8051-Keil C 模块的 232 接口与上位机的 COM1 口用三合一串口电缆(或交叉串口电缆)连接，可利用资源及相关注意事项。请在实验前详细了解 EL-MUT-8051-Keil C 模块使用指导。

(2) 实验程序：找到每个实验对应的文件夹，运行相应的扩展名为".UV2"的工程文件。如：做实验二时，找到文件夹"T2"，运行工程文件"T2.UV2"；做实验三时，找到文件夹"T3"，运行工程文件"T3.UV2"。

(3) 多数".ASM"文件与《第六部分 基本实验(8051)》中相应程序相同。少数涉及中断、8279 键盘显示的实验相应程序有所改动。不要带电插拔各种导线和信号线。

(4) 注意源程序输入格式，源程序的编写必须在英文状态下，不能使用任何汉字输入方式。字母最好用大写，且指令对齐并注意区分数字 0 和字母 O。

(5) 项目文件(扩展名为 .Uv2)只要建立一个即可；程序文件(扩展名为 .asm)每次编写的都不同，注意都保存在自己的文件夹内。

【实训报告要求】

(1) 需写出实训题目、实训时间、实训地点、同组成员姓名。
(2) 需写出实训所使用的仪器设备和软件调试工具。
(3) 需写出实训内容、步骤、记录与分析。
(4) 需写出实训总结及心得体会。

实训二　汽车继电器的认识和检测

【实训内容】

本实训是让读者认识和检测执行器中的汽车继电器，了解汽车继电器的构成和工作原理，识别继电器，掌握汽车继电器的检测方法。

【实训目的】

(1) 掌握汽车继电器的作用、结构和工作原理。
(2) 掌握离车检测汽车继电器的一般方法。
(3) 掌握如何就车检测微机控制的燃油泵继电器。

【实训所需仪器及设备条件】

台架发动机丰田 5A、汽车专用万用表、导线和蓄电池。

【实训方法及步骤】

1. 认识汽车继电器的作用、结构和工作原理

1) 作用

汽车继电器是用来控制电路的接通与切断，是一种利用小电流来控制大电流电路的电磁开关。

2) 结构

汽车继电器由铁芯、衔铁、电磁线圈、回位弹簧和触点(活动触点、固定常开、常闭触点)等组成。

3) 工作原理

汽车继电器的电磁线圈通电产生磁场，从而吸引衔铁活动，使常闭触点断开，常开触点闭合。

2. 离车检测汽车继电器的一般方法

(1) 用汽车专用万用表检测汽车继电器电磁线圈两端的连通性(一般为 85 和 86 端子)。

(2) 用汽车专用万用表检测汽车继电器衔铁端子与常开触点、常闭触点的连通性(一般分别为 30、87 和 87a 端子)。

(3) 用两根跨接线把 12 V 的蓄电池电压给励磁线圈励磁,检查继电器触点的断开和闭合情况。

3. 就车检测微机控制的燃油泵继电器

打开点火开关,不启动发动机,应能听到燃油泵工作为 1 s。若燃油泵不工作,则关闭点火开关,检查燃油泵熔断丝:若熔断丝不导通,则应更换;若熔断丝导通,则用导线跨接燃油泵的触点,检查继电器(离车)触点的断开和闭合情况。若燃油泵仍不能正常工作,则检查控制电路、连接导线、燃油泵。

转动点火开关至 ON,检测输出端电压,若有电压,断开则读数为 0,说明继电器是好的;若没有电压,则继续以下步骤:

(1) 检测供电输入端电压。

(2) 检测控制电路端电压。

(3) 检测继电器打铁端电压。

若读数大于 1 V,则接地不良。

【实训注意事项】

(1) 在良好的通风条件下进行检测,如果没有足够的通风,则将汽车排气管接到室外。

(2) 严禁在检测过程中抽烟、有明火。

(3) 汽车电瓶液中含有硫酸,硫酸对皮肤有腐蚀性,操作时应避免电瓶液与皮肤直接接触,特别注意不能溅入眼睛。

(4) 发动机运转时温度较高,应避免接触水箱和排气管等高温部件。

(5) 当在发动机仓内使用仪器时,所有电源线缆、表笔和工具应远离皮带或其他运动器件,不要戴手表、戒指,也不要穿宽大的衣服。

【实训报告要求】

(1) 需写出实训题目、实训时间、实训地点、同组成员姓名。

(2) 需写出实训所使用的仪器设备和软件调试工具。

(3) 需写出实训内容、步骤、记录与分析。

(4) 需写出实训总结及心得体会。

实训三 制作数字转速计模型

【实训内容】

本实训是制作一个数字转速计,让读者了解数字转速计系统总体方案和系统构成,学习光电式和霍尔式转速传感器信号采集方法以及多位数字显示的方法。

【实训目的】

(1) 了解数字转速计系统总体方案和系统构成。
(2) 学习光电式和霍尔式转速传感器信号采集方法。
(3) 学习多位数字显示的方法。
(4) 要求采用转速传感器、微控制器和数字显示电路制作转速计模型并调试。

【实训所需仪器及设备条件】

计算机(装有 Keil 软件和 Flash Magic 写片软件)、DP-51S 仿真实验板、转速传感器模型元件、CPU 板、数字显示板、连接导线、带 ISP 功能的微控制器芯片(如 P89V51RD2)、示波器、万用表及工具等。

【实训方法及步骤】

汽车上很多部件如发动机、自动变速器、电控悬架、ABS、动力转向以及巡航系统等都需要各种转速信号,汽车车速也是由传动轴转速换算得到的,因此转速测量是非常重要的。通过数字转速计模型的制作,可以学习转速信号采集、数据处理以及输出显示等基本技术。

1. 数字转速计系统总体方案

数字式转速计模型系统图如图 5-14 所示。

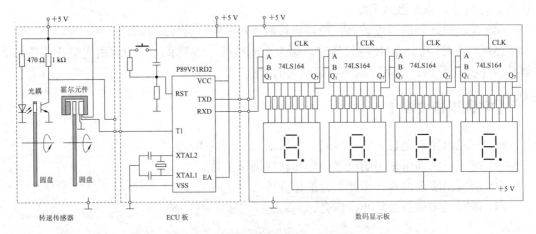

图 5-14　数字式转速计模型系统图

1) 传感器部分

所用的传感器有两种:光电式和霍尔元件式,可分别将信号输入 ECU。其中,光电式传感器由一个带 12 个(或 24 个)孔的圆盘和一个光电耦合器(光耦)组成。当圆盘转动时,光耦将产生一系列信号脉冲,脉冲频率与转速成正比。霍尔式传感器由一个带若干孔(或缺口)的圆盘、一块永久磁铁和一个霍尔元件组成,一般将永久磁铁和霍尔元件位置固定,中间由圆盘隔开。预先给霍尔元件供电,当圆盘转动时,霍尔元件周期性地感受磁场而产生电压信号。为了简化结构，也可将磁铁固定在圆盘上，仅将霍尔元件固定在圆盘附近。

2）ECU 数据采集和处理部分

由于光电式和霍尔式传感器信号都是 5 V 的脉冲信号，可以不经任何处理而直接送入微控制器的 I/O 口。微控制器同时计算输入的脉冲数和时间，就可以计算出单位时间的脉冲数或转数，从而转化成转速(r/m)数，并进一步转换为要显示的多位数字。

3）数码显示部分

微控制器采用串行通信方式 0，将要显示的各数字字形码送到串入/并出移位寄存器 74LS164 的串行输入端，输出端接数码管，可显示 4 位数字(实际只用 3 位，图中也只画出 3 位)。

程序编好后需要先写片，然后装到自制的 CPU 板上运行。

2．硬件准备

(1) 转速传感器的制作组装：根据给定的元件材料制作组装转速传感器，要求安装牢固可靠，线路无虚焊现象。

(2) 光电传感器的测量检查：参照图 5-14，给光电传感器接通 5 V 电源。转动圆盘，用万用表或示波器检测光耦输出端，正常情况下应有电压或波形信号。

(3) 霍尔传感器的测量检查：参照图 5-14，给光电传感器接通 5 V 电源。转动圆盘，用万用表或示波器检测霍尔信号输出端，正常情况下应有电压或波形信号。

(4) CPU 板与数字显示板：都已经专门做好，只要检查外观是否完好，接插元件有无松动等。

(5) 按照图 5-14 所示连好线路，注意电源正负极性不可接错。

3．程序设计

以采用光电式传感器为例。

(1) 任务分析：

晶振频率：$f_{osc} = 11.0592\,\text{MHz}$。

定时器与计数器分配：采用定时器 T0 计时、T1 计数；定时与计数器工作方式：方式 1。

定时中断：T0 每 50 ms 中断一次，共中断 20 次为 1 s。

T0 初值计算如下：

单片机晶振频率为 11.0592 MHz，则定时器 T0 的初值计算为：$(2^8 - X) \times (12/11.0592)\,\mu s = 100\,\mu s$，可以算出：X = A3H，可令 TH0 = 4CH，TL0 = 00H。

T1：用于计脉冲数，每秒读一次。因手工操作，每秒不会超过 10 圈 × 12 = 120 个脉冲，所以可仅用 TL1。根据 T1 在 1 s 内采集的脉冲数，再折算成每分钟转数(r/m)。

输出数字显示：用接移位寄存器串行输出方式，即串行通信方式 0。

显示格式：由于显示器是 4 位，在用手转动轮盘情况下，速度不会超过 1000 r/m，故最高位(千位)人为给成 0。每秒显示 0XXX 四位数字。

(2) 暂存数据地址表：用于存放处理前后的数据，见表 5-1。

表 5-1 转数值暂存地址表

	原始地址	个位数	十位数	百位数
原计数值低 8 位	60H	61H	62H	63H
原计数值高 8 位	70H	71H	72H	73H

(3) 数据处理方法: 采用光电传感器时每转有 12 个脉冲, 所以每分钟转数 = 每秒总脉冲数×60/12 = 每秒总脉冲数×5。考虑每分钟转数(r/m)可能大于 255, 即十六进制数可有两个字节: 0cbaH。低字节部分 baH 折算成个、十、百位数, 分别存于 61H、62H、63H。高字节部分 0cH 折算成个、十、百位数, 分别存于 71H、72H、73H。

高字节数据的处理方法: 一般手动时每秒≤10 转, 即每分钟≤600 转, 亦即每分钟转数的十六进制数的高位 c≤3。可具体将高位数直接给成十进制数, 当 c 为不同值时对应的十进制数见表 5-2。

表 5-2　c 为不同值时对应的十进制数

c	百位(73H)	十位(72H)	个位(71H)
0	0	0	0
1	2	5	6
2	5	1	2
3	7	6	8

然后再将高字节与低字节的十进制数对应相加。(即 61H 与 71H、62H 与 72H、63H 与 73H 相加, 需要考虑进位加法)。

(4) 程序框图: 如图 5-15 所示。(a)为主程序 MAIN 流程图; (b)为中断程序 INTR 流程图; (c)为显示子程序 DIS 流程图。

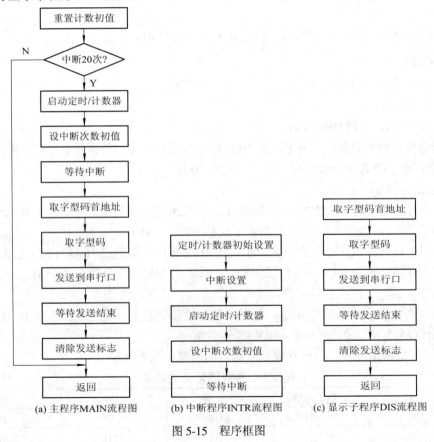

(a) 主程序MAIN流程图　　(b) 中断程序INTR流程图　　(c) 显示子程序DIS流程图

图 5-15　程序框图

源程序清单如下：

	MOV	R7，#20	；定时中断 20 次共 1 s
	MOV	SCON，#00H	；串行口方式 0
	SETB	EA	
	SETB	ET0	
	SETB	TR0	
	SETB	TR1	
	SJMP	$	
	ORG	0200H	
INTR:			
	MOV	TH0，#4CH	；计时初值
	MOV	TL0，#00H	
	DJNZ	R7，REP	；不够 20 次转
	CLR	TR1	；计到 1 s，停止计数
	MOV	A，TL1	；取计数值
	MOV	B，#05	
	MUL	AB	；折算成每分钟转数。A = 低 8 位，B = 高 8 位
	MOV	60H，A	；存 r/m 的低位部分
	MOV	70H，B	；存 r/m 的高位部分
	MOV	B，#100	
	DIV	AB	；A = 百位数，B = 余数
	MOV	63H，A	；存低位数的百位
	MOV	A，B	
	MOV	B，#10 DIV AB	；A = 十位数，B = 个位数
	MOV	62H，A；	；存低位数的十位
	MOV	61H，B	；存低位数的个位
	MOV	A，70H	；取高位数 c，c 可能 = 0，1，2，3
	CJNE	A，#00，NOT0	；非 0 则转
	MOV	71H，#00	；高位 c = 0，将 71H-73H 清零
	MOV	72H，#00	
	MOV	73H，#00	
	AJMP	DISP	；c = 0，不处理高位，直接转去显示
NOT0:	CJNE	A，#01，NOT1	；判断若 n ≠ 1 则转
	MOV	73H，#02	；c = 1：百位、十位、个位分别存 2、5、6
	MOV	72H，#05	
	MOV	71H，#06	
	AJMP	NEXT	；转去处理相加
NOT1:	CJNE	A，#02，NOT2	；判断若 n ≠ 2 则转
	MOV	73H，#05	；c = 2：百位、十位、个位分别存 5、1、2

```
        MOV      72H，#01
        MOV      71H，#02
        AJMP     NEXT              ; 转去处理相加
NOT2:   CJNE     A，#03，NEXT       ; 判断若 n ≠ 3 则转
        MOV      73H，#07          ; c = 3：百位、十位、个位分别存 7、6、8
        MOV      72H，#06
        MOV      71H，#08
NEXT:   CLR      C                 ; 先将进位清零
        MOV      A，71H
        ADD A，61H                  ; 低字节与高字节的个位相加
        MOV      61H，A             ; 重新存个位数
        MOV      A，72H
        ADDC     A，62H            ; 低字节与高字节的十位相加，考虑低位进位
        MOV      62H，A             ; 重新存十位数
        MOV      A，73H
        ADDC     A，63H            ; 低字节与高字节的百位相加，考虑低位进位
        MOV      63H，A             ; 重新存百位数
DISP:   MOV      A，61H             ; 取个位数
        ACALL    DIS               ; 显示个位数
        MOV      A，62H             ; 取十位数
        ACALL    DIS               ; 显示十位数
        MOV      A，63H             ; 取百位数
        ACALL    DIS               ; 显示百位数
        CLR      A                 ; 令千位数=0
        ACALL    DIS               ; 显示千位数
        MOV      R7，#20            ; 恢复初值
        MOV      TL1，#00H          ; 清计数值
        SETB     TR1               ; 重新启动计数
REP:    RETI
DIS:    MOV      DPTR，#0500H       ; 字形码首地址
        MOVC     A，@A+DPTR         ; 取字形码
        MOV      SBUF，A            ; 送串行口
        JNB      TI，$             ; 等待发送
        CLR      TI                ; 清发送标志
        RET
        ORG      0500H             ; 以下为字形码
        DB   0C0H，0F9H，0A4H，0B0H，99H，92H，82H，0F8H，80H，90H
        END
```

4. 进行编译、生成目标代码和写片操作

输入程序后，进行编译、生成目标代码(*.hex 文件)和写片操作。

5. 插入芯片

将已写好的微控制器芯片插入 CPU 板插槽上，注意芯片方一定不能错。

6. 试运行

给系统接上电源，按复位(RST)键试运行，转动圆盘，观察显示的数据情况。若不能正常运行可按以下思路分析可能的故障：

(1) 完全无显示：检查线路连接是否正确、有无断线，是否接好电源，芯片型号是否正确(有无 ISP 功能)，芯片是否插反等。

(2) 显示乱码、数字明显错误或没有变化：检查软件输入有无错误。

【实训注意事项】

(1) 本项目综合性强，软、硬件都比较复杂，需要加强对每个环节的理解。
(2) 注意分阶段扎实地学习和操作，不要急于求成。
(3) 在接线、测量导线通断以及插拔芯片时都应断开电源。
(4) 注意 JP5 的短路跳线在写片时短接，不写片时应断开。

【实训报告要求】

(1) 需写出实训题目、实训时间、实训地点、同组成员姓名。
(2) 需写出实训所使用的仪器设备和软件调试工具。
(3) 需写出实训内容、步骤、记录与分析。
(4) 需写出实训总结及心得体会。

能力鉴定与信息反馈

能力鉴定与信息反馈是为了更好地了解学生掌握知识及技能的情况。因此学习完本章后，请完成下面表格。

能力鉴定表和信息反馈表分别见表 5-3 和表 5-4。

表 5-3 能力鉴定表

学习项目	技能实训					
姓名		学号		日期		
组号		组长		其他成员		
序号	能力目标	鉴定内容		时间(总时间80分钟)	鉴定结果	鉴定方式
1	专业技能	Keil 软件认识及操作能力		60 分钟	□具备 □不具备	教师评估 小组评估
2		模型的硬件设计及制作能力				
3		模型的软件设计及调试能力		10 分钟	□具备 □不具备	
4		软硬件联调及书面总结能力		10 分钟	□具备 □不具备	
5	学习方法	是否主动进行任务实施		全过程记录	□具备 □不具备	小组评估 自我评估 教师评估
6		能否使用各种媒介完成任务			□具备 □不具备	
7		是否具备相应的信息收集能力			□具备 □不具备	
8	能力拓展	团队是否配合		全过程记录	□具备 □不具备	
9		调试方法是否具有创新			□具备 □不具备	
10		是否具有责任意识			□具备 □不具备	
11		是否具有沟通能力			□具备 □不具备	
12		总结与建议			□具备 □不具备	
鉴定结果	合格 □ 不合格 □	教师意见			教师签字 学生签名	

备注：① 请根据结果在相关的□内画√；

② 请指导教师重点对相关鉴定结果不合格的同学给予指导意见。

表 5-4 信 息 反 馈 表

项目五： ___技能实训___ 组号：_____

姓 名：_____ 日期：_____

请你在相应栏内打钩	非常同意	同意	没有意见	不同意	非常不同意
(1) 这一项目为我很好地提供了 Keil 软件的界面操作步骤的方式方法					
(2) 这一项目帮助我掌握了电子电路模型的设计及制作流程					
(3) 这一项目帮助我熟悉了产品硬件、软件设计及调试方法					
(4) 这一项目帮助我熟悉了产品软、硬件联调的方法					
(5) 该项目的内容适合我的需求					
(6) 该项目在实施中举办了各种活动					
(7) 该项目中不同部分融合得很好					
(8) 实训中教师待人友善愿意帮忙					
(9) 项目学习让我做好了参加鉴定的准备					
(10) 该项目中所有的教学方法对我学习起到了帮助的作用					
(11) 该项目提供的信息量适当					
(12) 该实训项目鉴定是公平、适当的					
你对改善本科目后面单元教学的建议：					

附　　录

附录 A　MCS-51 系列微控制器指令系统

MCS-51 系列单片机指令系统共有 111 条指令，其中有 49 条单字节指令、45 条双字节指令和 17 条三字节指令。

指令中常用的符号及含义如附表 A-1 所示。

附表 A-1　MCS-51 指令系统常用符号及含义

addr11	11 位地址
addr16	16 位地址
bit	内部 RAM 或专用寄存器中的直接寻址位
rel	补码形式的 8 位地址偏移量
direct	直接地址单元(RAM，SFR，I/O)
#data	立即数
Rn	当前寄存器区的 8 个通用工作寄存器 R0～R7(n=0～7)
Ri	当前寄存器区中可作间址寄存器的两个通用工作寄存器 R0 、R1 (i=0、1)
A	累加器
B	专用寄存器，用于 MUL 和 DIV 指令中
C	进位标志或进位位，或布尔处理机中的累加器
@	间接寻址方式中，表示间接寄存器的符号
/	位操作数的前缀，表示对该位操作数先取反再参与操作，但不影响该操作数
(X)	X 中的内容
((X))	由 X 寻址的单元中的内容
←	箭头左边的内容被箭头右边的内容所代替
∧	逻辑 "与"
∨	逻辑 "或"
⊕	逻辑 "异或"

（一）MCS-51 数据传送指令

数据传送指令共有 29 条，数据传送指令一般的操作是把源操作数传送到目的操作数，指令执行完成后，源操作数不变，目的操作数等于源操作数。如果要求在进行数据传送时，目的操作数不丢失，则不能用直接传送指令，而采用交换型的数据传送指令。数据传送指令不影响标志 C、AC 和 OV，但可能会对奇偶标志 P 有影响。

1．以累加器 A 为目的操作数的指令(4 条)

这组指令的作用是把源操作数指定的内容送到累加器 A 中，有直接、立即数、寄存器和寄存器间接四种寻址方式。

- MOV A，data；(data) → (A) 直接单元地址中的内容送到累加器 A 中
- MOV A，#data；#data → (A) 立即数送到累加器 A 中
- MOV A，Rn；(Rn) → (A) Rn 中的内容送到累加器 A 中
- MOV A，@Ri；((Ri)) → (A) Ri 内容指向的地址单元中的内容送到累加器 A 中

2．以寄存器 Rn 为目的操作数的指令(3 条)

这组指令的功能是把源操作数指定的内容送到所选定的工作寄存器 Rn 中，有直接、立即和寄存器三种寻址方式。

- MOV Rn，data ；(data) → (Rn) 直接寻址单元中的内容送到寄存器 Rn 中
- MOV Rn，#data；#data → (Rn) 立即数直接送到寄存器 Rn 中
- MOV Rn，A；(A) → (Rn) 累加器 A 中的内容送到寄存器 Rn 中

3．以直接地址为目的操作数的指令(5 条)

这组指令的功能是把源操作数指定的内容送到由直接地址 data 所选定的片内 RAM 中，有直接、立即、寄存器和寄存器间接四种寻址方式。

- MOV data，data；(data) → (data) 直接地址单元中的内容送到直接地址单元
- MOV data，#data；#data → (data) 立即数送到直接地址单元
- MOV data，A；(A) → (data) 累加器 A 中的内容送到直接地址单元
- MOV data，Rn；(Rn) → (data) 寄存器 Rn 中的内容送到直接地址单元
- MOV data，@Ri；((Ri)) → (data) 寄存器 Ri 中的内容指定的地址单元中数据送到直接地址单元

4．以间接地址为目的操作数的指令(3 条)

这组指令的功能是把源操作数指定的内容送到以 Ri 中的内容为地址的片内 RAM 中，有直接、立即和寄存器三种寻址方式。

- MOV @Ri，data；(data) → ((Ri)) 直接地址单元中的内容送到以 Ri 中的内容为地址的 RAM 单元
- MOV @Ri，#data；#data → ((Ri)) 立即数送到以 Ri 中的内容为地址的 RAM 单元
- MOV @Ri，A；(A) → ((Ri)) 累加器 A 中的内容送到以 Ri 中的内容为地址的 RAM 单元

5. 查表指令(2 条)

这组指令的功能是对存放于程序存储器中的数据表格进行查找传送，使用变址寻址方式。

- MOVC A，@A+DPTR；((A))+(DPTR) → (A) 表格地址单元中的内容送到累加器 A 中
- MOVC A，@A+PC ；((PC))+1 → (A)，((A))+(PC) → (A) 表格地址单元中的内容送到累加器 A 中

6. 累加器 A 与片外数据存储器 RAM 传送指令(4 条)

这组指令的作用是将累加器 A 与片外 RAM 间的数据进行传送，使用寄存器寻址方式。

- MOVX @DPTR，A；(A) → ((DPTR)) 累加器中的内容送到数据指针指向片外 RAM 地址中
- MOVX A，@DPTR；((DPTR)) → (A) 数据指针指向片外 RAM 地址中的内容送到累加器 A 中
- MOVX A，@Ri；((Ri)) → (A) 寄存器 Ri 指向片外 RAM 地址中的内容送到累加器 A 中
- MOVX @Ri，A；(A) → ((Ri)) 累加器中的内容送到寄存器 Ri 指向片外 RAM 地址中

7. 堆栈操作类指令(2 条)

这组指令的作用是把直接寻址单元的内容传送到堆栈指针 SP 所指的单元中，以及把 SP 所指单元的内容送到直接寻址单元中。这类指令只有两条，下述的第一条常称为入栈操作指令，第二条称为出栈操作指令。需要指出的是，单片机开机复位后，(SP)默认为 07H，但一般都需要重新赋值，设置新的 SP 首址。入栈的第一个数据必须存放于 SP+1 所指存储单元，故实际的堆栈底为 SP+1 所指的存储单元。

- PUSH data；(SP)+1 → (SP)，(data) → (SP) 堆栈指针首先加 1，直接寻址单元中的数据送到堆栈指针 SP 所指的单元中
- POP data；(SP) → (data)(SP)−1 → (SP) 堆栈指针 SP 所指的单元数据送到直接寻址单元中，堆栈指针 SP 再进行减 1 操作

8. 交换指令(5 条)

这组指令的功能是把累加器 A 中的内容与源操作数所指的数据相互交换。

- XCH A，Rn ；(A) ←→ (Rn)累加器与工作寄存器 Rn 中的内容互换
- XCH A，@Ri；(A) ←→ ((Ri))累加器与工作寄存器 Ri 所指的存储单元中的内容互换
- XCH A，data；(A) ←→ (data)累加器与直接地址单元中的内容互换
- XCHD A，@Ri；(A 3-0) ←→ ((Ri) 3-0)累加器与工作寄存器 Ri 所指的存储单元中的内容低半字节互换
- SWAP A；(A 3-0) ←→ (A 7-4)累加器中的内容高低半字节互换

9. 16 位数据传送指令(1 条)

这条指令的功能是把 16 位常数送入数据指针寄存器。

- MOV DPTR，#data16；#dataH → (DPH)，#dataL → (DPL)16 位常数的高 8 位送到 DPH，

低 8 位送到 DPL

(二) MCS-51 算术运算指令

算术运算指令共有 24 条，算术运算主要是执行加、减、乘、除法四则运算。另外，MCS-51 指令系统中有相当一部分是进行加、减 1 操作，BCD 码的运算和调整，我们都归类为运算指令。虽然 MCS-51 单片机的算术逻辑单元 ALU 仅能对 8 位无符号整数进行运算，但如果利用进位标志 C，则可进行多字节无符号整数的运算。同时利用溢出标志，还可以对带符号数进行补码运算。需要指出的是，除加、减指令外，这类指令大多数都会对 PSW(程序状态字)有影响。这在使用中应特别注意。

1. 加法指令(4 条)

这组指令的作用是把立即数、直接地址、工作寄存器及间接地址内容与累加器 A 的内容相加，运算结果存在 A 中。

• ADD A，#data；(A)+#data → (A) 累加器 A 中的内容与立即数#data 相加，结果存在 A 中

• ADD A，data ；(A)+(data) → (A) 累加器 A 中的内容与直接地址单元中的内容相加，结果存在 A 中

• ADD A，Rn ；(A)+(Rn) → (A) 累加器 A 中的内容与工作寄存器 Rn 中的内容相加，结果存在 A 中

• ADD A，@Ri ；(A)+((Ri)) → (A) 累加器 A 中的内容与工作寄存器 Ri 所指向地址单元中的内容相加，结果存在 A 中

2. 带进位加法指令(4 条)

这组指令除与 1.功能相同外，在进行加法运算时还需考虑进位问题。

• ADDC A，data；(A)+(data)+(C) → (A) 累加器 A 中的内容与直接地址单元的内容，连同进位位相加，结果存在 A 中

• ADDC A，#data；(A)+#data +(C) → (A) 累加器 A 中的内容与立即数，连同进位位相加，结果存在 A 中

• ADDC A，Rn；(A)+Rn+(C) → (A) 累加器 A 中的内容与工作寄存器 Rn 中的内容，连同进位位相加，结果存在 A 中

• ADDC A，@Ri；(A)+((Ri))+(C) → (A) 累加器 A 中的内容与工作寄存器 Ri 指向地址单元中的内容，连同进位位相加，结果存在 A 中

3. 带借位减法指令(4 条)

这组指令包含立即数、直接地址、间接地址及工作寄存器与累加器 A，连同借位位 C 内容相减，结果送回累加器 A 中。

这里我们对借位位 C 的状态作出说明，在进行减法运算中，CY=1 表示有借位，则 CY=0 表示无借位。OV=1 声明带符号数相减时，从一个正数减去一个负数结果为负数，或者从一个负数中减去一个正数结果为正数的错误情况。在进行减法运算前，如果不知道借位标志位 C 的状态，则应先对 CY 进行清零操作。

• SUBB A，data；(A)-(data)-(C) → (A)累加器 A 中的内容与直接地址单元中的内容，连同借位位相减，结果存在 A 中

• SUBB A，#data；(A)-#data-(C) → (A)累加器 A 中的内容与立即数，连同借位位相减，结果存在 A 中

• SUBB A，Rn ；(A)-(Rn)-(C) → (A)累加器 A 中的内容与工作寄存器中的内容，连同借位位相减，结果存在 A 中

• SUBB A，@Ri；(A)-((Ri))-(C) → (A)累加器 A 中的内容与工作寄存器 Ri 指向的地址单元中的内容，连同借位位相减，结果存在 A 中

4．乘法指令(1 条)

这个指令的作用是把累加器 A 和寄存器 B 中的 8 位无符号数相乘，所得到的是 16 位乘积，这个结果低 8 位存在累加器 A 中，而高 8 位存在寄存器 B 中。如果 OV＝1，说明乘积大于 FFH，否则 OV＝0，但进位标志位 CY 总是等于 0。

• MUL AB；(A)×(B) → (A)和(B) 累加器 A 中的内容与寄存器 B 中的内容相乘，结果存在 A、B 中

5．除法指令(1 条)

这个指令的作用是把累加器 A 的 8 位无符号整数除以寄存器 B 中的 8 位无符号整数，所得到的商存在累加器 A 中，而余数存在寄存器 B 中。除法运算总是使 OV 和进位标志位 CY 等于 0。如果 OV＝1，表明寄存器 B 中的内容为 00H，那么执行结果为不确定值，表示除法有溢出。

• DIV AB；(A)÷(B) → (A)和(B)累加器 A 中的内容除以寄存器 B 中的内容，所得到的商存在累加器 A 中，而余数存在寄存器 B 中

6．加 1 指令(5 条)

这组指令的功能均为原寄存器的内容加 1，结果送回原寄存器。上述提到，加 1 指令不会对任何标志有影响，如果原寄存器的内容为 FFH，执行加 1 后，结果就会是 00H。这组指令共有直接、寄存器、寄存器间址等寻址方式。

• INC A；(A)+1 → (A)累加器 A 中的内容加 1，结果存在 A 中

• INC data；(data)+1 → (data)直接地址单元中的内容加 1，结果送回原地址单元中

• INC @Ri；((Ri))+1 → ((Ri))寄存器的内容指向的地址单元中的内容加 1，结果送回原地址单元中

• INC Rn；(Rn)+1 → (Rn)寄存器 Rn 的内容加 1，结果送回原地址单元中

• INC DPTR；(DPTR)+1 → (DPTR)数据指针的内容加 1，结果送回数据指针中

在 INC data 这条指令中，如果直接地址是 I/O，其功能是先读入 I/O 锁存器的内容，然后在 CPU 进行加 1 操作，再输出到 I/O 上，这就是"读—修改—写"操作。

7．减 1 指令(4 条)

这组指令的作用是把所指的寄存器内容减 1，结果送回原寄存器。若原寄存器的内容为 00H，减 1 后即为 FFH，运算结果不影响任何标志位。这组指令共有直接、寄存器、寄存器间址等寻址方式。当直接地址是 I/O 口锁存器时，"读—修改—写"操作与加 1 指令

类似。

- DEC A ；(A)−1 → (A)累加器 A 中的内容减 1，结果送回累加器 A 中
- DEC data ；(data)−1 → (data)直接地址单元中的内容减 1，结果送回直接地址单元中
- DEC @Ri ；((Ri))−1 → ((Ri))寄存器 Ri 指向的地址单元中的内容减 1，结果送回原地址单元中
- DEC Rn ；(Rn)−1→(Rn)寄存器 Rn 中的内容减 1，结果送回寄存器 Rn 中

8．十进制调整指令(1 条)

在进行 BCD 码运算时，这条指令总是跟在 ADD 或 ADDC 指令之后，其功能是将执行加法运算后存于累加器 A 中的结果进行调整和修正。

- DA　A；

(三) MCS-51 逻辑运算及移位指令

逻辑运算和移位指令共有 25 条，有与、或、异或、求反、左右移位、清零等逻辑操作，有直接、寄存器和寄存器间址等寻址方式。这类指令一般不影响程序状态字(PSW)标志。

1．循环移位指令(4 条)

这组指令的作用是将累加器中的内容循环左或右移一位,后两条指令是连同进位位 CY 一起移位。

- RL A；累加器 A 中的内容左移一位
- RR A；累加器 A 中的内容右移一位
- RLC A；累加器 A 中的内容连同进位位 CY 左移一位
- RRC A；累加器 A 中的内容连同进位位 CY 右移一位

2．累加器半字节交换指令(1 条)

这条指令是将累加器中的内容高低半字节互换，这在上一节内容中已有介绍。

- SWAP A；累加器中的内容高低半字节互换

3．求反指令(1 条)

这条指令将累加器中的内容按位取反。

- CPL A；累加器中的内容按位取反

4．清零指令(1 条)

这条指令将累加器中的内容清零。

- CLR A ；0 → (A)累加器中的内容清零

5．逻辑与操作指令(6 条)

这组指令的作用是将两个单元中的内容执行逻辑与操作。如果直接地址是 I/O 地址，则为"读—修改—写"操作。

- ANL A，data；累加器 A 中的内容和直接地址单元中的内容执行与逻辑操作，结果存在寄存器 A 中

● ANL data，#data；直接地址单元中的内容和立即数执行与逻辑操作，结果存在直接地址单元中

　　● ANL A，#data；累加器 A 的内容和立即数执行与逻辑操作，结果存在累加器 A 中

　　● ANL A，Rn；累加器 A 的内容和寄存器 Rn 中的内容执行与逻辑操作，结果存在累加器 A 中

　　● ANL data，A；直接地址单元中的内容和累加器 A 的内容执行与逻辑操作，结果存在直接地址单元中

　　● ANL A，@Ri；累加器 A 的内容和工作寄存器 Ri 指向的地址单元中的内容执行与逻辑操作，结果存在累加器 A 中

6. 逻辑或操作指令(6 条)

这组指令的作用是将两个单元中的内容执行逻辑或操作。如果直接地址是 I/O 地址，则为"读—修改—写"操作。

　　● ORL A，data ；累加器 A 中的内容和直接地址单元中的内容执行逻辑或操作，结果存在寄存器 A 中

　　● ORL data，#data；直接地址单元中的内容和立即数执行逻辑或操作，结果存在直接地址单元中

　　● ORL A，#data ；累加器 A 的内容和立即数执行逻辑或操作，结果存在累加器 A 中

　　● ORL A，Rn；累加器 A 的内容和寄存器 Rn 中的内容执行逻辑或操作，结果存在累加器 A 中

　　● ORL data，A ；直接地址单元中的内容和累加器 A 的内容执行逻辑或操作，结果存在直接地址单元中

　　● ORL A，@Ri；累加器 A 的内容和工作寄存器 Ri 指向的地址单元中的内容执行逻辑或操作，结果存在累加器 A 中

7. 逻辑异或操作指令(6 条)

这组指令的作用是将两个单元中的内容执行逻辑异或操作。如果直接地址是 I/O 地址，则为"读—修改—写"操作。

　　● XRL A，data ；累加器 A 中的内容和直接地址单元中的内容执行逻辑异或操作，结果存在寄存器 A 中

　　● XRL data，#data；直接地址单元中的内容和立即数执行逻辑异或操作，结果存在直接地址单元中

　　● XRL A，#data；累加器 A 的内容和立即数执行逻辑异或操作，结果存在累加器 A 中

　　● XRL A，Rn；累加器 A 的内容和寄存器 Rn 中的内容执行逻辑异或操作，结果存在累加器 A 中

　　● XRL data，A；直接地址单元中的内容和累加器 A 的内容执行逻辑异或操作，结果存在直接地址单元中

　　● XRL A，@Ri；累加器 A 的内容和工作寄存器 Ri 指向的地址单元中的内容执行逻辑异或操作，结果存在累加器 A 中

（四）MCS-51 控制转移指令

控制转移指令用于控制程序的流向，所控制的范围即为程序存储器区间。MCS-51 系列单片机的控制转移指令相对丰富，有对 64 KB 程序空间地址单元进行访问的长调用、长转移指令，也有对 2 KB 字节进行访问的绝对调用和绝对转移指令，还有在一页范围内短相对转移及其他无条件转移指令。这些指令的执行一般都不会对标志位有影响。

1. 无条件转移指令(4 条)

这组指令执行完后，程序就会无条件转移到指令所指向的地址上去。长转移指令访问的程序存储器空间为 16 地址 64 KB，绝对转移指令访问的程序存储器空间为 11 位地址 2 KB 空间。

- LJMP addr16 ；addr16 → (PC) 给程序计数器赋予新值(16 位地址)
- AJMP addr11；(PC)+2 → (PC)，addr11→(PC 10-0) 程序计数器赋予新值(11 位地址)，(PC 15-11)不改变
- SJMP rel ；(PC)+2+rel → (PC) 当前程序计数器先加上 2 再加上偏移量，给程序计数器赋予新值
- JMP @A+DPTR；(A)+(DPTR) → (PC) 累加器所指向地址单元的值加上数据指针的值，给程序计数器赋予新值

2. 条件转移指令(8 条)

程序可利用这组丰富的指令并根据当前的条件进行判断，看是否满足某种特定的条件，从而控制程序的转向。

- JZ rel；A = 0，(PC)+2+rel → (PC) 累加器中的内容为 0，则转移到偏移量所指向的地址，否则程序往下执行
- JNZ rel ；A ≠ 0，(PC)+2+rel → (PC) 累加器中的内容不为 0，则转移到偏移量所指向的地址，否则程序往下执行
- CJNE A，data，rel；A ≠ (data)，(PC)+3+rel → (PC) 累加器中的内容不等于直接地址单元的内容，则转移到偏移量所指向的地址，否则程序往下执行
- CJNE A，#data，rel；A ≠ #data，(PC)+3+rel → (PC) 累加器中的内容不等于立即数，则转移到偏移量所指向的地址，否则程序往下执行
- CJNE Rn，#data，rel；A ≠ #data，(PC)+ 3 + rel→(PC) 工作寄存器 Rn 中的内容不等于立即数，则转移到偏移量所指向的地址，否则程序往下执行
- CJNE @Ri，#data，rel；A ≠ #data，(PC)+3+rel → (PC) 工作寄存器 Ri 指向地址单元中的内容不等于立即数，则转移到偏移量所指向的地址，否则程序往下执行
- DJNZ Rn，rel ；(Rn)−1 → (Rn)，(Rn)≠0，(PC)+2+rel → (PC) 工作寄存器 Rn 减 1 不等于 0，则转移到偏移量所指向的地址，否则程序往下执行
- DJNZ data，rel；(Rn)−1 → (Rn)，(Rn)≠0，(PC)+2+rel → (PC) 直接地址单元中的内容减 1 不等于 0，则转移到偏移量所指向的地址，否则程序往下执行

3. 子程序调用指令(1 条)

子程序是为了便于程序编写，减少那些需反复执行的程序占用多余的地址空间而引入的程序分支，从而有了主程序和子程序的概念。需要反复执行的一些程序，我们在编程时一般都把它们编写成子程序，当需要用它们时，就用一个调用命令使程序按调用的地址去执行，这就需要子程序的调用指令和返回指令。

- LCALL addr16；长调用指令，可在 64 KB 空间调用子程序。此时(PC)+3 → (PC)，(SP)+1 → (SP)，(PC 7-0) → (SP)，(SP)+1 → (SP)，(PC 15-8) → (SP)，addr16 → (PC)，即分别从堆栈中弹出调用子程序时压入的返回地址
- ACALL addr11；绝对调用指令，可在 2 KB 空间调用子程序，此时(PC)+2 → (PC)，(SP)+1 → (SP)，(PC 7-0) → (SP)，(SP)+1 → (SP)，(PC 15-8) → (SP)，addr11 → (PC 10-0)
- RET；子程序返回指令。此时(SP) → (PC 15-8)，(SP)–1 → (SP)，(SP) → (PC 7-0)，(SP)–1 → (SP)
- RETI；中断返回指令，除具有 RET 功能外，还具有恢复中断逻辑的功能，需注意的是，RETI 指令不能用 RET 代替

4. 空操作指令(1 条)

这条指令将累加器中的内容清零。

- NOP；这条指令除了使 PC 加 1，消耗一个机器周期外，没有执行任何操作，可用于短时间的延时

(五) MCS-51 布尔变量操作指令

布尔处理功能是 MCS-51 系列单片机的一个重要特征，这是出于实际应用需要而设置的。布尔变量也即开关变量，它是以位(bit)为单位进行操作的。

在物理结构上，MCS-51 单片机有一个布尔处理机，它以进位标志做为累加位，以内部 RAM 可寻址的 128 个为存储位。

既然有布尔处理机功能，所以也就有相应的布尔操作指令集，下面我们分别谈论。

1. 位传送指令(2 条)

位传送指令就是可寻址位与累加位 CY 之间的传送，指令有两条。

- MOV C，bit；bit → CY 某位数据送 CY
- MOV bit，C；CY → bitCY 数据送某位

2. 位置位复位指令(4 条)

这组指令对 CY 及可寻址位进行置位或复位操作，共有 4 条指令。

- CLR C；0 → CY 清 CY
- CLR bit；0 → bit 清某一位
- SETB C；1 → CY 置位 CY
- SETB bit；1 → bit 置位某一位

3. 位运算指令(6 条)

位运算都是逻辑运算，有与、或、非三种指令，共 6 条。

- ANL C，bit ；(CY)∧(bit) → CY
- ANL C，/bit ；(CY)∧(　) → CY
- ORL C，bit；(CY)∨(bit) → CY
- ORL C，/bit；(CY)∧(　) → CY
- CPL C；(　)→CY
- CPL bit；(　)→bir

4．位控制转移指令(5 条)

位控制转移指令是以位的状态作为实现程序转移的判断条件，介绍如下：

- JC rel ；(CY) = 1 转移，(PC)+2+rel → PC 否则程序往下执行，(PC)+2 → PC
- JNC rel；(CY) = 0 转移，(PC)+2+rel → PC 否则程序往下执行，(PC)+2 → PC
- JB bit，rel；位状态为 1 转移
- JNB bit，rel；位状态为 0 转移
- JBC bit，rel；位状态为 1 转移，并使该位清零

后三条指令都是三字节指令，如果条件满足，则(PC)+3+rel→PC，否则程序往下执行，(PC)+3 → PC。

附录 B　常用芯片引脚图

(一) 单片机类

MCS-51 引脚图如附图 B-1 所示。

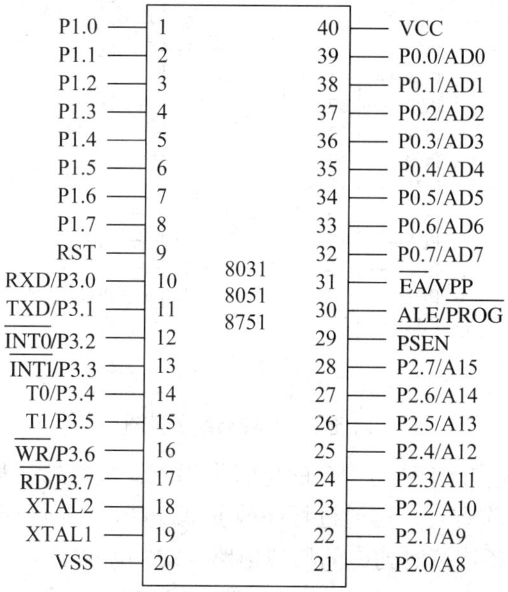

附图 B-1　MCS-51 引脚图

芯片介绍：MCS-51 系列单片机是美国 Intel 公司开发的 8 位单片机，又可以分为多个子系列。MCS-51 系列单片机共有 40 条引脚，包括 32 条 I/O 接口引脚、4 条控制引脚、2 条电源引脚、2 条时钟引脚。其引脚说明如下：

P0.0～P0.7：P0 口 8 位口线，第一功能作为通用 I/O 接口，第二功能作为存储器扩展时的地址/数据复用口。

P1.0～P1.7：P1 口 8 位口线，通用 I/O 接口无第二功能。

P2.0～P2.7：P2 口 8 位口线，第一功能作为通用 I/O 接口，第二功能作为存储器扩展时传送高 8 位地址。

P3.0～P3.7：P3 口 8 位口线，第一功能作为通用 I/O 接口，第二功能作为单片机的控制信号。

ALE/$\overline{\text{PROG}}$：地址锁存允许/编程脉冲输入信号线(输出信号)。

$\overline{\text{PSEN}}$：片外程序存储器开发信号引脚(输出信号)。

$\overline{\text{EA}}$/VPP：片外程序存储器使用信号引脚/编程电源输入引脚。

RST/VPD：复位/备用电源引脚。

（二）可编程接口芯片

8255A 引脚图如附图 B-2 所示。

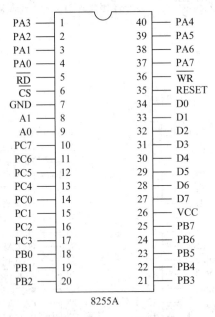

附图 B-2　8255A 引脚图

芯片说明：8255A 是 Intel 公司生产的可编程输入输出接口芯片，它具有 3 个 8 位的并行 I/O 口，具有三种工作方式，可通过程序改变其功能，因而使用灵活，通用性强，可作为单片机与多种外围设备连接时的中间接口电路。8255A 有三种基本工作方式，三种工作方式由工作方式控制字决定，方式控制字由 CPU 通过输入/输出指令来提供。三个端口中 PC 口被分为两个部分，上半部分随 PA 口称为 A 组，下半部分随 PB 口称为 B 组。其中

PA 口可工作在方式 0、1 和 2，而 PB 口只能工作在方式 0 和 1。8255 共有 40 个引脚，采用双列直插式封装，各引脚功能如下：

D0～D7：三态双向数据线，与单片机数据总线连接，用来传送数据信息。

CS：片选信号线，低电平有效，表示芯片被选中。

RD：读出信号线，低电平有效，控制数据的读出。

WR：写入信号线，低电平有效，控制数据的写入。

VCC：+5 V 电源。

PA0～PA7：A 口输入/输出线。

PB0～PB7：B 口输入/输出线。

PC0～PC7：C 口输入/输出线。

RESET：复位信号线。

A1、A0：地址线，用来选择 8255 内部端口。

GND：地线。

（三）锁存器

1．74LS373

74LS373 引脚图如附图 B-3 所示。

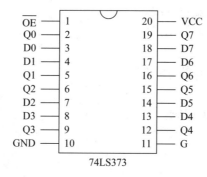

附图 B-3　74LS373 引脚图

芯片介绍：74LS373 是带有三态门的 8D 锁存器，当使能信号线 OE 为低电平时，三态门处于导通状态，允许 1Q-8Q 输出到 OUT1-OUT8，当 OE 端为高电平时，输出三态门断开，输出线 OUT1-OUT8 处于浮空状态。G 称为数据打入线，当 74LS373 用作地址锁存器时，首先应使三态门的使能信号 OE 为低电平，这时，当 G 端输入端为高电平时，锁存器输出(1Q-8Q)状态和输入端(1D-8D)状态相同；当 G 端从高电平返回到低电平(下降沿)时，输入端(1D-8D)的数据锁入 1Q-8Q 的八位锁存器中。当用 74LS373 作为地址锁存器时，它们的 G 端可直接与单片机的锁存控制信号端 ALE 相连，在 ALE 下降沿进行地址锁存。

引脚说明如下：

D0～D7：锁存器 8 位数据输入线。

Q0～Q7：锁存器 8 位数据输出线。

GND：接地引脚。

VCC：电源引脚，+5 V 有效。

$\overline{OE}$：片选信号引脚。

G：锁存控制信号输入引脚。

2．74LS377

74LS377 引脚图如附图 B-4 所示。

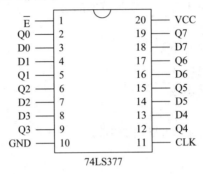

附图 B-4　74LS377 引脚图

芯片介绍：74LS377 是一种 8D 触发器，它可以实现数据的保持或锁存，当它片选信号 E 为低电平且时钟 CLK 端输入正跳变时，D0～D7 端的数据被锁存到 8D 触发器中。其引脚说明如下：

D0～D7：锁存器 8 位数据输入线。

Q0～Q7：锁存器 8 位数据输出线。

GND：接地引脚。

VCC：电源引脚，+5 V 有效。

E：片选信号引脚。

CLK：锁存控制信号输入引脚。

（四）存储器

6116 引脚图如附图 B-5 所示。

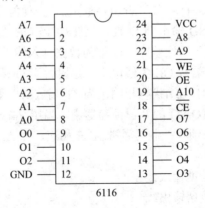

附图 B-5　6116 引脚图

芯片介绍：6116 是 2K × 8 位静态随机存储器芯片，采用 CMOS 工艺制造，单一+5 V 供电，额定功耗为 160 mW，典型存取时间为 200 ns，24 线双列直插式封装。其引脚功能说明如下：

A0～A10：地址输入线。

O0～O7：双向三态数据线，有时用 D0～D7 表示。

$\overline{CE}$：片选信号输入端，低电平有效。

$\overline{OE}$：读选通信号输入线，低电平有效。

$\overline{WE}$：写选通信号输入线，低电平有效。

VCC：工作电源输入引脚，+5 V。

GND：线路地。

（五）译码器

74LS138 引脚图如附图 B-6 所示。

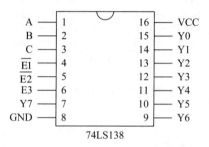

附图 B-6　74LS138 引脚图

芯片介绍：74LS138 是一个 3-8 译码器，共 16 个引脚。

其引脚说明如下：

A、B、C：选择端，即信号输入端。

E1、E2、E3：使能端，其中 E1、E2 低电平有效，E3 高电平有效。

Y0～Y7：译码输出信号，始终只有一个为低电平。

（六）A/D、D/A 转换

1. ADC0809

ADC0809 引脚图如附图 B-7 所示。

芯片介绍：ADC0809 是一种比较典型的 8 位 8 通道逐次逼近式 A/D 转换器，CMOS 工艺，可实现 8 路模拟信号的分时采集；片内有 8 路模拟选通开关，以及相应的通道地址锁存用译码电路；其转换时间为 100 μs 左右，采用双排 28 引脚封装。其引脚说明如下：

IN0～IN7：8 路模拟量输入通道。

ADDA～ADDC：地址线用于选择模拟量输入通道。

ALE：地址锁存允许信号。

START：转换启动信号。

D0～D7：数据输出线。

OE：输出允许信号，低电平允许转换结果输出。

CLOCK：时钟信号输入引脚，通常使用 500 kHz。

EOC：转换结束信号，0 代表正在转换，1 代表转换结束。

VCC：+5 V 电压。

$V_{REF(+)}$、$V_{REF(-)}$：参考电压。

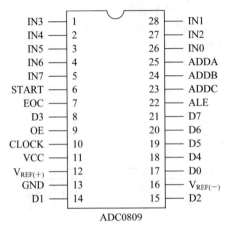

附图 B-7   ADC0809 引脚图

2. DAC0832

DAC0832 引脚图如附图 B-8 所示。

芯片介绍：DAC0832 是美国数据公司的 8 位 D/A 转化器，片内带数据锁存器，输出电流稳定时间为 1 μm，功耗为 20 mW。其引脚说明如下：

D0～D7：数据输入线，TTL 电平。

ILE：数据锁存允许控制信号线。

CS：片选信号线，低电平有效。

WR1：数据锁存器写选通输入线，负脉冲有效。

XFER：数据传输控制信号输入线，低电平有效。

WR2：DAC 寄存器写选通输入线，低电平有效。

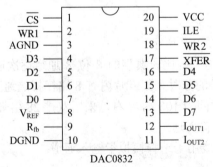

附图 B-8   DAC0832 引脚图

I_{OUT1}：电流输出线，当 DAC 寄存器为全 1 时电流最大。

I_{OUT2}：电流输出线，其值与 I_{OUT1} 之和为一常数。

R_{fb}：反馈信号输入线，调整 R_{fb} 端外接电阻值，可以调整转换满量程精度。

VCC：电源电压线，范围为 +5～+15 V。

V_{REF}：基准电压输入线，范围为 –10～+10 V。

AGND：模拟地。

DGND：数字地。

附录 C　编译环境的使用方法简介

μVision2 IDE 是德国 Keil 公司开发的基于 Windows 平台的单片机集成开发环境，它包含一个高效的编译器、一个项目管理器和一个 MAKE 工具。其中 Keil C51 是一种专门为单片机设计的高效率 C 语言编译器，符合 ANSI 标准，生成的程序代码运行速度极高，所需要的存储器空间却极小，完全可以与汇编语言媲美。

(一) 关于开发环境

μVision2 的界面如附图 C-1 所示，μVision2 允许同时打开、浏览多个源文件。

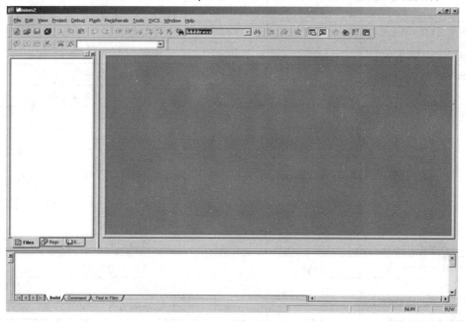

附图 C-1　μVision2 界面

(二) 菜单条、工具栏和快捷键

下面的表格列出了 μVision2 菜单项命令、工具栏图标、默认的快捷以及它们的描述。

1．编辑菜单和编辑器命令 Edit(如附表 C-1 所示)

附表 C-1　编辑菜单和编辑器命令 Edit

菜　　单	工具栏	快捷键	描　　述
Home			移动光标到本行的开始
End			移动光标到本行的末尾
Ctrl+Home			移动光标到文件的开始
Ctrl+End			移动光标到文件的结束
Ctrl+<-			移动光标到词的左边
Ctrl+->			移动光标到词的右边
Ctrl+A			选择当前文件的所有文本内容
Undo		Ctrl + Z	取消上次操作
Redo		Ctrl + Shift + Z	重复上次操作
Cut		Ctrl + X	剪切所选文本
		Ctrl + Y	剪切当前行的所有文本
Copy		Ctrl + C	复制所选文本
Paste		Ctrl + V	粘贴
Indent Selected Text	📋		将所选文本右移一个制表键的距离
Unindent Selected Text	📋		将所选文本左移一个制表键的距离
Toggle Bookmark	📎	Ctrl + F2	设置/取消当前行的标签
Goto Next Bookmark	📎	F2	移动光标到下一个标签处
GotoPrevious bookmark	📎	Shift + F2	移动光标到上一个标签处
Clear All Bookmarks	📎		清除当前文件的所有标签
Find	command ▼		在当前文件中查找文本
		F3	向前重复查找
		Shift + F3	向后重复查找
		Ctrl + F3	查找光标处的单词
		Ctrl +]	寻找匹配的大括号、圆括号、方括号 (用此命令将光标放到大括号、圆括号或方括号的前面)
Replace			替换特定的字符
Find in Files…	🔍		在多个文件中查找
Goto Matching brace			选择匹配的一对大括号、圆括号或方括号中的内容

2．选择文本命令

在 μVision2 中，可以通过按住"Shift"键和相应的键盘上的方向键来选择文本。如按"Ctrl + →"组合键可以移动光标到下一个词，那么，按"Ctrl + Shift + →"组合键就是选择当前光标位置到下一个词的开始位置间的文本。当然，也可以用鼠标来选择文本。

3．项目菜单 Project 和项目命令 Project(如附表 C-2 所示)

附表 C-2　项目菜单和项目命令 Project

菜　　　单	工具栏	快捷键	描　　　述
New Project…			创建新项目
Import μ Vision1 Project…			转化 μ Vision1 的项目
Open Project…			打开一个已经存在的项目
Close Project…			关闭当前的项目
Target Environment			定义工具、包含文件和库的路径
Targets，Groups，Files			维护一个项目的对象、文件组和文件
Select Device for Target			选择对象的 CPU
Remove …			从项目中移走一个组或文件
Options …	🔧	Alt + F7	设置对象、组或文件的工具选项
File Extensions			选择不同文件类型的扩展名
Build Target	📇	F7	编译修改过的文件并生成应用
Rebuild Target	📇		重新编译所有的文件并生成应用
Translate …	📎	Ctrl + F7	编译当前文件
Stop Build	📎		停止生成应用的过程
1～7			打开最近打开过的项目

4．调试菜单 Debug 和调试命令(如附表 C-3 所示)

附表 C-3　调试菜单和调试命令 Debug

菜　　　单	工具栏	快捷键	描　　　述
Start/Stop Debugging	@	Ctrl + F5	开始/停止调试模式
Go	▤↓	F5	运行程序，直到遇到一个中断
Step	⟨↑⟩	F11	单步执行程序，遇到子程序则进入
Step over	⟨↓⟩	F10	单步执行程序，跳过子程序
Step out of	⟨↑⟩	Ctrl + F11	执行到当前函数的结束
Current function stop Runing	✖	Esc	停止程序运行
Breakpoints…			打开断点对话框
Insert/Remove Breakpoint	✋		设置/取消当前行的断点
Enable/Disable Breakpoint	✋		使能/禁止当前行的断点
Disable All Breakpoints	✋		禁止所有的断点
Kill All Breakpoints	✋		取消所有的断点
Show Next Statement	⇨		显示下一条指令
Enable/Disable Trace Recording	REC		使能/禁止程序运行轨迹的标识
View Trace Records	0↕		显示程序运行过的指令
Memory Map…			打开存储器空间设置对话框
Performance Analyzer…			打开设置性能分析的窗口
Inline Assembly…			对某一行重新汇编，可以修改汇编代码
Function Editor…			编辑调试函数和调试设置文件

5. 外围器件菜单 Peripherals(如附表 C-4 所示)

附表 C-4 外围器件菜单 Peripherals

菜　单	工具栏	描　述
Reset CPU	RST	复位 CPU
以下为单片机外围器件的设置对话框(对话框的种类及内容依赖于你选择的 CPU)		
Interrupt		中断观察
I/O-Ports		I/O 口观察
Serial		串口观察
Timer		定时器观察
A/D Conoverter		A/D 转换器
D/A Conoverter		D/A 转换器
I^{2}C Conoverter		I^{2}C 总线控制器
Watchdog		看门狗

6. 工具菜单 Tool (如附表 C-5 所示)

利用工具菜单，可以设置并运行 Gimpel PC-Lint、Siemens Easy-Case 和用户程序。通过 Customize Tools Menu…菜单，可以添加需要的程序。

附表 C-5 工具菜单 Tool

菜　单	描　述
Setup PC-Lint…	设置 Gimpel Software 的 PC-Lint 程序
Lint	用 PC-Lint 处理当前编辑的文件
Lint all C Source Files	用 PC-Lint 处理项目中所有的 C 源代码文件
Setup Easy-Case…	设置 Siemens 的 Easy-Case 程序
Start/Stop Easy-Case	运行/停止 Siemens 的 Easy-Case 程序
Show File (Line)	用 Easy-Case 处理当前编辑的文件
Customize Tools Menu…	添加用户程序到工具菜单中

参 考 文 献

[1] 曹家喆. 汽车电子控制基础[M]. 北京：机械工业出版社，2007.

[2] 宋年秀，刘超，杜彦蕊. 怎样检测汽车传感器[M]. 北京：中国电力出版社，2007.

[3] 马忠梅，王美刚，孙娟，等. 单片机的 C 语言应用程序设计[M]. 北京航空航天大学出版社，2001.

[4] 刘瑞星，等. 单片机原理及应用教程[M]. 北京：机械工业出版社，2006.

[5] 刘凤然. 基于单片机的超声波测距系统[J]. 传感器世界，2001 年 5 月.

[6] 王俊峰，孟令启. 现代传感器应用技术[M]. 北京：机械工业出版社，2007.

[7] 周乐挺. 传感器与检测技术[M]. 北京：机械工业出版社，2005.

[8] 杨清梅，孙建民. 传感器与测试技术[M]. 哈尔滨：哈尔滨工程大学出版社，2005.

[9] 武昌俊. 自动检测技术及应用[M]. 北京：机械工业出版社，2005.

[10] 于长官. 现代控制理论[M]. 3 版. 哈尔滨：哈尔滨工业大学出版社，2006.

[11] 张岳，白霞，孔晓红. 自动控制原理[M]. 北京：清华大学出版社，2010.

[12] 喻国安，徐宏炳，巫超. CAN 总线技术及其在汽车控制中的应用[D]. 南京：东南大学计算机系，2003.

[13] 王莉，张浩. 基于 CAN 总线的车身控制系统研究与应用[D]. 上海：上海电力学院，2009.

[14] 吴海红. 汽车车身的 CAN 总线控制系统研究与应用[J]. 南京：南京理工大学，2007.

[15] 史久根，张培仁，陈真勇. CAN 现场总线系统设计技术[M]. 北京：国防工业出版社，2004.

[16] 饶运涛，邹继军. 现场总线 CAN 原理与应用[M]. 北京：北京航空航天大学出版社，2003.

[17] CAN in automotion. The CAN physical layer www.can-cia.org.

[18] Philips Semicondutors. SJA1000 Stand alone CAN controller 2000.1.

[19] 王箴. CAN 总线在汽车中应用[N]. 中国汽车报. 2004.9.20(28).

[20] 巨永锋. 汽车电子技术的发展趋势[J]. 现代电子技术. 2003 第 9 期.

[21] LED 发光二极管的分类情况. 电子发烧友. 2010.4.22.

[22] LED 的制作工艺流程. 电子发烧友. 2013.01.24.